Pulsierende Kühlschmierstoffzufuhr beim Schlichtdrehen von Inconel 718

Pulsating Cutting Fluid Supply in Finish Turning of Inconel 718

Von der Fakultät für Maschinenwesen
der Rheinisch-Westfälischen Technischen Hochschule Aachen
zur Erlangung des akademischen Grades einer
Doktorin der Ingenieurwissenschaften
genehmigte Dissertation

vorgelegt von

Antonia Maren Splettstößer

Berichter/in:

Univ.-Prof. Dr.-Ing. Thomas Bergs
Univ.-Prof. Dr.-Ing. Dr.-Ing. E. h. Dr. h. c. Dr. h. c. Fritz Klocke

Tag der mündlichen Prüfung: 23. Juli 2025

INNOVATIONS IN
MANUFACTURING TECHNOLOGY

Antonia Splettstößer

Pulsierende Kühlschmierstoffzufuhr beim Schlichtdrehen von Inconel 718

Herausgeber:
Prof. Dr.-Ing. T. Bergs

Band 12/2025

Bibliografische Information der Deutschen Nationalbibliothek
Die Deutsche Nationalbibliothek verzeichnet diese Publikation in der Deutschen Nationalbibliografie; detaillierte bibliografische Daten sind im Internet über https://portal.dnb.de abrufbar.

Antonia Splettstößer:

Pulsierende Kühlschmierstoffzufuhr beim Schlichtdrehen von Inconel 718

1. Auflage, 2025

Gedruckt auf holz- und säurefreiem Papier, 100% chlorfrei gebleicht.

Wissenschaftsverlag des Instituts für Industriekommunikation und Fachmedien an der RWTH Aachen
Steinbachstr. 25, 52074 Aachen, Deutschland
Internet: www.apprimus-verlag.de, E-Mail: info@apprimus-verlag.de

Druck: CPI Druckdienstleistungen GmbH
Ferdinand-Jühlke-Straße 7 | 99095 Erfurt | Deutschland

ISBN 978-3-98555-318-1

Vorwort

Preface

Die vorliegende Dissertation entstand neben meiner Tätigkeit als wissenschaftliche Mitarbeiterin am Lehrstuhl für Technologie der Fertigungsverfahren des Werkzeugmaschinenlabors WZL der Rheinisch-Westfälischen Technischen Hochschule Aachen.

Herrn Univ.-Prof. Dr.-Ing. Thomas Bergs, Inhaber des Lehrstuhls für Technologie der Fertigungsverfahren am Manufacturing Technology Institut (MTI) danke ich für die Möglichkeit zur Promotion und die stetige Betreuung und Unterstützung meiner Arbeit.

Herrn Univ.-Prof. Dr.-Ing. Dr.-Ing. E. h. Dr. h. c. Dr. h. c. Fritz Klocke, ehemaliger Inhaber des Lehrstuhls für Technologie der Fertigungsverfahren, danke ich herzlich für die Übernahme des Korreferats. Besonders aber gilt ihm mein Dank für die wertvollen, konstruktiven Diskussionen zum Inhalt meiner Dissertation, an die ich gerne zurückdenken werde.

Weiterhin gilt mein Dank Herrn Univ.-Prof. Dr.-Ing. Reinhold Kneer für die Übernahme des Prüfungsvorsitzes und Herrn Univ.-Prof. Dr.-Ing. Peter Jeschke für den Beisitz in der Prüfungskommission.

Einen großen Dank richte ich an meine Oberingenieure Dr.-Ing. Benjamin Döbbeler, Dr.-Ing. Daniel Schraknepper und Dr.-Ing. Markus Meurer für die fachliche und persönliche Förderung.

Für die erfüllende gemeinsame Zeit am WZL bedanke ich mich bei allen aktiven und ehemaligen Zerspaner:innen. Die intensiven fachlichen Diskussionen und der persönliche Austausch haben ein besonderes und motivierendes Arbeitsumfeld geschaffen, welches wesentlich zum Erfolg der Arbeit beigetragen hat. Besonders erwähnen möchte ich an dieser Stelle meine lieben Bürokollegen Dr.-Ing. Tobias Kelliger, Max Kirchhoff und Dr.-Ing. Matthias Koch. Des Weiteren wird mir die freundschaftliche Zusammenarbeit mit Dr.-Ing. Thomas Lakner und Dr. rer. nat. Marina Kemperle in bester Erinnerung bleiben.

Mein Dank für die unterschiedlichsten Beiträge zu meiner Arbeit und die vielen schönen Erinnerungen an die Zeit am WZL gilt außerdem: Dr.-Ing. Mustapha Abouridouane, Dr.-Ing. Thorsten Augspurger, Stefan Baier, Pascal Behrens, Kilian Brans, Dr.-Ing. Tolga Cayli, Markus Diegel, Thomas Fischer, Fabio Filimbeni, Nicklas Gerhard, Sven Goetz, Dr.-Ing. Marvin Hardt, Jannis Jacob, Sascha Kamps, Anna Kibireva, Bernd Krüger, Hui Liu, Dr.-Ing. Sven Lung, Christian Matheis, Jan Mielke, Rainer Ohler, Dr.-Ing. Marcel Prümmer, Dr.-Ing. Thomas Pullen, Dr.-Ing. Olivier Reinertz, Jannik Röttger, Adrian Rüppel, Roman Schmidt, Dr.-Ing. Max Schwenzer, Dr.-Ing. Tobias Seelbach, Robert Seidner, Dr.-Ing. Martin Seimann, Thobias Smigielski, Dr.-Ing. Guido Wirtz und Christoph Zachert.

Besonders freue ich mich über das Fortdauern der entstandenen Freundschaften und die wiederkehrenden beruflichen Kontakte über die Zeit am Institut hinaus.

Für ihr Engagement bei der Unterstützung meiner Arbeit richte ich meinen Dank an alle meine studentischen Hilfskräfte, besonders an Helena Breitegger, Tilman Elberfeld und Marc André Weyermann.

Für die liebe Unterstützung – von Ablenkung bis fachliche Diskussion – bedanke ich mich bei meinen Aachener Freundinnen. Mein besonderer Dank gilt Imke Janssen für die vielen gemeinsamen Stunden in den Bergen sowie für ihren Mut und Optimismus, die mich stets begleitet haben, in liebevoller Erinnerung an sie.

Mein herzlichster Dank gilt meiner tollen großen Familie, die mich in jeder Phase meiner Ausbildung, meines Studiums und meiner Tätigkeit als wissenschaftliche Mitarbeiterin ermutigt, motiviert und wenn nötig aufgefangen hat. Besonders danke ich in liebevoller Erinnerung meinem Vater Prof. Dr. rer. nat. Wolfgang Splettstößer für die stete Unterstützung und die positive Lebenshaltung, die er mir vermittelt hat. Ich danke meiner Mutter Dr. rer. nat. Brigitte Splettstößer und meiner Schwester Dr. med. Annina Splettstößer, die mir absolut jederzeit mit einem offenen Ohr und liebevollen Rat zur Seite standen.

Meinen innigsten Dank möchte ich von Herzen meinem lieben Partner Matthias für die erfolgreiche gemeinsame Bewältigung dieser intensiven Zeit ausdrücken.

Ettlingen, November 2025 Antonia Splettstößer

Zusammenfassung

Beim Schlichtdrehen sicherheitskritischer Komponenten der Luftfahrtbranche ist die bei der Schruppbearbeitung etablierte Hochdruck-Kühlschmierstoffzufuhr (HD-KSS-Zufuhr) nur stark eingeschränkt anwendbar. Die durch den KSS-Strahl kurzgebrochenen und beschleunigten Späne kollidieren mit Werkstückoberflächen und erzeugen unzulässige Oberflächenanomalien.

Einen Lösungsansatz bietet die bisher nicht angewendete pulsierende Zufuhr des KSS (P-KSS-Zufuhr). Kern der Technologie ist eine gezielte Beeinflussung der Spanlänge und daraus folgend die Eliminierung von Oberflächenanomalien durch Spankollision. Die Zusammenhänge zwischen den KSS-Zufuhrparametern, den Bedingungen des Zerspanprozesses, dem Spanbruch und der Entstehung von Oberflächenanomalien waren für die P-KSS-Zufuhr bisher nicht bekannt.

Das Ziel dieser Arbeit war es daher, die fehlenden Erkenntnisse zur Anwendung der P-KSS-Zufuhr beim Schlichtdrehen von Nickelbasislegierungen systematisch zu erforschen, die Ergebnisse in einem regelbasierten anwendungsbezogenen Gestaltungsmodell darzustellen und daraus Anwendungshinweise abzuleiten. In Zerspanuntersuchungen wurde durch die P-KSS-Zufuhr eine signifikante Steigerung der Häufigkeit von bestimmten Spanlängen erzielt. Weiterhin gelang die Minimierung der Anomalien der Werkstückstirnfläche aufgrund von Spankollision gegenüber der HD-KSS-Zufuhr.

Zur Zusammenführung der gewonnenen Erkenntnisse hinsichtlich der Ursache-Wirkungszusammenhänge und Wirkmechanismen zwischen den Stell-, Einfluss-, und Zielgrößen der P-KSS-Zufuhr wurde ein Gestaltungsmodell entwickelt. Es beinhaltet die Wirkbeziehungen der Elemente des Systems P-KSS-Zufuhr sowie wissensbasierte Gestaltungsrichtlinien in Verbindung mit Aktivitätsdiagrammen zur Auslegung und Anwendung der P-KSS-Zufuhr. Diese ermöglichen eine Übertragung der wissensbasierten Auslegung der P-KSS-Zufuhrparameter in die Praxis und somit die Anwendung der Technologie anhand der vorliegenden Dissertation.

Abschließend erfolgte eine Bewertung technologischer, ökonomischer und ökologischer Aspekte der P-KSS-Zufuhr gegenüber konventionellen KSS-Zufuhrstrategien. Durch Anwendung der P-KSS-Zufuhr wird die Schädigung der Oberfläche minimiert, während die Vorzüge der HD-KSS-Zufuhr gegenüber der konventionellen Überflutungskühlung weitestgehend erhalten bleiben. Die P-KSS-Zufuhr stellt daher eine technologisch, ökonomisch und ökologisch sinnvolle Lösung für die Schlichtdrehbearbeitung rotationssymmetrischer Komponenten der Luftfahrtbranche dar.

Abstract

Although the high-pressure cutting fluid supply (HP CF supply) is well established in roughing, it is only applicable to a very limited extent when finish turning safety-critical components for the aerospace industry. The short-broken chips are accelerated by the CF jet and may collide with workpiece surfaces, creating unacceptable surface anomalies.

Pulsating CF (P CF) supply, which has not been used before, offers a solution. This technology aims to control chip length and thus eliminate surface anomalies caused by chip collision. However, the cause-and-effect relationships between CF supply parameters, cutting conditions, chip breakage and surface anomaly formation were not known for P CF supply.

The aim of this work was therefore to systematically investigate the knowledge gap in the application of P CF supply for finish turning of nickel-based alloys, to present the results in a rule-based, application-related design model and to derive design guidelines for industrial applications. In cutting experiments, a significant increase in the quantity of certain chip lengths was achieved when using the P CF supply. Furthermore, it was possible to minimize the surface anomalies of the workpiece due to chip collision compared to the HP CF supply.

A design model was developed to summarize the findings regarding the cause-and-effect relationships and mechanisms of action between the control, influence and target variables of the P CF supply. It contains the interactions between the elements of the P CF supply system and knowledge-based design guidelines in conjunction with activity diagrams for the design and application of the P CF supply. These enable a transfer of the knowledge-based design of the P CF supply parameters into practice and thus the application of the technology based on this dissertation.

Finally, an integrated assessment was carried out to compare the technological, economic and environmental aspects of P CF supply with those of conventional CF supply strategies. The P CF supply minimizes surface anomalies, while retaining the advantages of the HP CF supply over the flood cooling. The P CF supply therefore represents a technologically, economically and ecologically meaningful solution for the finishing of rotationally symmetric components in the aerospace industry.

Inhaltsverzeichnis

Content

Formelzeichen und Abkürzungsverzeichnis

Formula Symbols and Abbreviations

Großbuchstaben

Symbol	**Einheit**	**Bezeichnung**
A	mm²	Spanungsquerschnitt
A_{ch}	mm²	Spanquerschnitt
$A_{1,2}$	mm²	Auslassquerschnitt
A_F	mm²	Kontaktfläche KSS-Strahl und Span
A_K	mm²	Kontaktfläche
A_{Strahl}	mm²	Strahlquerschnitt
B	-	Spanbruchneigung
$E_{chip,deformation}$	J	Energie der Deformation des Spans
$E_{chip,kin}$	J	Kinetische Energie des Spans
$E_{Dissipiert}$	J	Dissipierte Energie des Zerspanprozesses
E_{el}	J	Elektrische Energie
E_{kinws}	J	Kinetische Energie des Spans, welche die Oberfläche deformiert
$E_{Kollision}$	J	Energie der Spankollision
E_{KSS}	J	Energie des KSS-Strahls
$E_{Spanbruch}$	J	Erforderliche Energie für den Spanbruch
E_{total}	J	Gesamtenergie des Systems Span-Oberfläche bei Kollision
$E_{workpiece,deformation}$	J	Energie der Deformation der Werkstückoberfläche
F	N	Kraft
F_c	N	Schnittkraft
F_{ch}	N	Auf den Span wirkende Kraft des KSS-Strahls
F_s	N	Strahlrückstoßkraft
F_Z	N	Strahlrückstoßkraft in Richtung Z-Achse
F_{Zi}	N	Strahlrückstoßkraft in Richtung Z-Achse bei Druck i
F_{Zmax}	N	Maximale Strahlrückstoßkraft in Richtung Z-Achse
I	Ns	Impuls
P	W	Leistung
Q	l/min	Volumenstrom
$Q_{average}$	l/min	Mittlerer Volumenstrom
Q_{KSS}	l/min	Volumenstrom des KSS
Q_{max}	l/min	Maximaler Volumenstrom
Ra	µm	Arithmetischer Mittenrauwert

R_m	MPa	Zugfestigkeit
$R_{p0,2}$	MPa	Streckgrenze
Rz	µm	Rautiefe
Sa	µm	Mittlere arithmetische Höhe
Sp	µm	Maximale Spitzenhöhe
Sz	µm	Maximale Höhe
T	°C	Temperatur
U	V	Spannung
VB	µm	Verschleißmarkenbreite
VB_N	µm	Kerbverschleiß
Z	-	Anzahl/ Grad Anomalien auf der Werkstückstirnfläche
Z_{Ziel}	-	Zulässige Anzahl/ Grad Anomalien auf der Werkstückstirnfläche

Kleinbuchstaben

Symbol	**Einheit**	**Bezeichnung**
a_p	mm	Schnitttiefe
b	mm	Spanungsbreite
b_{ch}	mm	Spanbreite
$d_{Werkstück}$	mm	Werkstückdurchmesser
d	µm	Segmentdicke
d_{ch}	µm	Spansegmentdicke
f	mm	Vorschub
f_l	1/s	Spanlamellenbildungsfrequenz
h	mm	Spanungsdicke
h_{40}	%	Massenanteil der Späne mit $l_s \geq 40$ mm
h_{ch}	mm	Spandicke
h_{chmax}	mm	Maximale Spandicke
h_{chmean}	mm	Mittlere Spandicke
h_{chmin}	mm	Minimale Spandicke
i	-	Zählvariable
l	µm	Segmentlänge
l_c	m	Abgewickelte Drehlänge
l_{ch}	µm	Spansegmentlänge
l_{cHD}	m	Abgewickelte Drehlänge im Intervall HD
l_{cRD}	m	Abgewickelte Drehlänge im Intervall RD
l_K	mm	Kontaktzonenlänge zwischen Spanfläche und Span

l_s	mm	Länge des Wendelspans
l_{s50}	mm	Interquartilsabstand der Spanlängen
l_{sm}	mm	Spanlänge im Modalwertbereich
l_{smax}	mm	Maximale Spanlänge des Versuchs
l_{smin}	mm	Minimale Spanlänge des Versuchs
l_{sZiel}	mm	Gewünschte Spanlänge
l_w	mm	Wirklänge
m_{lang}	g	Masse langer, nicht durch KSS-Strahl gebrochener Späne
$\vec{n}$	-	Normalenvektor
n	-	Rang in Ordinalskala
n_{max}	1/min	Zulässige Drehzahl
p	bar	Druck
p_{dyn}	bar	Dynamischer Druck
p_h	mm	Wendelsteigung
p_{HD}	bar	KSS-Zufuhrdruck bei der P-KSS-Zufuhr im Zeitintervall t_{HD}
p_{KSS}	bar	KSS-Zufuhrdruck bei kontinuierlicher KSS-Zufuhr
p_{Kol}	%	Wahrscheinlichkeit der Kollision Span-Oberfläche
p_{RD}	bar	KSS-Zufuhrdruck bei der P-KSS-Zufuhr im Zeitintervall t_{RD}
p_{stat}	bar	Statischer Druck
p_{tot}	bar	Totaldruck
r_h	mm	Wendelradius
r_s	mm	Spanseitwärtskrümmungsradius
r_u	mm	Spanaufwärtskrümmungsradius
r_{u0}	mm	Initialer Spanaufwärtskrümmungsradius
r_{uf}	mm	Finaler Spanaufwärtskrümmungsradius
r_ε	mm	Schneideneckenradius
s	mm	Abstand
t	s	Zeit
t_c	s	Schnittzeit; Standzeit
t_{HD}	ms	Dauer des Zeitintervalls mit HD-KSS-Zufuhr
t_{HDmess}	ms	Gemessene Dauer des Zeitintervalls HD
t_{RDmess}	ms	Gemessene Dauer des Zeitintervalls RD
t_{mess}	s	Dauer der Messung
t_{RD}	ms	Dauer des Zeitintervalls mit reduziertem KSS-Zufuhrdruck
t_{Schalt}	ms	Ventilschaltzeit
v	m/s	Strömungsgeschwindigkeit

v_c	m/min	Schnittgeschwindigkeit
v_{ch}	m/min	Spanablaufgeschwindigkeit
v_{KSS}	m/s	Strömungsgeschwindigkeit des KSS

Griechische Buchstaben

Symbol	**Einheit**	**Bezeichnung**
α	°	Freiwinkel
β	°	Keilwinkel
γ	°	Spanwinkel
θ	°	Wendelachsneigung
ε	-	Dehnung / Verformungsgrad
ε_Z	-	Zerreißgrenze
κ_r	°	Einstellwinkel
λ	°	Neigungswinkel
λ_h	-	Spandickenstauchung
μ	-	Reibkoeffizient
ν	°	Seitlicher Spanablaufwinkel
ρ	kg/m³	Dichte
ρ_{seg}	°	Wölbungswinkel
σ	N/mm²	Normalspannung
τ	N/mm²	Schubspannung
τ_f	N/mm²	Scherfestigkeit
Φ	°	Scherwinkel
Φ_{seg}	°	Segmentscherwinkel
ψ	°	Winkel zwischen KSS-Auslass und Z-Achse (in Y-Richtung)

Abkürzungen

Symbol	**Bezeichnung**
CF	Cutting Fluid
CO_2	Kohlenstoffdioxid
CSR	Corporate Social Responsibility
DIC	Digital Image Correlation
FF	Forschungsfrage
HD	Hochdruck
HM	Hartmetall
HP	High-pressure
KÜK	Konventionelle Überflutungskühlung
KSS	Kühlschmierstoff
LCA	Life Cycle Assessment
LN_2	Flüssiger Stickstoff
MMKS	Minimalmengenkühlschmierung
P CF supply	Pulsating Cutting Fluid Supply
P-KSS-Zufuhr	Pulsierende KSS-Zufuhr
RD	Reduzierter Druck
SF1	Spanform 1: lange Späne
SF2	Spanform 2: stochastische Spanlängen
SF3	Spanform 3: sehr kurze Späne
W	Werkzeug
WSP	Wendeschneidplatte

1 Einleitung

„Nachhaltige, innovative Produktionstechnologien sind zentrale Schlüsselelemente, um die Produktivität im Rahmen der Klimaziele zu steigern, die Abhängigkeit von fossilen Energieträgern zu verringern und damit die Wettbewerbsfähigkeit des Technologiestandorts Deutschland langfristig zu sichern."

Prof. Dr.-Ing. R. Neugebauer, damaliger Präsident der Fraunhofer-Gesellschaft beim Aachener Werkzeugmaschinenkolloquium „Empower Green Production" im Mai 2023

Inmitten des Spannungsfelds zwischen steigenden Anforderungen an die Produktivität sowie an die Nachhaltigkeit von Fertigungsprozessen und höchster Bauteilqualität steht die spanende Bearbeitung von rotationssymmetrischen Triebwerkskomponenten wie Turbinenscheiben und Lagerringen. Die Komponenten sind im Flugbetrieb, insbesondere beim Start, höchsten thermischen und mechanischen Belastungen ausgesetzt und werden daher aus hochwarmfesten Werkstoffen wie Nickelbasislegierungen hergestellt. Die Zerspanung dieser Werkstoffe stellt die Fertigungstechnologie vor komplexe Herausforderungen. Exzessiver Werkzeugverschleiß, stark begrenzte Zeitspanvolumina und fehlender Spanbruch führen zu Prozessunterbrechungen, eingeschränkter Prozesssicherheit und geringer Produktivität.

Zusätzlich sind produzierende Unternehmen an immer strengere Richtlinien in Bezug auf Umweltschutz und Ressourcenschonung gebunden sowie steigenden Energiepreisen und Lohnkosten ausgesetzt. Die Zerspanprozesse sind gemäß diesen Anforderungen zu optimieren, ohne Einbußen bezüglich der Bauteilqualität zuzulassen.

Da es sich bei Komponenten des Triebwerks um sicherheitskritische Bauteile handelt, müssen besondere Qualitätsanforderungen insbesondere an die Werkstückoberfläche und die Randzone erfüllt werden. Fertigungsbedingte Anomalien können die Lebensdauer der Komponenten verkürzen und somit, wenn sie nicht festgestellt werden, ein Versagen von Triebwerken im Flugbetrieb bedingen. Grundsätzlich führen fertigungsbedingte Oberflächenanomalien zu kostenintensiven Einzelfallentscheidungen, Nachbearbeitung oder Ausschuss der betroffenen Bauteile.

Angepasste Kühlschmierstrategien bieten Lösungen für die Herausforderungen bei der Bearbeitung von Nickelbasislegierungen. Durch eine gerichtete Hochdruck-Kühlschmierstoffzufuhr (HD-KSS-Zufuhr) wird die Zerspanzone besser gekühlt und geschmiert als bei der verbreiteten konventionellen Überflutungskühlung (KÜK). Der Werkzeugverschleiß wird verringert und es werden kurzbrüchige Späne im Drehprozess erzielt. Gegenüber der KÜK wurden in verschiedenen Fallstudien am Werkzeugmaschinenlabor der RWTH Aachen University bei geeigneten Zerspanbedingungen verdoppelte Zeitspanvolumina ohne Verminderung der Werkzeugstandgrößen erzielt. Trotz des Betriebs des zusätzlichen KSS-Hochdruckaggregats konnte die erforderliche elektrische Energie pro zerspante Volumeneinheit um etwa ein Drittel reduziert werden. [SANG13; KLOC15]

Die HD-KSS-Zufuhr gewinnt aufgrund der beschriebenen Potenziale zunehmend an Bedeutung. Bei der Schlichtbearbeitung muss auf den Einsatz der HD-KSS-Zufuhr bislang jedoch weitestgehend verzichtet werden. Die durch den dauerhaft auf die

Zerspanzone gerichteten KSS-Strahl kurz gebrochenen Späne werden durch diesen beschleunigt und können mit hoher Geschwindigkeit auf bereits geschlichtete Werkstückoberflächen auftreffen. Forschungsarbeiten am Werkzeugmaschinenlabor der RWTH Aachen University zeigten, dass Teile des Spans auf der Werkstückoberfläche anhaften und durch den Aufprall sogar Werkstoff aus der Oberfläche herausgetrennt werden kann. [SANG13; CAYL17; SPLE21]

Eine gezielte Einstellung der Spanlänge, sodass der Aufprall verhindert oder die Energie des Aufpralls durch die elastische und plastische Verformung des Spans aufgenommen wird, soll Schädigungen der Werkstückoberfläche vermeiden. Ein Lösungsansatz ist eine bisher industriell nicht angewendete pulsierende KSS-Zufuhr (P-KSS-Zufuhr). Die P-KSS-Zufuhr basiert auf zwei wechselnden Zeitintervallen mit alternierenden KSS-Zufuhrdrücken. Im Zeitintervall mit reduziertem Zufuhrdruck „RD" reicht die Kraft des KSS-Strahls nicht aus, um den sich formenden Span zu brechen. Die Zerspanzone wird jedoch weiterhin gezielt gekühlt und geschmiert. Mit Einsetzen des Hochdruck-Intervalls „HD" wird ein kurzer Hochdruckpuls zum Brechen des Spans erzeugt. Neben der Vermeidung von Oberflächenanomalien soll durch diese Technologie der Bedarf an umweltschädlichen Kühlschmierstoffen und an Energie zum Betrieb von Hochdruckaggregaten gesenkt werden. [CAYL17; SPLE21]

Bisher liegen zur Anwendung der P-KSS-Zufuhr nur wenige Erkenntnisse vor. Insbesondere im Hinblick auf die Ursache-Wirkungszusammenhänge zwischen den Bedingungen des Zerspanprozesses und der P-KSS-Zufuhr und der Spanbildung sowie der Oberflächenqualität bestehen umfangreiche Wissenslücken.

Ziel dieser Arbeit ist es daher, einen wesentlichen Beitrag zur Erklärung der Zusammenhänge der P-KSS-Zufuhr beim Schlichtdrehen von Inconel 718 zu leisten. Dieser Beitrag bietet die Grundlage für eine wissensbasierte, technologisch, ökonomisch und ökologisch sinnvolle Prozessauslegung und langfristig: die industrielle Nutzung der Technologie.

Introduction

Sustainable, innovative production technologies are key elements in increasing productivity in line with climate targets, reducing dependence on fossil fuels and thus securing the long-term competitiveness of Germany as a technology location.

According to Prof. Dr.-Ing. R. Neugebauer, former President of the Fraunhofer-Gesellschaft at the Aachen Machine Tool Colloquium "Empower Green Production" in May 2023

The machining of rotationally symmetric engine components, such as turbine discs and bearing rings, is a key area where the increasing demands for productivity and sustainability of manufacturing processes, as well as the need for highest component quality, come into conflict. These components are subjected to extreme thermal and mechanical loads during flight, particularly during take-off, and are therefore manufactured from high-temperature materials such as nickel-based superalloys. There are complex manufacturing challenges in machining these materials. Excessive tool wear, severely limited material removal rates and lack of chip breakage can lead to process interruptions, limited process reliability and low productivity.

Manufacturers are facing increasingly stringent environmental and resource protection regulations, as well as rising energy prices and labour costs. To meet these requirements without compromising component quality, machining processes must be optimized.

Because engine components are safety-critical parts, special quality requirements must be met, particularly with regard to the workpiece surface and rim zone. Production-related anomalies can reduce component lifespan and, if undetected, cause engine failure during flight. Production-related surface anomalies generally result in costly individual decisions to either rework or reject the affected components.

Adapted cutting fluid (CF) supply strategies offer solutions to the challenges of machining nickel-based alloys. A targeted high-pressure (HP) cutting fluid supply enables an improved cooling and lubrication of the cutting zone compared to conventional flood cooling. Tool wear is reduced and chip breakage is achieved during the turning process. In various case studies at the Machine Tool Laboratory of RWTH Aachen University, chip removal rates were doubled compared to flood cooling under similar cutting conditions without reducing tool life. Despite operating an additional high-pressure unit, the electrical energy required per volume machined was reduced by about one third. [SANG13; KLOC15].

HP CF supply is becoming increasingly important due to these benefits. However, the use of HP CF supply has largely been neglected in finishing operations. The chips, which are broken by the fluid jet directed permanently at the cutting zone, are accelerated by the jet and can hit the already finished workpiece surfaces at high speed. Research at the Machine Tool Laboratory of RWTH Aachen University has shown that parts of the chips adhere to the workpiece surface and the impact can even cause material to separate from the surface. [SANG13; CAYL17; SPLE21].

A targeted adjustment of the chip length so that the impact is either prevented or the energy of the impact is absorbed by the elastic and plastic deformation of the chip should prevent damage to the workpiece surface. One approach is pulsating CF supply (P CF supply), which has not yet been used industrially. The P CF supply is based on two time intervals with alternating coolant supply pressures. During the reduced pressure period, the force of the coolant jet is not sufficient to break the forming chip. However, the cutting zone is still cooled and lubricated. When the high-pressure interval starts, a short high-pressure pulse is generated to break the chip. In addition to avoiding surface anomalies, this technology is designed to reduce the need for environmentally harmful CF and the energy required to operate high-pressure units. [CAYL17; SPLE21]

To date, there has been limited understanding of the application of P CF supply. In particular, significant gaps remain in the knowledge of the cause-and-effect relationships between machining process conditions and P CF supply and chip formation and surface quality.

The aim of this work is therefore to generate significant contributions to the understanding of the relationships in P CF supply for finish turning of Inconel 718. This contribution will provide the basis for knowledge based, technologically, economically and ecologically sound process design and, in the long term, the industrial application of the technology.

2 Stand der Erkenntnisse

State of the Art

Die Entwicklung produktiver, technologisch und ökologisch sinnvoller Zerspanprozesse für Werkstoffe der Luftfahrtbranche im in Kapitel 1 beschriebenen Spannungsfeld aus Herausforderungen steht und stand bereits im Fokus zahlreicher Forschungsarbeiten. Dem Ziel dieser Arbeit entsprechend ist im Folgenden der Stand der Erkenntnisse zur Drehbearbeitung bei Anwendung der (pulsierenden) HD-KSS-Zufuhr mit besonderem Augenmerk auf die Spanbildung dargestellt. Zunächst werden in Kapitel 2.1 Erkenntnisse bezüglich der Vorgänge der Spanbildung ohne das Einwirken einer Kühlschmierstoffzufuhr dargelegt. Diese bilden die Basis für die Erklärung der Auswirkungen der Kühlschmierstoffzufuhr auf die Spanbildung und den Spanbruch. Im Zentrum der Recherchen stand die Bearbeitung der Nickelbasissuperlegierung Inconel 718. Daher ist in Kapitel 2.1 weiterhin eine Erläuterung der Herausforderungen bei der Bearbeitung dieses Werkstoffs im Hinblick auf die Spanbildung und den Werkzeugverschleiß zu finden. Kapitel 2.2 thematisiert Forschungsarbeiten zum Einsatz der HD-KSS-Zufuhr beim Drehen. Diese bereits industriell verbreitete Technologie bildet die Basis der P-KSS-Zufuhr. Nach einer Einführung der bekannten Wirkmechanismen ist der Stand der Forschung zum Einfluss der HD-KSS-Zufuhr auf die Spanbildung und die Beschaffenheit von Werkstückoberflächen dargestellt. In Kapitel 2.4 ist eine Aufstellung der bisher mit P-KSS-Zufuhr durchgeführten Untersuchungen zu finden. Abschließend erfolgt in Kapitel 2.5 eine Zusammenfassung des Stands der Erkenntnisse und das Aufzeigen identifizierter Wissenslücken. Aspekte der ökonomischen und ökologischen Nachhaltigkeit der HD-KSS-Zufuhr werden in Kapitel 7 der Arbeit adressiert.

2.1 Spanbildung im Drehprozess

Chip Formation in Turning

Zerspanprozesse basieren grundsätzlich auf der Entstehung neuer Werkstückoberflächen durch das Abtrennen von Spänen, der Spanbildung [NAKA78, S.17]. Der Spanbildungszyklus kann in die Phasen Spanentstehung, Spanformung und Spanbruch unterteilt werden [HINT90, S. 11; JAWA14, S. 186]. Die Mechanismen aller drei Phasen resultieren in den in Bild 2.1 dargestellten Spanformen. In der Literatur existieren unterschiedliche Ansätze und Begriffe zur Beschreibung des Spanbildungszyklus und des resultierenden Spans [ASTA97, S. 256]. In dieser Arbeit wird die „mikroskopische Struktur“ des Spans, welche mit den Spanbildungsmechanismen in der Phase der Spanentstehung zusammenhängt, von dem in den Phasen der Spanformung entstehenden Erscheinungsbild unterschieden. Letzteres wird als „Spanform“ beschrieben.

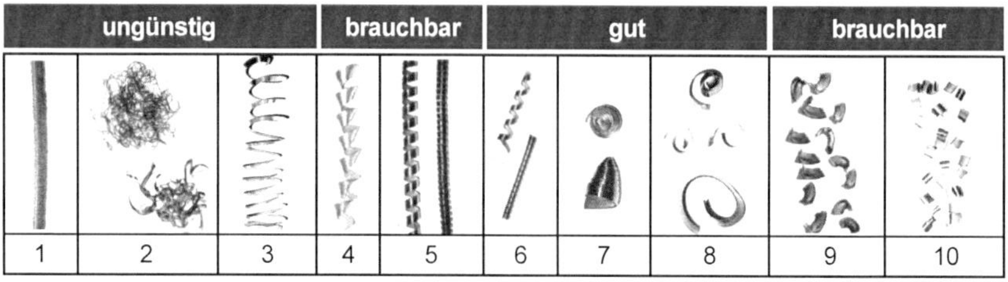

1 Bandspäne 4 Schrägwendelspäne 7 konische Wendelspäne
2 Wirrspäne 5 lange Wendelspäne 8 Spiralspäne
3 Flachwendelspäne 6 kurze Wendelspäne 9 Spanlocken 10 Bröckelspäne

Bild 2.1: Spanformen nach [KLOC18, S. 293]
Chip shapes according to [KLOC18, p. 293]

Die Spanform stellt eines der vier üblicherweise angewandten Kriterien zur allgemeinen Bewertung der Zerspanbarkeit bzw. des Zerspanprozesses dar. Weitere Kriterien sind der Werkzeugverschleiß, die Zerspankraft sowie die Oberflächengüte des Werkstücks [KLOC18, S. 284]. Durch den kontinuierlichen Schnitt beim Drehen ist die Spanlänge im Gegensatz zum Fräsprozess nicht durch einen regelmäßigen Austritt der Schneide aus dem Werkstoff begrenzt. Abhängig vom zerspanten Werkstoff und den Prozessbedingungen können daher lange Band-, Wirr- und Flachwendelspäne entstehen und Spannester bilden. Hieraus resultieren Maschinenstillstandzeiten zum manuellen Entfernen von Spänen. Beschädigungen des Werkstücks, des Werkzeugs oder von Komponenten der Werkzeugmaschine sind nicht auszuschließen. Die langen Späne stellen zusätzlich ein Verletzungsrisiko für Maschinenbedienende dar. Eine prozesssichere spanende Fertigung ist ohne einen kontrollierten Spanbruch nicht realisierbar [KLOC08, S. 28 f.; KLOC10, S. 21]. Weiterhin gewinnt die Reproduzierbarkeit und Automatisierbarkeit von Prozessen im Hinblick auf die Digitalisierung in der Fertigungstechnik zunehmend Bedeutung. Daher wird im Allgemeinen angestrebt, möglichst kurze Späne zu erzielen. Sehr kleine Bröckelspäne können jedoch in Führungen und Dichtungen der Werkzeugmaschine gelangen und sind daher weniger erwünscht.

2.1.1 Spanentstehung

Chip Formation

Der Spanbildungszyklus beginnt mit dem Eindringen des Schneidkeils in den Werkstoff. Dieser verformt sich infolgedessen elastisch und plastisch bis die werkstoffspezifische kritische Schubspannung überschritten wird und der Werkstoff beginnt zu fließen. Es entsteht ein Fließspan. Dieser läuft über die Spanfläche des Werkzeugs ab [VIER70, S. 6; KLOC18, S. 56]. Die wesentlichen Theorien für die Werkstoffscherung bei der Entstehung des Fließspans basieren auf einer Scherebene, verschiedenen Scherzonen oder Kombinationen aus beiden Ansätzen [LAKN21, S. 4; HARD22, S. 6]. Die Scherebenenmodelle nach Ernst und Merchant sind am stärksten verbreitet [ESSI10, S. 9]. Merchant beschreibt eine ausschließlich in der Scherebene lokalisierte plastische Verformung des zerspanten Werkstoffs. Die Scherebene schließt, wie in Bild 2.2 dargestellt, mit der Richtung der Schnittgeschwindigkeit v_c den Scherwinkel Φ ein [MERC45, S. 269]. Bei dem Scherwinkel Φ handelt es sich um eine theoretische Größe, welche nur unter bestimmten Randbedingungen mit den tatsächlichen Gleitrichtungen des Werkstoffs übereinstimmt [KLOC18, S. 103].

Die Theorie der Scherebene bezieht sich ausschließlich auf die kontinuierliche Fließspanbildung [MERC45, S. 268]. Es wird ein freier orthogonaler Schnitt, ein ideal scharfer Schneidkeil und ein ideal-plastisches Materialverhalten vorausgesetzt [KLOC18, S. 101-103]. OXLEY beschrieb, basierend auf dem Modell von Merchant, eine Scherzone, welche durch zwei parallele äquidistante Geraden um die Scherebene definiert wird [OXLE89]. Es ist der einzige analytische Modellansatz, der die Kaltverfestigung des Werkstoffs berücksichtigt und stellt damit einen der wichtigsten Forschungsbeiträge zur analytischen Modellierung der Spanbildung dar [BERG21a, S. 46].

WARNECKE identifizierte durch experimentelle Untersuchungen anhand von Videoaufnahmen die fünf in Bild 2.2 gezeigten Verformungszonen bei der Fließspanentstehung. In der primären Scherzone (1) vollzieht sich der Großteil der plastischen Verformung [WARN74]. Der Span beginnt über die Spanfläche zu fließen [KLOC18, S. 56].

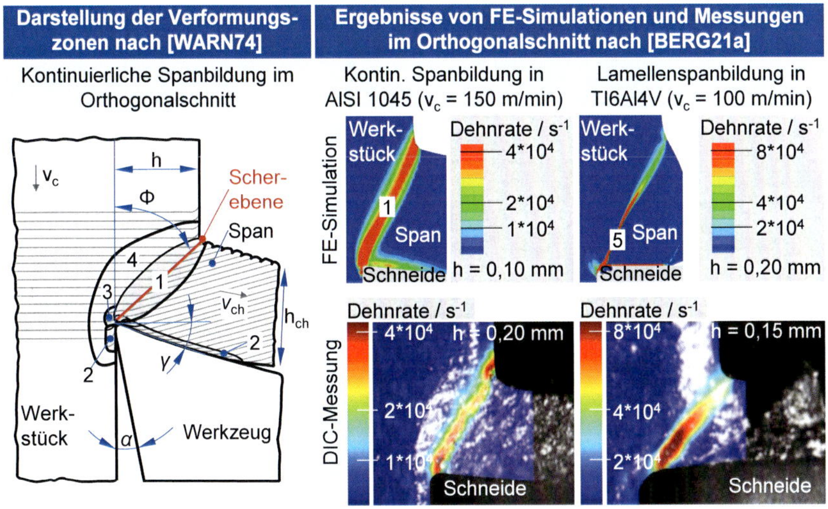

1: Primäre Scherzone
2: Sekundäre Scherzone
3: Stau- und Trennzone
4: Verformungsvorlaufzone
5: Verformungslokalisierung
v_{ch}: Spanablaufgeschwindigkeit
h_{ch}: Spandicke
Φ: Scherwinkel
h: Spanungsdicke

Bild 2.2: Verformungszonen bei der Spanentstehung nach [WARN74; BERG21a]
Shear zones in chip formation according to [WARN74; BERG21a]

Dabei wird der Werkstoff aufgrund der Zugbelastung in Kombination mit dem senkrecht wirkenden Druck und der somit starken Reibung bei hohen Temperaturen an der Span- und Freifläche (2) verformt [WARN74; KLOC18, S. 59]. Diese Bereiche werden als sekundäre Zone bezeichnet. In der Stau- und Trennzone (3) vor der Schneidkante stellt sich ein nahezu hydrostatischer Druckzustand ein. In der vorgelagerten Verformungsvorlaufzone (4) resultieren geringere Verformungen des Werkstoffs [WARN74].

ALTINTAS beschreibt im Bereich der Schneidkante und der Werkzeugfreifläche an Stelle von (2) und (3) eine tertiäre Verformungszone [ALTI00, S. 6].

Die in Bild 2.3 schematisch dargestellte Kontaktlänge l_K zwischen dem Werkzeug und dem Span kann nach ZOREW ET AL. in zwei Zonen beschrieben werden [ZORE67]. In der Haftzone erfolgt die sekundäre Scherung. In diesem Bereich treten während der Spanbildung, wie auch in der primären Scherzone, besonders hohe Temperaturen auf. Der Wert der Schubspannung τ_{max} ist in diesem Bereich konstant und entspricht der Fließgrenze des zerspanten Werkstoffs. In der Gleitzone fällt die Schubspannung τ bis zum Ende der Kontaktzone proportional zur Normalspannung σ ab, bis der Span nicht mehr in Reibkontakt zur Spanfläche steht. In der Gleitzone stellt sich ein konstanter Reibkoeffizient μ ein. Der Span fließt mit der Spanablaufgeschwindigkeit v_{ch} über die Spanfläche ab [ZORE67; GATE98].

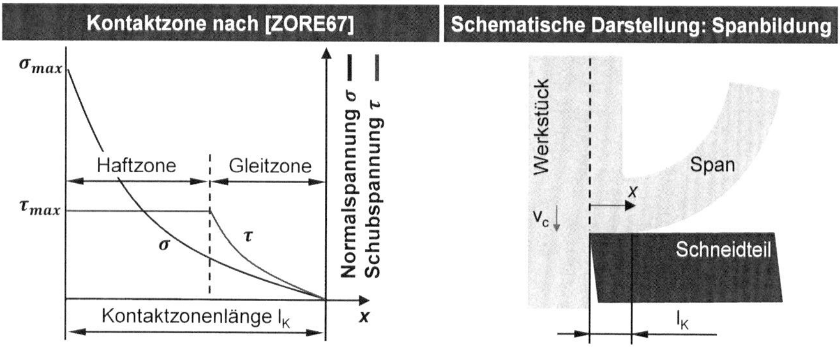

Bild 2.3: Kontaktzone und Spannungen zwischen Span und Spanfläche nach [ZORE67]
Tool-chip contact zone and stresses according to [ZORE67]

Entgegen den quasistatischen analytischen Modellen ist die Spanentstehung ein zeitabhängiger dreidimensionaler Vorgang. Die Mechanismen werden durch plastomechanische, thermodynamische, werkstoffphysikalische und tribologische Effekte beeinflusst [HINT90, S. 11]. Dabei liegen hohe Temperaturen (im Bereich der Spanfläche etwa 770-1000°C) und Formänderungsgeschwindigkeiten (im Bereich $10^4\ s^{-1}$) vor [KLOC18, S. 57]. Analytische Modelle zur Spanbildung sind daher eher als Näherungsansätze mit experimentellen Teilnachweisen einzuordnen [ASTA97, S. 248].

Moderne experimentelle Ansätze, wie in [MEUR20; BERG21a] ermöglichen mittels digitaler Bildkorrelation (DIC) und hochauflösenden Kameras den Verformungsgrad und die Verformungsgeschwindigkeit direkt in der Scherzone zu messen und damit die Spanbildung mit hoher räumlicher und zeitlicher Auflösung zu analysieren [LIAO24, S. 168]. In Bild 2.2 sind Ergebnisse von Dehnratenmessungen mittels DIC beispielhaft dargestellt. Die maximale Verformung bei der kontinuierlichen Spanbildung in AISI 1045 erfolgt annähernd gleichförmig über die gesamte Scherebene. Bei der für die Zerspanung von Ti6Al4V charakteristischen Lamellenspanbildung kommt es zu einer deutlichen Verformungslokalisierung [BERG21a, S. 3]. Eine detaillierte

Erläuterung der unterschiedlichen Spanbildungsmechanismen ist im nachfolgenden Abschnitt zu finden. BERGS ET AL. verwendeten die Messungen zur Bewertung von numerischen FE-Modellen, wie ebenfalls in Bild 2.2 gezeigt ist [BERG21a].

Spanbildungsmechanismen

Abhängig von zerspantem Werkstoff, Schnittparametern und Werkzeuggeometrie treten bei der Spanentstehung unterschiedliche Mechanismen auf [VIER70, S. 10; ASTA97, S. 44]. VIEREGGE definierte neben der genannten Fließ- und Lamellenspanbildung die in Bild 2.4 dargestellten Spanarten Scherspan und Reißspan und führte ihre Entstehung insbesondere auf die Verformungsfähigkeit des bearbeiteten Werkstoffs und den Verformungsgrad zurück [VIER70].

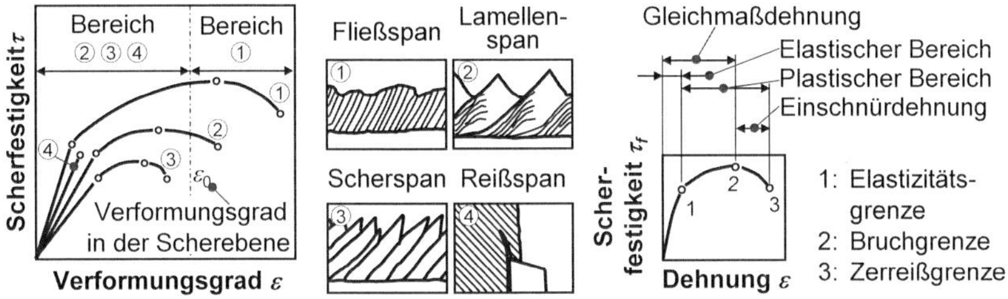

Bild 2.4: Spanbildungsmechanismen nach [VIER70, S. 11; KLOC18, S. 61]
Chip formation mechanisms according to [VIER70, p. 11; KLOC18, p. 61]

Bei der Entstehung von *Fließspänen* gleitet der Span mit gleichmäßiger Geschwindigkeit bei stationärem Fluss ab [DENK11, S. 21]. Es resultiert ein gleichmäßig verformtes Werkstoffgefüge im Span, welches auf die zeitlich gleichbleibenden Reibungsverhältnisse zurückgeführt wird [KLOC18, S. 60]. Fließspäne treten besonders bei einem gleichmäßigen, feinkörnigen Gefüge des bearbeiteten Werkstoffs mit hoher Duktilität auf [DENK11, S. 21]. Der Werkstoff besitzt eine ausreichende Verformungsfähigkeit und reagiert auf die Verformung nicht mit Versprödungserscheinungen. Demnach ist eine zusätzliche Verformung des Spans Voraussetzung für den Spanbruch [VIER70, S. 10 f.]. Weiterhin tragen hohe Schnittgeschwindigkeiten, eine eher geringe Reibung an der Spanfläche, positive Spanwinkel und geringe Spanungsdicken zur Entstehung von Fließspänen bei [DENK11, S. 21].

Lamellenspäne entstehen in einem ebenfalls gleichmäßigen, periodischen Vorgang, der jedoch Formänderungsschwankungen unterliegt [DENK11, S. 22]. Die zur Beschreibung dieser Späne üblichen Kennwerte sind in Bild 2.5 beschrieben. Die Verformungslokalisierungen werden als konzentrierte Scherbänder sichtbar, welche durch thermische oder elasto-mechanische Vorgänge entstehen [DENK11, S. 22]. Ein Erklärungsansatz für die starken lokalen Gefügeverformungen ist eine reduzierte Werkstofffestigkeit in Folge der Formänderung in der Scherebene [VIER70, S. 10]. Diese wird insbesondere darauf zurückgeführt, dass die thermische Entfestigung des Werkstoffs die mechanische Verfestigung übersteigt [KLOC18, S. 60].

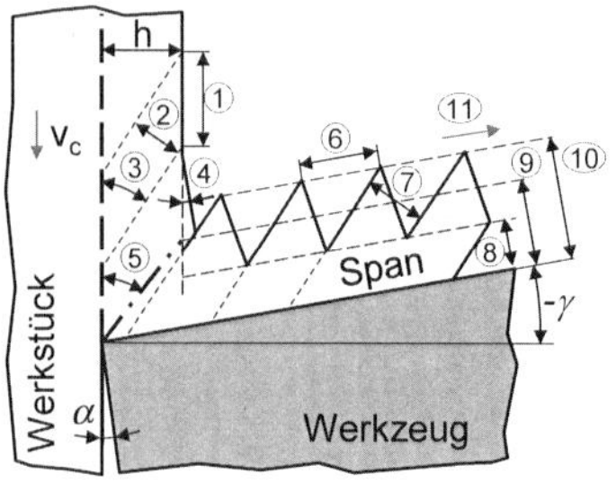

1. l = Segmentlänge
2. d = Segmentdicke
3. Φ_{seg} = Segmentscherwinkel
4. ρ_{seg} = Wölbungswinkel
5. Φ = Scherwinkel
6. l_{ch} = Spansegmentlänge
7. d_{ch} = Spansegmentdicke
8. $h_{ch,min}$ = min. Spandicke
9. $h_{ch,mean}$ = mittlere Spandicke
10. $h_{ch,max}$ = max. Spandicke
11. v_{ch} = Spanablaufgeschwindigkeit

Bild 2.5: Kennwerte des segmentierten Spans nach [KREI73, S. 46]
Characteristics of the segmented chip according to [KREI73, p. 46]

Lamellenspäne treten vor allem bei der Bearbeitung von Werkstoffen mit hoher Festigkeit in Kombination mit großem Formänderungsvermögen auf [KLOC18, S. 60]. Nach VIEREGGE lässt in diesem Fall die Scherkraft nach, sobald der Verformungsgrad die Grenze des plastischen Bereichs erreicht. Die Scherebene verbleibt in Position, bis wieder ein ausreichender Druck an der Spanfläche entsteht, um diese erneut zu verschieben. Es entstehen die als Lamellen im Span detektierten Schichten [VIER70, S. 11]. Ihre Bildungsfrequenz liegt im Kilohertz-Bereich [DENK11, S. 22]. Die ständig wechselnden Reibverhältnisse in den Kontaktzonen sowie dem Scher- und Trennbereich führen zu einem stick-slip-Effekt (Ruckgleiten) [VIER70, S. 10]. Zu einer Lamellenspanbildung können weiterhin ein ungleichmäßiges Werkstoffgefüge sowie Schwankungen der Spandicke durch Schwingungen beitragen. Experimentelle Untersuchungen zeigten Übereinstimmungen der Segmentierungsfrequenz der Späne mit der Frequenz von Schwankungen im Zerspankraftsignal [ZHAN13, S. 961].

Mitunter treten Zwischenformen mit Anteilen verschiedener Spanbildungsarten auf. JAWAHIR ET AL. bezeichnen die Übergangsform zwischen einer kontinuierlichen und einer Lamellenspanbildung als „wavy chip“ (welliger Span). Dieser weist eine variierende Spandicke, jedoch keine klar erkennbaren Spansegmente auf [JAWA93, S. 662]. Weiterhin ist eine Veränderung des Spanbildungsmechanismus im Prozess möglich. Nimmt die Reibung in der Zerspanzone durch beispielsweise fortschreitenden Werkzeugverschleiß zu, kann dies zu einem Wechsel von einer kontinuierlichen zu einer Lamellenspanbildung führen [SEID19, S. 1687].

Scherspäne bestehen aus einzelnen Spansegmenten, welche bei der Entstehung in der Scherebene getrennt werden und wieder zusammenschweißen [VIER70, S. 21]. Dies geschieht, wenn die Verformungsfähigkeit des zerspanten Werkstoffes in der Scherebene überschritten wird. In der Folge schert das Spansegment fast vollständig ab. Ähnlich zu den Abläufen bei der Lamellenspanbildung dauert die Bildung des nachfolgenden Segments an, bis der Druck zwischen Span und Spanfläche wieder ausreichend groß ist, um ein erneutes Abscheren auszulösen [VIER70, S. 21]. Das Bilden von Scherspänen wird durch geringere Schnittgeschwindigkeiten, negative Spanwinkel und große Spanungsdicken begünstigt [DENK11, S. 22]. Die Scherspanbildung kann als Spezialfall der Lamellenspanbildung eingeordnet werden [KLOC18, S. 61].

Die beiden Spanbildungsarten werden zusammengefasst auch als segmentierte Spanbildung bezeichnet [JAWA93, S. 661]. Warnecke nahm lediglich eine Unterteilung in Fließ-, Scher- und Reißspäne vor [WARN74, S. 44].

Bei der Entstehung von Reißspänen tritt keine plastische Verformung des Werkstoffes auf [KLOC18, S. 61]. Teile des Werkstoffs werden weitgehend unverformt aus der Oberfläche herausgerissen. Diese Vorgänge haben einen stärkeren Einfluss auf die Werkstückoberfläche als die Werkzeuggeometrie [DENK11, S. 23]. Reißspäne resultieren insbesondere bei der Bearbeitung sehr spröder Werkstoffe wie Gusseisen, Faserverbundwerkstoffen oder Titanaluminiden [KLOC18, S. 61]. Die Mechanismen der Spanentstehung beeinflussen in Kombination mit den weiteren Randbedingungen des Zerspanprozesses die Spanformung und den Spanbruch.

2.1.2 Spanformung

Chip Flow

Am Ende der Kontaktzone zwischen Span und Spanfläche beginnt die Spankrümmung und somit -formung, welche auch als Spanablauf bezeichnet wird. Die Spanformung unterliegt den Einflüssen der Werkzeugeigenschaften, der Prozessbedingungen und den Eigenschaften des zerspanten Werkstoffs. Zur Prädiktion und Beschreibung der Spanformung sind die grundlegenden Arbeiten von NAKAYAMA ET AL. in der Literatur sehr verbreitet [NAKA62; NAKA78; NAKA92]. Ausgehend von einer Schneidplatte mit ebener Spanfläche und einem kollisionsfreien Spanablauf ist die resultierende Spanform ein Wendelspan. Es entsteht eine Schrauben- bzw. Helixform, an der die Spanfläche tangential anliegt [SPAA71, S. 55; NAKA78, S. 18]. Die Ausprägung der Helix bezüglich ihrer Achsen und Winkel wird durch drei Werte bestimmt. Hierbei handelt es sich um den Spanaufwärtskrümmungsradius r_u (Radius of up-curl), den Seitwärtskrümmungsradius r_s (Radius of side-curl) und den seitlichen Spanablaufwinkel v (Chip side-flow angle) [NAKA78, S. 18].

Diese können in gleicher Reihenfolge als Äquivalente zum Wendelradius r_h, der Wendelsteigung p_h und der Wendelachsneigung θ des resultierenden Wendelspans verstanden werden [HINT90, S. 10]. Bei getrennter Betrachtung der Größen entstehen drei grundlegende Spanformen, welche in Bild 2.6 schematisch dargestellt sind [JAWA93, S. 662].

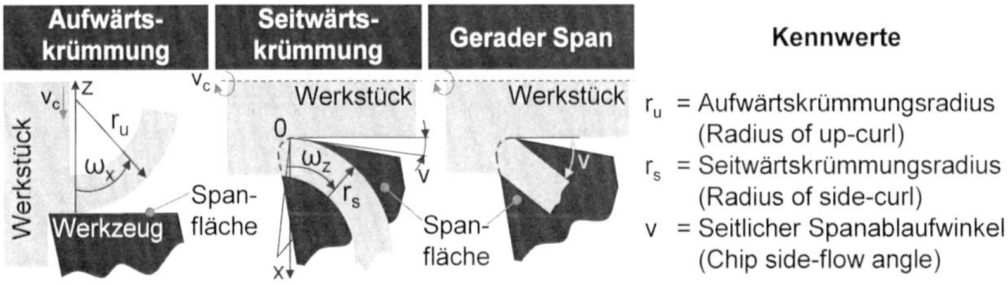

Bild 2.6: Grundlegende Spanformen nach [NAKA78, S. 18; JAWA93, S. 662]
Basic chip forms according to [NAKA78, p. 18; JAWA93 p. 662]

NAKAYAMA beschreibt die Formen in einem dreiachsigen Koordinatensystem. Die Trennlinie zwischen Span und Spanfläche am Ende der Kontaktzone in der Ebene der Spanfläche ist eine Gerade [NAKA78, S. 18; KHAR99, S. 768]. Diese bildet die X-Achse des Systems. Der Nullpunkt liegt am schneidkantenseitigen Ende der Trennlinie. Diese liegt zumeist parallel zur Hauptschneide. Ausnahmen bilden Fälle mit sehr großen Verhältnissen von Vorschub f oder Eckenradius r_ε zur Schnitttiefe a_p. Die Z-Achse steht orthogonal auf der Spanfläche, die Y-Achse auf der gebildeten X-Z-Ebene [NAKA78, S. 18]. Der aufwärts gekrümmte Span verläuft als Teilkreis mit dem Radius r_u in senkrechter Orientierung zur Spanfläche, während der seitwärts gekrümmte Span theoretisch als Teilkreis mit dem Radius r_s auf der Spanfläche aufliegt [NAKA 78, S. 18; JAWA93, S. 662]. Der gerade Span verläuft auf der Spanfläche, weist aber keine Krümmung auf, sondern schließt einen Winkel mit der Hauptschneide ein. Dieser ist als seitlicher Spanablaufwinkel definiert. [SPAA71, S. 101; NAKA78, S. 18; JAWA93, S. 662] Aus den Werten r_u, r_s und θ kann die theoretische Helixform und -lage berechnet werden, wie in [NAKA78] erläutert ist. Die aus den drei grundlegenden Spanformen resultierenden Ausprägungen des Wendelspans sind in Bild 2.7 gezeigt.

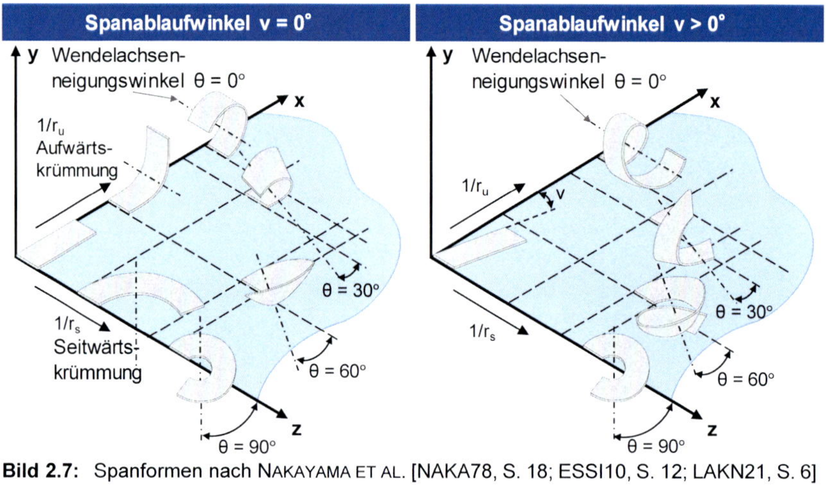

Bild 2.7: Spanformen nach NAKAYAMA ET AL. [NAKA78, S. 18; ESSI10, S. 12; LAKN21, S. 6]
Chip forms according to NAKAYAMA ET AL. [NAKA78, p. 18; ESSI10, p. 12; LAKN21, p. 6]

Zur vollständigen Beschreibung der Spanform ist weiterhin die Kenntnis der Spanbreite, -dicke, und -länge erforderlich [NAKA78, S. 18]. Die natürliche Aufwärts- und Seitwärtskrümmung von Spänen ist auf Vorgänge in der primären und sekundären Verformungszone zurückzuführen [GATE98, S. 20]. Die Aufwärtskrümmung wird dominierend von der Spanflächenreibung beeinflusst. Aus den Normal- und Reibkräften in der Zerspanzone entsteht ein Biegemoment, welches den abfließenden Span verformt. Zunehmende Reibung in der Kontaktzone führt zu einem vergrößerten Spanaufwärtskrümmungsradius, während die der Krümmung entgegenwirkende Komponente des Biegemoments mit verminderter Reibung abnimmt. Bei geringen Spanungsdicken ist nach GATERMANN der Einfluss der Reibung als besonders stark einzuordnen [GATE98, S. 133]. Eine weitere Einflussgröße bezüglich des Aufwärtskrümmungsradius ist in der Folge der effektive Spanwinkel [HINT90, S. 108 f.].

Die natürliche Seitwärtskrümmung wird, wie der Spanablaufwinkel, insbesondere durch die geometrischen Eingriffsbedingungen bestimmt [GATE98, S. 133]. Die Seitwärtskrümmung resultiert aus einem Gradienten in der Spanablaufgeschwindigkeit entlang der X-Achse. Ursächlich dafür sind eine in diesem Bereich veränderliche Schnittgeschwindigkeit v_c oder eine veränderte Spandickenstauchung λ_h [NAKA78, S. 18]. Die Spandickenstauchung λ_h steht mit der Schnittgeschwindigkeit v_c und Spanablaufgeschwindigkeit v_{ch}, wie folgend in Formel (2.1) gezeigt, im Verhältnis [KREI73, S. 47]:

$$\frac{v_c}{v_{ch}} = \frac{h_{ch,mean}}{h} = \lambda_h \tag{2.1}$$

Im Drehprozess sind, wie in Bild 2.8 dargestellt ist, zumeist die Hauptschneide und die Schneidenecke im Eingriff. Der aus diesem Grund vorliegende räumliche Spannungszustand führt zu einem entlang der Schneide variierenden Scherwinkel [NAKA78, S. 19; GATE98, S. 20]. Die Zunahme des Scherwinkels zur Schneidenecke hin führt zu einer verringerten Spanstauchung. Dieser Effekt wird mit größeren Eckenradien und Vorschüben verstärkt, während er bei größeren Schnitttiefen reduzierten Einfluss nimmt. Daher entstehen bei größeren Schnitttiefen eher aufwärts gekrümmte Späne, während geringere Schnitttiefen zu einer stärker ausgeprägten Seitwärtskrümmung führen [ESSI10, S. 19]. Neben den genannten Parametern beeinflusst der Einstellwinkel κ_r den Seitwärtskrümmungsradius r_s [GATE98, S. 20 f.]. Weiterhin steigt der Radius r_s bei sinkendem Spanablaufwinkel [HINT90, S. 31].

Der Spanablaufwinkel wird führend durch den Neigungswinkel des Werkzeugs λ, die veränderliche Schnittgeschwindigkeit über der Schnitttiefe, das Zusammenspiel von Haupt-, Nebenschneide und Eckenradius und den zerspanten Werkstoff beeinflusst. Dieser Winkel verhält sich näherungsweise proportional zur Seitwärtskrümmung des Spans [HINT90, S. 108].

In der Literatur ist zur Ermittlung des Spanablaufwinkels im gebundenen schrägen Schnitt insbesondere das Modell nach COLWELL verbreitet [COLW54; ESSI10, S. 21]. Das Modell berücksichtigt die Zusammensetzung der Schneide aus Haupt- und Nebenschneide inklusive des Eckenradius, jedoch nicht den Einfluss des Werkstoffs und des Neigungswinkels [HINT90, S.13]. Wie in Bild 2.8 a) dargestellt, ist der nominelle Spanungsquerschnitt beim Außenlängsrunddrehen als Parallelogramm mit der Fläche $A = a_p \cdot f$ definiert. Insbesondere bei der Schlichtbearbeitung weicht die Form des Spanungsquerschnitts jedoch durch den großen Anteil des Eckenradius am Schneideneingriff stark von dieser Form ab, wie in Bild 2.8 b) gezeigt ist. Nach COLWELL sind daher, abhängig vom Verhältnis der Schnitttiefe a_p zum Eckenradius r_ε, unterschiedliche Ansätze zur Berechnung des Spanablaufwinkels v anzuwenden, vgl. Bild 2.8 c) [COLW54].

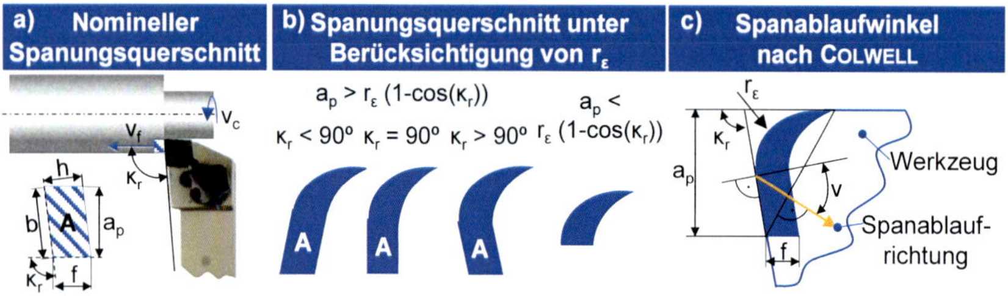

Bild 2.8: Spanungsquerschnitt und Spanablaufwinkel nach [COLW54; ESSI10, S. 18]
Cross section of undeformed chip and chip flow angle according to [COLW54; ESSI10, p. 18]

Die beschriebenen grundlegenden Modellansätze zur Spanformung beziehen sich auf einen freien Spanablauf. Dieser Fall existiert ausschließlich für sehr kurze Zeiträume im Spanbildungszyklus. Der Span kollidiert mit zunehmender Länge mit dem Werkzeug, dem Werkstück oder Elementen der Werkzeugmaschine. Diese üben eine Kraft auf den Span aus. Lediglich der „gerade Span" kann über einen beschränkten Zeitraum frei ablaufen, während ein gekrümmter Span nach einer Umdrehung zu seinem Ursprung zurückführt. Der Span trifft dann auf ein Hindernis und wird abgelenkt. [JAWA93, S. 662]

Bei der Drehbearbeitung werden zumeist Schneidplatten mit Spanformergeometrie eingesetzt, deren Ziel es ist, den Spanaufwärtskrümmungsradius zu minimieren und infolgedessen Spanbruch herbeizuführen. Der Aufwärtskrümmungsradius wird dominierend durch den engsten Querschnitt der Spanformstufe in Spanablaufrichtung bestimmt [HINT90, S. 108 f.]. Die Seitwärtskrümmung des Spans wird hingegen kaum durch die Spanformstufe beeinflusst [HINT90, S. 31]. Die Bedingungen des Spanbruchs werden im Folgenden Kapitel 2.1.3 im Detail thematisiert.

2.1.3 Spanbruch

Chip Breakage

Der Spanbildungszyklus endet nach Spanentstehung und -formung mit dem Spanbruch. Wie in Kapitel 2.1 beschrieben wurde, ist der Spanbruch ein besonders wichtiger Aspekt der Spankontrolle der industriellen Praxis. Durch zyklischen, kontrollierten Spanbruch kann die Gesamtausdehnung des Spans reguliert und die Spanabfuhr aus dem Arbeitsraum der Werkzeugmaschine sichergestellt werden.

Im Fokus experimenteller Untersuchungen zur Beeinflussung und Herbeiführung von Spanbruch beim Drehen standen bisher die Anpassung der Schnittparameter, die Auslegung und der Einsatz von Spanformergeometrien an der Schneidplatte sowie mechanischer Vorrichtungen, gezielte Werkzeugvibration und Vorschubmodulation [YILM20, S. 51]. Weiterhin war die Entwicklung analytischer, numerischer und (teil)empirischer Modelle des Spanbruchs, insbesondere mit dem Ziel der Auslegung von Spanformergeometrien, Gegenstand zahlreicher Forschungsarbeiten, wie [SPAA71; HINT90; JAWA00; CHOI01; ESSI10; FANG02; KLOC09; KLOC11; BUCH15; MURR22]

Zur Analyse des Spanbruchs in experimentellen Untersuchungen ist die Nutzung von Hochgeschwindigkeitskameraaufnahmen üblich, wie in [JAWA90; ESSI10; KLOC11] dokumentiert ist. Weiterhin wird die Sammlung der Späne aus der Werkzeugmaschine und deren optische, qualitative Beurteilung der Spanform in Anlehnung an Bild 2.1 und der direkt mit dem Spanbruch in Zusammenhang stehenden Spanlänge in wissenschaftlichen Arbeiten genutzt. Diese Methode ist sowohl aufwandsarm als auch aussagekräftig und daher auch in der industriellen Praxis verbreitet. Zur quantitativen Bewertung ist weiterführend eine Vermessung von Spänen mittels eines Lichtmikroskops und entsprechender Software, wie in [LAKN21], üblich. Die Untersuchung der Materialversagensmechanismen beim Spanbruch kann mittels rasterelektronenmikroskopischer Aufnahmen der Bruchfläche erfolgen [ESSI10, S. 63].

Die Bedingungen des Spanbruchvorgangs resultieren aus den im Ishikawa-Diagramm in Bild 2.9 dargestellten Einflussgrößen des Zerspanprozesses und den sich daraus ergebenden Mechanismen der Spanentstehung und Spanformung. Der Einfluss der Kühlschmierstrategie auf die Spanbildung steht im Zentrum dieser Arbeit und wird in Kapitel 2.2.3 im Detail beleuchtet. Nachfolgend werden relevante Forschungsergebnisse bezüglich ausgewählter Einflüsse auf den Spanbruch gemäß Bild 2.9 dargestellt. Eine hohe mechanische Last an der Spanbruchstelle und ein niedriges Formänderungsvermögen des Spans fördern den Spanbruch [ESSI10, S. 16].

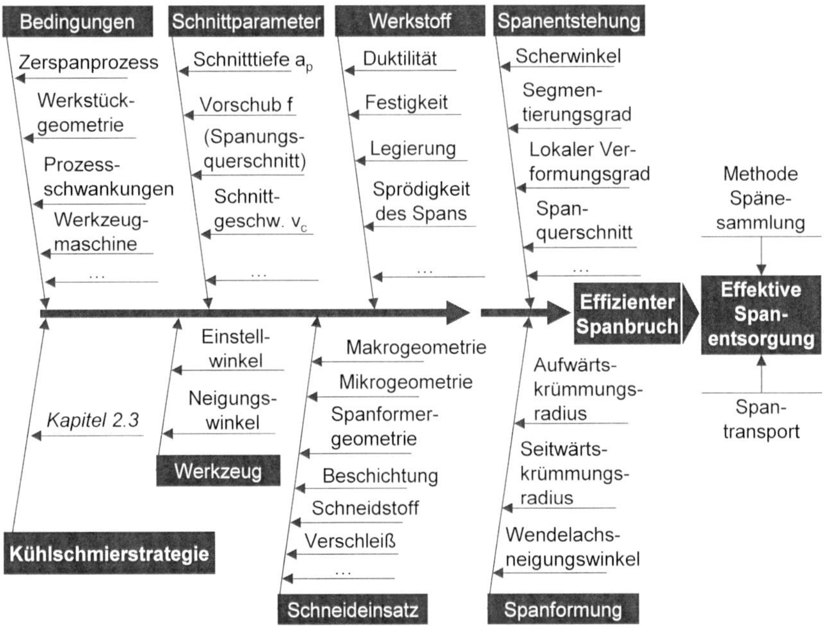

Bild 2.9: Einflussgrößen auf Spanbruch und -abfuhr nach [JAWA93; FANG98; ESSI10; JAWA14]

Influencing factors on chip breaking and disposal according to [JAWA93; FANG98; ESSI10; JAWA14]

Die Schnittparameter Vorschub f und Schnitttiefe a_p bestimmen in Kombination mit den Werkzeugeigenschaften den Spanungsquerschnitt A und beeinflussen infolgedessen den Spanquerschnitt A_{ch}, siehe auch Bild 2.8 a). Form und Fläche des Spanquerschnitts spielen eine wichtige Rolle hinsichtlich des Spanbruchs [HINT90, S. 109]. Umso größer die mit dem Vorschub f in Zusammenhang stehende Spandicke h_{ch} ist, desto stärker wird der Span bei Aufwärtskrümmung spanflächenseitig gedehnt. Bei Überschreitung der Zugfestigkeit beginnt der Span einzureißen und bricht schließlich. Zusätzlich trägt eine Erhöhung des Vorschubs f zu einer Verringerung des Spanaufwärtskrümmungsradius r_u bei [HOPP03, S. 65].

Der Einfluss der Schnittparameter Vorschub und Schnitttiefe auf den Spanbruch steht in der industriellen Praxis meist mit einer an der Spanfläche der Schneidplatte eingebrachten Spanformergeometrie in Wechselwirkung. Ziel der Spanformergeometrie ist die Ausübung einer Kraft auf die Spanunterseite zur Minimierung des Spankrümmungsradius r_u und somit die Herbeiführung von Spanbruch. Ein in eine Spanformrille einlaufender Span wird bei größerer Spandicke h_{ch} stärker gekrümmt und somit gedehnt als ein dünnerer Span, der durch dieselbe Spanformstufe geformt wird [CHOI01, S. 491]. Die Steigerung von Vorschub und Schnitttiefe wirkt sich so reduzierend auf den Spanaufwärtskrümmungsradius aus [CHOI01, S. 494]. Spanformergeometrien sind zur Nutzung in bestimmten Schnittparameterfenstern ausgelegt, welche als Spankontrollbereiche bezeichnet werden. Zur Erfüllung der Funktion der Spanformgeometrie müssen ein minimaler kritischer Vorschub und eine entsprechende Schnitttiefe überschritten werden [NAKA62, S.143]. Es ist üblich, diese basierend auf Zerspanuntersuchungen in Spanformdiagrammen nach DIN ISO 10910 darzustellen, in denen die Schnitttiefe über dem Vorschub aufgetragen ist und Bilder oder Beschreibungen der Spanform eingezeichnet werden [DIN09]. Bei der Verwendung der Diagramme ist zu beachten, dass ihr Geltungsbereich jeweils auf eine Schnittgeschwindigkeit v_c begrenzt ist. Da die Schnittgeschwindigkeit maßgeblich die Temperatur in der Zerspanzone bestimmt, beeinflusst sie auch das Formänderungsvermögen des Spans und infolgedessen den Spanbruch. Der Spankontrollbereich reduziert sich mit zunehmender Schnittgeschwindigkeit [KIMJ97, S. 611].

Wie in Bild 2.9 aufgeführt, nimmt weiterhin der zerspante Werkstoff einen starken Einfluss auf die Neigung der Späne zum Bruch. Eine hohe Sprödigkeit des Werkstoffs und infolgedessen der Späne steigert die Bruchfähigkeit. Eine Reduktion des werkstoffabhängigen Scherwinkels führt durch die Steigerung der Spandicke zu einer vermehrten Spanbruchfähigkeit. Eine Verminderung des Scherwinkels hat weiterhin eine Erhöhung der Scherspannung im Span zur Folge und trägt somit zum Spanbruch bei. [JAWA93, S. 680]

Die Einflussgrößen aus dem Ishikawa-Diagramm in Bild 2.9 beeinflussen die Mechanismen der Spanentstehung, welche wiederum den Spanbruch beeinflussen. Die Rolle des Scherwinkels und Spanquerschnitts wurden bereits im Zusammenhang mit den Schnittparametern und dem zerspanten Werkstoff thematisiert. Der lokale Verformungsgrad und der Segmentierungsgrad des Spans resultieren aus dem Spanbildungsmechanismus. Dieser bestimmt den für den Spanbruch maßgeblichen minimalen Spanungsquerschnitt innerhalb eines Spans [HINT90, S. 109]. Die Vorgänge der im Zyklus der Spanbildung nachfolgenden Phase der Spanformung bedingen zu welchem Zeitpunkt des Spanablaufs eine Kollision eintritt und ob diese mit dem Werkzeug, dem Werkstück oder dem Span selbst stattfindet [NAKA62, S. 142].

Der Spanbruch kann in die in Bild 2.10 gezeigten drei Arten unterteilt werden. Zerfällt der Span bereits während der Entstehung in einzelne Segmente handelt es sich um primären Spanbruch. Als sekundär wird der Spanbruchvorgang eingeordnet, wenn der Span in der Phase der Spanformung aufgrund geringer Festigkeit bricht. Ursachen können Schwingungsbewegungen des freien Spans und seine zunehmende Masse sein. Tertiärer Spanbruch tritt durch eine lokale Kollision des Spans mit dem Werkzeug, Werkstück oder Peripherieelementen auf. [ESSI10, S. 15]

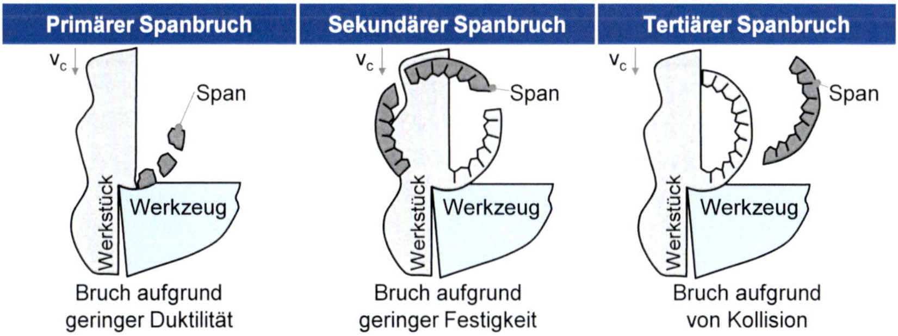

Bild 2.10: Arten des Spanbruchs nach [ESSI10, S. 15]
Types of chip breakage according to [ESSI10, p. 15]

Der tertiäre Spanbruch wird in der Literatur als eigener Zyklus mit mindestens drei Phasen beschrieben. JAWAHIR UND VAN LUTTERVELT benennen die in Bild 2.11 gezeigten Stufen [JAWA93, S. 669 f.]. Der Zyklus beginnt mit einem Span, der den initialen Spanaufwärtskrümmungsradius r_{u0} aufweist. Durch den Kontakt mit dem Werkstück wird Kraft auf den Span ausgeübt welche diesen verformt, bis der finale Aufwärtskrümmungsradius bei maximalem Verformungsgrad erreicht wird. In der dritten Phase tritt der Spanbruch ein, während der nächste Span entsteht.

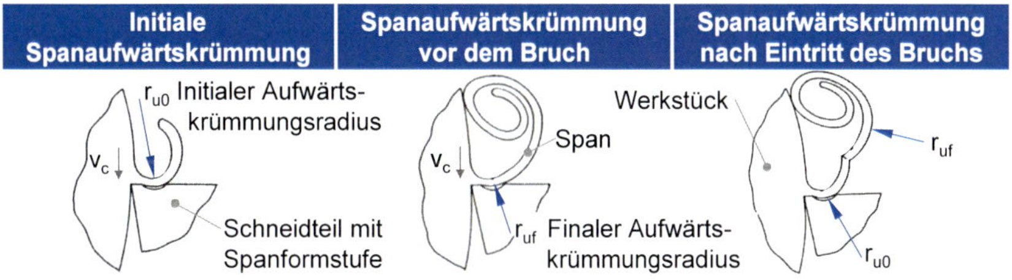

Bild 2.11: Drei Phasen des Spanbruchs nach [JAWA90, S. 49; JAWA93, S. 670]
Three stages of chip breakage according to [JAWA90, p. 49; JAWA93, p. 670]

Die nach NAKAYAMA häufigste Form des tertiären Spanbruchs im Drehprozess ist die Kollision des Spans mit der Freifläche nach Zurücklegen einer Helixwindung bei zusätzlicher leichter Seitwärtskrümmung des Spans [NAKA62, S. 142]. Der initiale Radius der Helix wird durch den unter Einsatz einer Spanbruchgeometrie eingestellten Spanaufwärtskrümmungsradius r_{u0} bestimmt. Der Bruch erfolgt nach Aufweitung des Spans aufgrund des Hindernisses. Dazu stellte NAKAYAMA die in Gleichung (2.2) genannte grundlegende Spanbruchbedingung auf. Der Span bricht, wenn die Spannung des Spans zum Erreichen der dem Werkstoff entsprechenden Zerreißgrenze führt, bevor der Anfang des Spans unterhalb des Werkzeugs abfließen kann. Dabei stellt r_{u0} den Radius des Spans bei beginnendem Spanablauf und r_{uf} den maximalen Radius des Spans zum Zeitpunkt des Bruchs dar. [NAKA62, S. 143 f.]

$$\varepsilon_z = \frac{h}{2}\left(\frac{1}{r_{u0}} - \frac{1}{r_{uf}}\right) \qquad (2.2)$$

Der Span wird in ursprünglichen grundlegenden Modellen als zweidimensionaler Biegebalken mit der Spandicke h_{ch} und dem Krümmungsradius r_u dargestellt [NAKA62; JAWA90]. Bei der Kollision im Fall des tertiären Spanbruchs wird der als beweglicher starrer Körper betrachtete Span einem Biegemoment ausgesetzt, woraufhin elastische und plastische Verformung einsetzt. Übersteigt die Belastung des Spans die Bruchfestigkeit treten lokale Brüche auf, welche zu Spanbruch führen. Durch die Vorgänge bei der Spanentstehung, auch wenn diese kontinuierlich ist, weist der Span lokale Abweichungen der Bruchfestigkeit auf. Am spanflächenseitigen Randbereich von etwa 10 % der Spandicke wird der Werkstoff zumeist deutlich stärker verformt als im verbleibenden Teil des Spans, vgl. Bild 2.2. Bei welligen oder segmentierten Spänen variiert die Bruchfestigkeit weiterhin stark entlang der Spanlänge. [JAWA93, S. 662]

Die tatsächliche lokale Bruchfestigkeit des Spans im Prozess ist durch Untersuchungen mit einseitig starr geklemmten Spänen bei Raumtemperatur nur bedingt darstellbar. Zum einen nimmt die lokale Temperatur des Spans Einfluss auf die Bruchfestigkeit. Zum anderen ist der Span nicht starr in der Zerspanzone geklemmt, sondern indirekt durch die Scherzone, welche als begrenzt plastisch verformbares Gelenk angesehen werden kann. Wirkt eine Kraft bzw. ein Biegemoment auf den Span wird die Scherzone verformt und die Spanform passt sich dem Hindernis an, wodurch die wirkende Kraft reduziert wird. Somit ist das maximale Biegemoment im Span durch die Festigkeit der Spanwurzel beschränkt. [SPAA71, S. 103 und S.145-149; JAWA93, S. 18]

Moderne Forschungsarbeiten implementieren grundlegende Spanbildungs- sowie Materialmodelle in dreidimensionale FE-Simulationen. Diese ermöglichen die Prädiktion dreidimensionaler Spanbruchvorgänge und somit die Auslegung optimierter Spanformergeometrien bei erheblich reduziertem Aufwand hinsichtlich empirischer Versuchsreihen. [ESSI10; KLOC11, S. 617; BUCH15; KLOC18, S. 64]

2.1.4 Herausforderungen bei der Drehbearbeitung von Nickelbasislegierungen

Challenges in Turning of Nickel-based Alloys

Nickelbasislegierungen weisen aufgrund des hohen Gehalts des Basiselements Nickel eine besondere Kombination aus mechanischen Eigenschaften, Korrosionsbeständigkeit und Verarbeitbarkeit auf. Weiterhin zeichnet sie ihre herausragende Hochtemperaturfestigkeit aus [KLOC18, S. 373]. Infolgedessen werden Werkstoffe dieser Gruppe häufig für die Herstellung von rotierenden Flugtriebwerkskomponenten genutzt [DUDZ04, S. 440]. Sie werden außerdem in vielfältigen Anwendungen in der chemischen Industrie und der Energieerzeugung wie beispielsweise instationären Gasturbinen eingesetzt [KLOC18, S. 374]. Mit den für den Einsatz der gefertigten Komponenten günstigen Eigenschaften der im Fokus dieser Arbeit stehenden Nickelbasislegierung Inconel 718 gehen starke Restriktionen für eine produktive Drehbearbeitung einher. Die Zerspanbarkeit des Werkstoffs war daher bereits seit mehreren Jahrzehnten Gegenstand zahlreicher Forschungsarbeiten mit analytischen und experimentellen Ansätzen und entsprechender Übersichtsarbeiten, wie: [CHOU98; EZUG99; ARUN00; DUDZ04; PAND14; MSAO15; BART21a; BART21b; LIUC21].

Bei der Zerspanung der Nickelbasislegierung ist das Werkzeug höchsten thermischen und mechanischen Belastungen ausgesetzt. Die Herausforderungen bei der Drehbearbeitung basieren in der Folge insbesondere auf dem exzessiven Werkzeugverschleiß und den teilweise für diesen ursächlichen Spanbildungsmechanismen, welche im Fokus dieses Kapitels 2.1.4 stehen. Dementgegen gelten bei der Fertigung rotierender Triebwerkskomponenten hohe Anforderungen an Werkstückoberflächen und Randzoneneigenschaften, da Schädigungen ihre Lebensdauer stark reduzieren können [MSAO15, S. 567]. Auf diese Thematik wird in Abschnitt 2.2.4 eingegangen. Eine Beschreibung sowie Schliffbilder des Werkstoffgefüges finden sich in Kapitel 4.1.3.

Inconel 718 weist eine hohe Warmfestigkeit bei geringer Wärmeleitfähigkeit auf [KLOC18, S. 377]. Dies führt zu hohen Temperaturen in der Zerspanzone. Beim Drehen von Inconel 718 mit Siliziumnitridkeramik (v_c = 150 m/min) wurden an der Spanfläche Temperaturen von bis zu 1200°C gemessen [KITA97, S.144]. Die starke Neigung des Werkstoffs zur Kaltverfestigung und Adhäsion aufgrund der großen Verformungsfähigkeit des austenitischen kubisch-flächenzentrierten Kristallgitters führt zu Aufbauschneidenbildung und Adhäsionsverschleiß [KLOC18, S. 377]. Die Verfestigung der Werkstückoberfläche verursacht eine erhöhte mechanische Belastung der Schneide im nachfolgenden Schnitt [MÜTZ67]. Harte Karbidpartikel im Gefüge der Nickelbasislegierung sind zudem ursächlich für stark abrasiven Verschleiß [DUDZ04, S. 454]. Weiterhin spielt die chemische Affinität von Inconel 718 zur Mehrzahl der industriell üblichen Schneidstoffe eine Rolle bei der Verschleißentstehung [BART21, S. 1]. Abhängig vom verwendeten Schneidstoff und seiner etwaigen Beschichtung variieren die dominierenden Verschleißmechanismen und -formen. Beim industriell verbreiteten Einsatz von beschichtetem Hartmetall treten vor allem Adhäsion und Abrasion auf [BART21, S. 3].

Eine typische Verschleißform bei der Drehbearbeitung mit Keramik-, CBN- oder Hartmetallwerkzeugen von Inconel 718 ist Kerbverschleiß an der Haupt- und Nebenfreifläche. Dazu tragen insbesondere die Verfestigung des Spanes und die Mechanismen der segmentierten Spanbildung bei [MÜTZ67, S. 42; GERS98, S.140 ff.]. Wie in Bild 2.12 dargestellt, identifizierte GERSCHWILER ein Seitwärtsfließen des am Spanrand unter hoher Temperatur vorliegenden, gut verformbaren und adhäsiven Werkstoffs beim Aufstauen der Lamelle als Ursache für Kerbverschleiß.

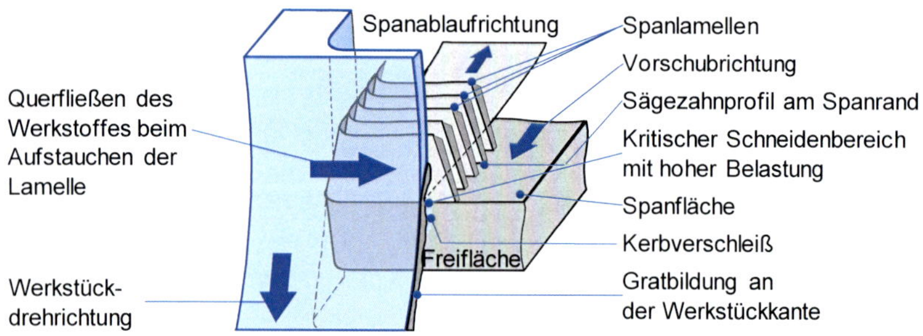

Bild 2.12: Ursachen für Kerbverschleiß im Spanbildungsprozess nach [GERS98, S. 142]
Causes of notch wear in chip formation according to [GERS98, p. 142]

In diesem Zusammenhang treten die Verschleißmechanismen Oberflächenzerrüttung und Adhäsion auf. Der Span geht mit dem Schneidstoff eine mechanische oder adhäsive Bindung ein. Durch die thermomechanische Wechselbelastung in Folge der segmentierten Spanbildung können Schneidstoffpartikel durch Mikrorisse gelockert sein und durch den abgleitenden Werkstoff mitgerissen werden. Der sägezahnförmige Spanrand, die verfestigte Werkstückkante sowie Vorschubkämme führen weiterhin zu Abrasion. Zusätzlich kommt es am Kontaktzonenrand zur Tribooxidation, da Werk- und Schneidstoff mit dem Umgebungsmedium reagieren können. Am Kontaktzonenrand der Nebenfreifläche nähert sich die Spandicke dem Wert Null. Der Kerbverschleiß wird in diesem Bereich dominierend durch die abrasive Wirkung der Vorschubkämme in Kombination mit adhäsiven und tribochemischen Vorgängen verursacht. [GERS98, S. 142]

Die Spanbildungsmechanismen bei der Bearbeitung von Inconel 718 sind stark von den angewandten Schnittparametern, insbesondere Spanungsdicken und Schnittgeschwindigkeiten sowie der im Bauteil vorliegenden Gefügekorngröße abhängig [HOFF05, S. 471]. Eine verringerte Gefügekorngröße sowie eine gesteigerte Spanungsdicke befördern die segmentierte Spanbildung [HOFF05, S. 491]. Der Segmentierungsgrad des Spans steigt weiterhin mit der Schnittgeschwindigkeit an [KOMA86, S. 98; HOFF05, S. 470; ZHAN13, S. 960]. Identifizierte kritische Schnittgeschwindigkeiten für den Übergang von der vollständig bis partiell kontinuierlichen zur segmentierten Spanbildung variieren unter verschiedenen Versuchsbedingungen.

KOMANDURI UND SCHROEDER dokumentierten die Entwicklung eindeutiger Scherbänder anhand von Schliffbildern von Spänen ab v_c = 61 m/min (a_p = 2,5 mm; f = 0,2 mm). Ab einer Schnittgeschwindigkeit von v_c = 152 m/min trat eine Trennung der Späne im

Bereich der Scherbänder in einzelne Segmente auf, sodass die makroskopische Spanform zu feinen Bröckelspänen transformierte [KOMA86, S. 98]. YE ET AL. bildeten ein vergleichbares Erscheinungsbild der Späne bei v_c = 85 m/min (h = 0,1 mm) ab [YE14, S. 21].

Bei der Drehbearbeitung von Inconel 718 im kontinuierlichen Schnitt unter KÜK oder bei der Trockenbearbeitung entstehen ungünstig lange Späne [MÜTZ67, S. 102; KLOC12, S. 298]. Wie in Abschnitt 2.1 beschrieben, erweisen sich diese insbesondere durch die daraus resultierenden Restriktionen hinsichtlich des Automatisierungsgrads in modernen Fertigungsumgebungen als problematisch. Mit dem Ziel der Steigerung der Prozesssicherheit und Produktivität durch längere Werkzeugstandzeiten und verbesserten Spanbruch wird in der industriellen Praxis zunehmend eine gerichtete HD-KSS-Zufuhr eingesetzt [MSAO15, S. 568]. Diese Kühlschmierstrategie bildet die Basis für die im Fokus der vorliegenden Arbeit stehende P-KSS-Zufuhr. Daher wird der Stand der Erkenntnisse im folgenden Kapitel 2.2 im Detail diskutiert.

2.2 Hochdruck-Kühlschmierstoffzufuhr im Zerspanprozess

High-pressure Cutting Fluid Supply in Machining

Zerspanprozesse werden oftmals unter Einsatz von KSS durchgeführt. Grundsätzlich erfüllt der KSS drei Aufgaben: das Kühlen sowie das Schmieren der Zerspanzone und den Abtransport der entstehenden Späne. Gegenüber der Trockenbearbeitung können in der Folge Produktivität und Prozesssicherheit gesteigert werden [KLOC18, S. 252]. Die Anwendung von KSS ist sowohl nach der Art der Flüssigkeit als auch nach Art der Zuführung der Flüssigkeit zur Zerspanstelle zu unterscheiden.

Hinsichtlich des genutzten Fluids kann es sich um nicht wassermischbare oder wassermischbare KSS handeln. Nicht wassermischbare KSS sind meist Mineral- oder Esteröle, welche mit Leistungsadditiven versetzt werden. Wassermischbare KSS sind üblicherweise Konzentrate, die unter Verwendung von Emulgatoren zu Emulsionen verdünnt werden. Diese enthalten bis zu 99 % Wasser und bieten somit eine starke Kühlwirkung. Wassermischbare KSS, welche im Wasser löslich sind und somit eine KSS-Lösung bilden, werden hauptsächlich beim Schleifen eingesetzt und sind in der Zerspanung mit geometrisch bestimmter Schneide kaum verbreitet. [KLOC18, S. 252 ff.]

Abhängig von den Anforderungen der Zerspanaufgabe finden unterschiedliche Kühlschmierstrategien Anwendung. Die KÜK beschreibt ein Spülen des Arbeitsraums der Werkzeugmaschine, des Werkstücks und Werkzeugs mit sehr großem KSS-Volumenstrom bei geringem Druck von etwa 6 bar ≤ p_{KSS} ≤ 20 bar. Mit Hilfe von Röhrchen oder Gelenkschläuchen wird das Fluid in die Nähe der Zerspanstelle gelenkt, der Großteil dringt jedoch nicht in die Zerspanzone vor. Trotz der geringen Effizienz ist diese Kühlschmierstrategie industriell am stärksten verbreitet [MSAO15, S. 568]. Dies ist auf die gegenüber alternativen KSS-Zufuhrstrategien geringe Komplexität zurückzuführen. Weder eine Anpassung der Zufuhrparameter an den Zerspanprozess noch Investitionen in aufwendige Anlagentechnik oder deren Betrieb sind erforderlich. Die Peripherie ist beim Kauf moderner Werkzeugmaschinen integrierbar und kann durch den Maschinenbediener gesteuert werden. Alternativ werden bei größeren Fertigungsumfängen zentrale KSS-Anlagen betrieben.

Aufgrund der durch den KSS-Einsatz induzierten Belastung für Mensch und Umwelt, ist die Auswahl und Entwicklung der Zufuhrstrategien neben technologischen und ökonomischen zunehmend von ökologischen Aspekten getrieben (vgl. Kapitel 7). Dies wird zusätzlich durch die immer strenger werdende Gesetzgebung im Arbeits- und Umweltschutz befördert [KLOC17, S.42]. Der Fokus von aktuellen Forschungs- und Entwicklungsarbeiten liegt daher auf einer zielgerichteten und bedarfsgerechten, effizienten Kühlung und Schmierung der Zerspanzone. Ziel ist es, den Bedarf an umweltschädlichen KSS zu minimieren, während die steigenden Anforderungen an die Produktivität des Zerspanprozesses, insbesondere bei der Bearbeitung schwer zerspanbarer Werkstoffe erfüllt werden.

Zur effizienten Nutzung des KSS beim Drehen, Fräsen und Bohren wird insbesondere zur Bearbeitung hochwarmfester Werkstoffe der Luftfahrtbranche vermehrt eine HD-KSS-Zufuhr eingesetzt [MSAO15, S. 568; HABE15; SCHL17]. Dazu werden ein oder mehrere hochenergetische Freistrahlen direkt in die Zerspanzone gerichtet [SANG13, S. 14]. Ziel ist dabei sowohl eine bessere Kühlschmierung der Zerspanzone als auch die positive Beeinflussung von Spanbildung und -abtransport. Da diese Zufuhrstrategie die Basis für die P-KSS-Zufuhr darstellt, wird der Stand der Erkenntnisse zur Anwendung beim Drehen in den Kapiteln 2.2.1 - 2.2.4 im Detail aufgezeigt.

Im Fokus aktueller Forschungsarbeiten zum Einsatz der Technologie beim Fräsen steht eine möglichst effiziente Auslegung der Zufuhrbedingungen zur Verbesserung der ökonomischen und ökologischen Bilanz der Prozesse. Insbesondere der Einsatz mehrreihiger Messerkopfwerkzeuge erfordert hohe KSS-Volumenströme, welche durch geometrisch komplexe Kanäle möglichst verlustarm an die Zerspanstelle transportiert werden müssen. Durch eine der Zerspanaufgabe angepasste, optimierte Positionierung der KSS-Auslässe konnten deutliche Standzeit- und Produktivitätssteigerungen gegenüber Standardwerkzeugen erzielt werden. Ein großes Potential für die wirtschaftliche Herstellung der komplexen Werkzeuge bietet die additive Fertigung. [BERG19b; KELL21; KELL23; KELL24; LAKN21a; LAKN21b; DENK22; DENK23]

Zur Minimierung des Fluidbedarfs und Reinigungsaufwands der gefertigten Bauteile stellt die Minimalmengenkühlschmierung (MMKS) eine probate Alternative zu den beschriebenen Vorgehensweisen dar. Der Begriff steht für einen durchschnittlichen Fluid-Volumenstrom von $Q \leq 50$ ml/h. Dem Zerspanprozess wird ein hochwirksames Schmiermedium mit Hilfe eines Transportmediums wie Druckluft zugeführt. Die MMKS basiert auf dem Prinzip der Verlustschmierung. Das heißt, der Schmierstoff wird während des Prozesses möglichst vollständig verbraucht. [GFT03]

Weiterhin ist die Anwendung einer kryogenen Kühlung möglich. Dabei wird der Zerspanprozess durch Medien gekühlt, welche den Phasenwechsel unterhalb von 0°C vollziehen und anschließend vollständig verdampfen. In der Zerspanung werden meist flüssiger Stickstoff (LN_2) oder Kohlendioxid (CO_2) zugeführt [KLOC18, S. 277].

Analog zur MMKS entfallen die Bauteilreinigung sowie die KSS-Aufbereitung und -Entsorgung. Umwelt und Maschinenbedienende werden nicht durch den Kontakt mit KSS gefährdet. Aufgrund einer noch geringen Wissensbasis ist die kryogene Prozesskühlung industriell bisher wenig verbreitet [KRÄM15, S. 11]. Forschungsarbeiten thematisieren die Kombination der kryogenen Kühlung mit einer Minimalmengenschmierung beim Einsatz rotierender Werkzeuge. Dabei werden die Medien durch zwei separate Kanäle im Werkzeug zugeführt [CORD14]. Gegenstand aktueller Forschung ist die Vermischung von CO_2 und Öl zur Zuführung durch einen gemeinsamen Kanal. Auf diese Weise wird die Technologie für Werkzeuge mit kleinen Durchmessern ($d < 12$ mm) nutzbar, welche keine ausreichende Querschnittsfläche für die Integration der getrennten Kanäle bieten [BERG19b; JAEG21].

Ein vollständiger Verzicht auf den Einsatz von KSS, die Trockenbearbeitung, ist nur unter beschränkten Bedingungen möglich. Spanbruch und -abfuhr müssen durch die Gestaltung des Werkzeugs oder Prozesses sichergestellt sein. Weiterhin muss ein temperaturbeständiger Schneidstoff wie kubisches Bornitrit oder Schneidkeramik eingesetzt werden oder die Temperaturentwicklung im Prozess begrenzt sein, wie es oftmals bei der Zerspanung von Aluminiumlegierungen oder Buntmetallen zutreffend ist.

2.2.1 Wirkmechanismen der HD-KSS-Zufuhr

Mechanisms of Action of HP CF Supply

Der Begriff „(gerichtete) HD-KSS-Zufuhr" beschreibt die gezielte Zufuhr von KSS unter erhöhtem Zufuhrdruck in die Zerspanzone. Dazu werden eine oder mehrere gerichtete Düsen oder Auslässe mit geringem Durchmesser in das Werkzeug integriert, wie in Bild 2.13 zu sehen ist. Durch den Einsatz einer HD-KSS-Zufuhr ist eine verbesserte Prozesssicherheit sowie eine erhöhte Prozessproduktivität gegenüber der KÜK erzielbar. Die gezielte Zuführung des hochenergetischen Strahls in die Zerspanzone führt zur Reduktion des Werkzeugverschleißes und ermöglicht infolgedessen gesteigerte Schnittparameter. Insbesondere beim Drehen langspanender Werkstoffe bietet die HD-KSS-Zufuhr durch das Erzeugen kurzbrüchiger Späne (siehe Kapitel 2.1) weitere Vorteile gegenüber der KÜK. [SANG13, S. 14 f. und S. 154]

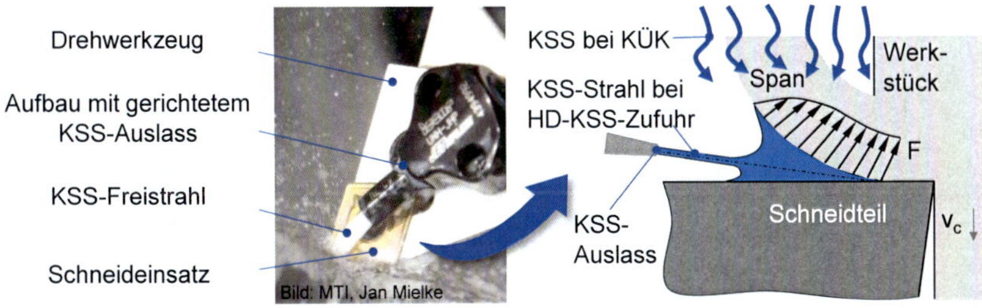

Bild 2.13: Prinzip der gerichteten HD-KSS-Zufuhr nach [CRAF99]

Principle of the directed high-pressure cutting fluid supply according to [CRAF99]

In der Literatur und industriellen Praxis wird die Nutzung von KSS in unterschiedlichsten Druckbereichen als „Hochdruckzuführung“ klassifiziert. Druckbereiche in aktuellen wissenschaftlichen Untersuchungen zur HD-KSS-Zufuhr variieren zumeist in einem Bereich zwischen 80 bar ≤ p_{KSS} ≤ 300 bar. Diese Zufuhrdrücke sind in der industriellen Anwendung üblich [HABE15; SCHL17; WINK12]. Sehr hohe Zufuhrdrücke von 300 bar ≤ p_{KSS} ≤ 3000 bar wurden hauptsächlich in frühen Forschungsarbeiten wie [MAZU89; KAMI00a] angewandt. Aus technologischen, wirtschaftlichen und zunehmend ökologischen Gründen stehen diese Druckbereiche nicht mehr im Fokus aktueller Untersuchungen.

Für den Einsatz der HD-KSS-Zufuhr im Drehprozess befinden sich ein oder mehrere KSS-Auslässe am Werkzeug, welche auf die Spanfläche und die Schneidkante gerichtet oder freiflächenseitig positioniert sind. Bei Pratzenklemmungen sind die Auslässe üblicherweise in die Spannpratzen integriert, welche zu diesem Zweck vermehrt additiv hergestellt werden. Der additive Aufbau stellt auch für die Fertigung von Grundkörpern für innengekühlte Wendeschneidplattenwerkzeuge zum Fräsen zunehmend eine wirtschaftliche Alternative dar. Bei Vollhartmetallwerkzeugen zum Bohren und Fräsen werden die Kühlkanäle bereits beim Sintern des Rohlings integriert. Insbesondere aus ökonomischen Gründen hat sich eine Zufuhr durch die Schneidplatte beim Drehen industriell nicht etabliert und wird aufgrund dessen in dieser Arbeit nicht betrachtet.

Die spanflächenseitige Zuführung des KSS war industriell lange Zeit am stärksten verbreitet [SANG13, S. 15]. Die Auswirkungen der freiflächenseitigen Zufuhr auf die Standzeit sind vom Anwendungsfall abhängig [SANG13, S. 156]. Hinsichtlich der Spanbildung spielt die freiflächenseitige Zufuhr eine untergeordnete Rolle und wird in dieser Arbeit nicht explizit diskutiert [SORB06, S. 1626; SHAR08, S. 658; ALAG21, S. 666]. Werkzeughersteller bieten Drehwerkzeuge für die HD-KSS-Zufuhr aktuell üblicherweise mit einer kombinierten span- und freiflächenseitigen Zufuhr an.

Wie in Bild 2.13 angedeutet ist, dringt der KSS bei der KÜK kaum in die Zerspanzone vor. Ein Großteil des KSS trifft auf den Span auf und kühlt lediglich indirekt [PIGO52, S. 548]. Der an den Schneidteil gelangende Anteil des KSS kann seine Kühl- und Schmierwirkung nicht entfalten, da sich durch die hohe Temperatur des Schneidteils eine Dampfbarriere auf der Spanfläche bildet [KAMI00a, S. 70; DAHL02, S. 467; EZUG04a, S. 8]. Der hohe Anpressdruck zwischen Span und Spanfläche verhindert das Vordringen des KSS in die Kontaktzone. Weiterhin fließt der Span mit hoher Geschwindigkeit ab und trägt den KSS aus der Kontaktzone aus [LIND91, S. 155]. Bei Einsatz der HD-KSS-Zufuhr dringt der spanflächenseitig zugeführte, hochenergetische Freistrahl hingegen bis zur Kontaktzone von Span und Spanfläche vor, bildet dort einen Flüssigkeitskeil und übt eine Kraft F auf den Span aus, wie in Bild 2.13 schematisch dargestellt ist [MAZU89, S. 8; CRAF99, S. 762; EZUG04a, S. 8; HABA06, S. 584].

Die durch die Anwendung der HD-KSS-Zufuhr erzielbaren Steigerungen hinsichtlich der Prozesssicherheit und Produktivität sind auf die mechanische, thermische und tribologische Wirkung des in die Zerspanzone eindringenden Strahls zurückzuführen. Eine Übersicht der bekannten zugrundeliegenden Wirkprinzipien ist in Bild 2.14 zu finden.

Die benannte *mechanische Strahlwirkung* entspricht nach SANGERMANN näherungsweise der am KSS-Auslass wirkenden Strahlrückstoßkraft F_S. Die strömungsmechanischen Zusammenhänge werden in Kapitel 4.2.1 erläutert. Die auf den Span einwirkende Kraft ist gegenüber der Strahlrückstoßkraft F_S kleiner einzuschätzen, da die Überschneidung der Strahlquerschnittsfläche und des Spanrückens nur in Teilen gegeben ist. Weiterhin sinkt die Energie des Freistrahls mit steigendem Abstand von der Austrittsstelle am Werkzeug, während mit der fortschreitenden Aufweitung des Strahls seine Querschnittsfläche zunimmt. [SANG13, S. 17]

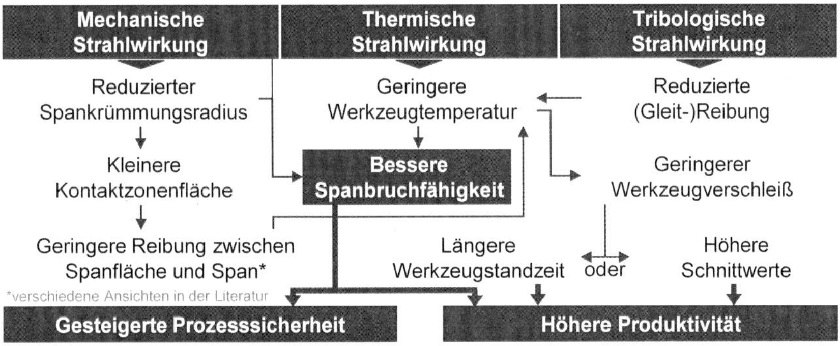

Bild 2.14: Wirkprinzipien der spanflächenseitigen HD-KSS-Zufuhr [SANG13, S.17]
Mechanisms of action of rake face sided HP CF supply [SANG13, p.17]

Die Kraft des Strahls krümmt den Span. Der auf diese Weise verkleinerte Spankrümmungsradius r_u induziert den Spanbruch [EZUG90, S. 757; MACH94, S.34; CRAF99, S. 766]. Der Stand der Erkenntnisse zu den Auswirkungen der HD-KSS-Zufuhr auf die Phasen des Spanbildungszyklus wird in Kapitel 2.2.3 im Detail dargelegt. Die durch die Kraft des Flüssigkeitskeils verursachte Verformung des Spans führt weiterhin zu einer Reduktion der Kontaktzonenfläche zwischen Span und Spanfläche um bis zu 50 % [MAZU89, S. 10; MACH94, S. 33; CRAF99, S.767; DAHL02, S.472; KLOC10b, S. 60; SANG13, S. 155; DENK22, S. 3012]. Wie in Bild 2.3 im Diagramm abzulesen ist, kann die Kontaktzone in eine Haft- und eine Gleitzone unterteilt werden [ZORE67, S. 345; SANG13, S. 18]. In der Haftzone herrschen hohe Anpressdrücke von bis zu 2000 MPa [KREI73]. Daher ist anzunehmen, dass der KSS-Strahl nicht in diesen Bereich vordringen kann [SANG13, S. 18]. Die Reduktion der Kontaktzonenlänge ist somit nahezu ausschließlich auf die Gleitreibungszone zurückzuführen. Durch das Vordringen des Strahls in die Gleitzone wird diese gekühlt.

Weiterhin entfaltet sich die *tribologische Strahlwirkung* in diesem Bereich. Ein stark verbreiteter Erklärungsansatz ist, dass die Schmierung die Reibkraft bzw. den Reibkoeffizienten µ zwischen Span und Spanfläche reduziert und so ebenfalls zur Temperaturreduktion beiträgt [DECH80; MAZU89, S. 11; ALAG21, S. 670]. Auf die reduzierte Reibung deuten auch die vielfach gezeigten Unterschiede der Charakteristika des Spanablaufs bei HD-KSS-Zufuhr gegenüber der KÜK hin. Es wurden vergrößerte Scherwinkel und eine verminderte Spanstauchung nachgewiesen, siehe hierzu Kapitel 2.2.3. Ebenso wurde ein deutlich geglättetes Erscheinungsbild der Späne dokumentiert [MAZU89, S. 11; SEID19, S. 1687]. Die beschriebene Minderung der Reibung und Temperatur wird in der Literatur allerdings auf unterschiedliche Mechanismen zurückgeführt, die oftmals lediglich hypothetisch dargestellt wurden [SANG13, S. 19].

Der Einfluss der HD-KSS-Zufuhr auf die Zerspankraftkomponenten ist allgemein als gering einzustufen [MACH94, S. 38; SANG13, S. 95]. Bei der Anwendung von sehr hohen Zufuhrdrücken $p_{KSS} \geq 450$ bar wurde eine leichte Abnahme der Schnittkraft dokumentiert [COUR09, S. 1119]. Ebenso liegen Ergebnisse vor, die auf einen leichten Anstieg der Schnittkraft bei steigendem KSS-Zufuhrdruck hindeuten [KLOC10, S. 56 ff.; SANG13, S.92 und S.101]. Grundsätzlich ist davon auszugehen, dass der KSS-Strahl erst bei Zufuhrdrücken ab p_{KSS} = 1000 bar weit genug in die Kontaktzone vordringt, um die Zerspankraft zu beeinflussen [CRAF99, S. 767]. Den verbesserten Reibbedingungen steht ein Anstieg der spezifischen Schneidkantenbelastung um bis zu 70 % aufgrund der verringerten Kontaktzonenlänge gegenüber [SANG13, S. 155].

Die *thermische Strahlwirkung* trägt zur Senkung der Werkzeugtemperatur um bis zu ΔT = 50 % gegenüber einer KÜK bei [KAMI00a, S. 70; DAHL02, S. 472; KLOC10, S. 57 ff.; SANG13, S. 88]. Dies resultiert im Allgemeinen in einer deutlichen Reduktion des Werkzeugverschleißes, ermöglicht eine Steigerung der Schnittparameter und bietet in der Folge ein großes Potenzial zur Produktivitätssteigerung. Aufgrund dessen steht der Einfluss der Bedingungen der HD-KSS-Zufuhr auf den Werkzeugverschleiß bis heute weltweit im Fokus vieler Forschungsarbeiten bei der Drehbearbeitung mit unterschiedlichen Werkstoff-Schneidstoff-Kombinationen. Nachfolgend sind Ergebnisse verbreiteter, häufig zitierter Arbeiten aufgeführt. Weitere Übersichten zum Stand der Forschung hinsichtlich des Einsatzes der HD-KSS-Zufuhr finden sich in [SANG13, CAYL17, LAKN21a, BART21].

Zu den frühesten bekannten Veröffentlichungen zählt die Arbeit von Pigott und Colwell. Bei experimentellen Untersuchungen beim Drehen des Stahls AISI A3150 mit HSS-Werkzeugen mit einem gerichteten Ölstrahl (A_{Strahl} = 0,25 mm; p_{KSS} = 27,6 bar) wurde eine Steigerung der Werkzeugstandzeit um bis zu Δt_c = 800 % erzielt. Für die Anwendung bei schwer zerspanbaren Werkstoffen und höheren Schnittgeschwindigkeiten prognostizierten Pigott und Colwell mögliche Standzeitsteigerungen von bis zu $\Delta t_{c,\,geschätzt} \approx 3000$ %. [PIGO52]

KAMINSKI UND ALVELID untersuchten die spanflächenseitige HD-KSS-Zufuhr (250 bar $\leq p_{KSS} \leq$ 800 bar) mit Wasser beim Außenlängsschruppdrehen des Stahls 34CrNiMo6 mit beschichteten HM-WSP [KAMI00b]. Bei einem KSS-Zufuhrdruck von p_{KSS} = 250 bar wurde die Werkzeugtemperatur um bis zu ΔT = 45 % im Vergleich zur KÜK reduziert. DAHLMAN bestätigte die Resultate beim Außenlängsrunddrehen der Stähle 100Cr6 und 34CrNiMo6 und dokumentierte eine Reduktion der Werkzeugtemperatur von bis zu ΔT = 50 % im Vergleich zur KÜK [DAHL02].

BRAHAM-BOUCHNAK ET AL. setzten die spanflächenseitige HD-KSS-Zufuhr beim Außenlängsschlichtdrehen des Stahls X2CrNiMo22-5 mit HM-WSP ein. Im Vergleich zur KÜK konnte die Werkzeugstandzeit bei einem KSS-Druck von p_{KSS} = 250 bar bzw. p_{KSS} = 350 bar um Δt_c = 91 % bzw. Δt_c = 126 % gesteigert werden [BRAH09, S. 806]. Bei sonst gleichbleibenden Schnittparametern konnte gegenüber der KÜK die Schnittgeschwindigkeit ohne Standzeiteinbußen um Δv_c = 20 % erhöht werden.

Beim Drehen der Titanlegierung TiAl6V4 mit HM-WSP erzielte LINDEKE Standzeitsteigerungen von bis zu Δt_c = 500 % bei p_{KSS} = 275 bar und kurzbrüchigen Spänen [LINDE91, S. 160]. Der positive Einfluss der HD-KSS-Zufuhr auf die Zerspanbarkeit bei der Drehbearbeitung von TiAl6V4 wurde vielfach durch wissenschaftliche Untersuchungen bestätigt [NAND08; NAND09; PALA09; KLOC11a; BERM12].

Es ist bekannt, dass die Parameter der HD-KSS-Zufuhr auf die Zerspanaufgabe abzustimmen sind, um eine effiziente Nutzung der KSS-Zufuhrstrategie sicher zu stellen. Systematische Untersuchungen bezüglich des KSS-Zufuhrdrucks und Volumenstroms sowie der Ausrichtung und Geometrie des KSS-Austritts hatten zumeist die Maximierung von Werkzeugstandzeiten zum Ziel. Ob Zufuhrdruck oder Volumenstrom einen stärkeren Einfluss auf den Werkzeugverschleiß nahmen, variierte abhängig vom zerspanten Werkstoff und den Prozessbedingungen. [KAMI00a; KAMI00b; DAHL02; DINI07; NAND08; DINI10; KLOC10; SANG13]

Die Kraft des KSS-Strahls F_S ist proportional zum Volumenstrom Q und zur Wurzel des dynamischen Drucks p_{dyn}, siehe hierzu auch Abschnitt 4.2.1. Der Zufuhrdruck ist in den meisten experimentellen Aufbauten einstellbar. Jedoch gilt es zu beachten, dass eine Vergrößerung des Volumenstroms Q bei gleichbleibendem Druck p_{KSS} nur durch eine Vergrößerung des Auslassquerschnitts zu erzielen ist (siehe Gleichung (4.3)). In der bisherigen Forschung wurden KSS-Druck und -volumenstrom daher häufig nicht systematisch variiert. Weitere experimentelle Untersuchungen sowie Ausführungen zu Forschungsarbeiten bezüglich strömungsmechanischer Zusammenhänge am Freistrahl und einzusetzender Düsengeometrien finden sich in [SANG13].

2.2.2 Drehen von Inconel 718 mit HD-KSS-Zufuhr

Turning of Inconel 718 with HP CF Supply

Aus den Eigenschaften hochwarmfester Legierungen der Luftfahrtbranche resultieren komplexe Herausforderungen bei der Drehbearbeitung. Da durch den Einsatz einer HD-KSS-Zufuhr sowohl die Spankontrolle verbessert als auch der Werkzeugverschleiß reduziert werden kann, bietet die KSS-Zufuhrstrategie großes ökonomisches und technologisches Potenzial bei der Bearbeitung von Triebwerkskomponenten. Unternehmen der Luftfahrtbranche unterstützen daher seit vielen Jahren die Erforschung der HD-KSS-Zufuhr und waren maßgeblich an der Überführung der Technologie in die industrielle Praxis beim Drehen, Fräsen und Bohren beteiligt [WINK12; HABE15; SCHL17].

Dementsprechend findet sich in der Literatur eine große Anzahl veröffentlichter Forschungsarbeiten zur Drehbearbeitung verbreiteter Legierungen der Luftfahrtbranche mit optimierten Kühlschmierstrategien. In dem für diese Arbeit relevanten Bereich wurde insbesondere am Machining Research Center der South Bank University of London [EZUG90; EZUG99; EZUG04; EZUG05a; EZUG05b; EZUG05c] sowie am Werkzeugmaschinenlabor der RWTH Aachen University geforscht [KLOC10; KLOC11a; KLOC12; SANG13; KLOC15; KLOC16; CAYL17; KLOC17; LIUH21; LIUH22]. Die Nachhaltigkeit der Technologie stand zumeist im Fokus der Untersuchungen am Laboratory for Machining der Fakultät für Maschinenbau der University of Ljubljana [PUSA09; PUSA10a; PUSA10b; STER19; KERN23; PUSA23]. Die bekannten Veröffentlichungen sind jedoch nicht auf die Arbeit dieser Forschungsstellen begrenzt, sondern weltweit zu finden [COUR09; CICA19; BART21; KHOC21]. Eine Übersicht über den Stand der Forschung zu Kühlschmierstrategien bei der spanenden Bearbeitung von Inconel 718 mit HD-KSS-Zufuhr wurde von De Bartolomeis et al. veröffentlicht [BART21]. Da die Schnittgeschwindigkeitsbereiche bei der Nutzung von CBN- und Keramik-Schneidplatten die beim Einsatz von beschichteten HM-WSP üblichen Parameterfenster um ein Vielfaches übersteigen, ist die Relevanz der Ergebnisse von Untersuchungen wie [EZUG05b; EZUG05c; VAGN11] für diese Arbeit als begrenzt einzustufen. Dem Fokus der vorliegenden Arbeit entsprechend werden im Folgenden ausgewählte Arbeiten zur Drehbearbeitung der Nickelbasislegierung Inconel 718 vorgestellt. Bei den beschriebenen Experimenten wurde mit HM-WSP bei HD-KSS-Zufuhr mit Emulsion in einem Druckbereich $p_{KSS} \leq 500$ bar gearbeitet.

Ezugwu und Bonney untersuchten den Einfluss des KSS-Zufuhrdrucks auf den Werkzeugverschleiß, die Oberflächenrauheit, die Zerspankraftkomponenten und den Spanbruch bei: $f = 0{,}25$ mm und 0,3 mm; $a_p = 3$ mm; 20 m/min $\leq v_c \leq$ 50 m/min. Dabei stellten sie die Verwendung einer KÜK mit der HD-KSS-Zufuhr bei Drücken von $p_{KSS} = 110$; 150; 203 bar gegenüber. Die Zufuhr erfolgte spanflächenseitig mit einem durchschnittlichen Volumenstrom zwischen $Q_{average} = 20$ l/min und $Q_{average} = 50$ l/min. Der größte Nutzen der HD-KSS-Zufuhr wurde bei den höchsten Schnittparametern und einem KSS-Zufuhrdruck von $p_{KSS} = 203$ bar mit einer Standzeitsteigerung von $\Delta t_c \approx 740$ % detektiert. Ezugwu und Bonney führten dies auf die Verminderung der

Temperaturen in der Zerspanzone und einer daraus folgenden Minimierung des thermisch induzierten Verschleißes zurück. Bei der niedrigsten Schnittgeschwindigkeit in Kombination mit einem Zufuhrdruck von p_{KSS} = 203 bar entstand hingegen ein Standzeitverlust von $\Delta t_c \approx -44$ % gegenüber der KÜK. Dies erklärten EZUGWU UND BONNEY mit dem Überschreiten eines für den Schnittparameterbereich kritischen Drucks. Die Reibung in der Zerspanzone und die Schnittkraft steigen an, die Temperatur in der Kontaktzone und der Werkzeugverschleiß nehmen zu. Tendenziell nahm die Schnittkraft in den Untersuchungen mit steigendem KSS-Zufuhrdruck ab. Es wurde kein Kerbverschleiß detektiert. Bei Einstellung des höchsten KSS-Drucks von p_{KSS} = 203 bar wechselte die Spanform von langen Spiralspänen zu kurzen Spiralspanstücken. Ein eindeutiger Einfluss der KSS-Zufuhrparameter auf die Oberflächenrauheit konnte nicht festgestellt werden. [EZUG04b]

EZUGWU UND BONNEY führten zusätzlich Untersuchungen unter Schlichtbedingungen durch. Folgende Parameter fanden dazu Anwendung: f = 0,1 mm; 0,2 mm; a_p = 0,5 mm; 30 m/min ≤ v_c ≤ 60 m/min. Die KSS-Zufuhrdrücke wurden, wie in den vorangegangenen Untersuchungen, zu p_{KSS} = 110; 150; 203 bar gewählt. Der größte Zugewinn an Standzeit gegenüber der HD-KSS-Zufuhr betrug $\Delta t_c \approx 350$ % bei Anwendung der höchsten Schnittgeschwindigkeit und einem Zufuhrdruck von p_{KSS} = 110 bar. Die dominierenden Verschleißmechanismen waren Freiflächenverschleiß im Bereich des Eckenradius sowie leichter Kerbverschleiß an der Eingriffsgrenze. Beginnend ab einem KSS-Zufuhrdruck von p_{KSS} = 150 bar nahm die Standzeit bei Schnittgeschwindigkeiten bis v_c ≤ 40 m/min gegenüber der KÜK ab. Entsprechend der früheren Untersuchungen erklärten EZUGWU UND BONNEY dieses Phänomen mit dem Überschreiten eines kritischen KSS-Zufuhrdrucks. Spanbruch wurde ab einem Zufuhrdruck von p_{KSS} = 150 bar erzielt. [EZUG05]

SHARMAN ET AL. untersuchten ebenfalls die Auswirkungen der HD-KSS-Zufuhr auf die Zerspanbarkeit von Inconel 718 unter Schlichtbedingungen. Bei einer Schnitttiefe von a_p = 0,25 mm und einem Vorschub von f = 0,35 mm wurde die Schnittgeschwindigkeit zwischen 40 m/min ≤ v_c ≤ 80 m/min variiert. KSS-Zufuhrdrücke von p_{KSS} = 70; 150; 300; 450 bar bei span- und freiflächenseitiger sowie kombinierter Zufuhr standen der Anwendung der KÜK in Zerspanversuchen gegenüber. Die Werkzeugstandzeit konnte in keinem Experiment gesteigert werden. Es gelang zwar durch die freiflächenseitige Zufuhr den Freiflächenverschleiß VB etwas zu reduzieren, jedoch konnte der standzeitbegrenzende Kerbverschleiß nicht gemindert werden. Für die rein spanflächenseitige KSS-Zuführung wurde eine abnehmende Standzeit mit zunehmendem KSS-Druck dokumentiert. Nach SHARMAN ET AL. ist ein Erklärungsansatz, dass bei den gewählten Schlichtparametern keine ausreichenden Temperaturen in der Zerspanzone vorliegen, um eine Verschleißreduktion durch Temperatursenkung bzw. Begrenzung des thermisch induzierten Werkzeugverschleißes zu erzielen. Sowohl durch Einsatz der spanflächenseitigen als auch der kombinierten Zuführung gelang das Herbeiführen von Spanbruch. [SHAR08]

KLOCKE ET AL. analysierten den Einfluss der spanflächenseitigen HD-KSS-Zufuhr auf die Werkzeugtemperatur und die spezifische Schneidkantenbelastung sowie die Auswirkungen hinsichtlich der resultierenden Verschleißformen. Die Versuchsdurchführung erfolgte beim Außenlängsrunddrehen mit einer Schnittgeschwindigkeit von v_c = 60 m/min, einer Schnitttiefe von a_p = 1 mm und einem Vorschub von f = 0,2 mm. Der KÜK wurde eine Spanflächenseitige KSS-Zufuhr mit drei gerichteten Freistrahlen bei Zufuhrdrücken von p_{KSS} = 70; 150; 300 bar gegenübergestellt. Tendenziell sank die Zerspankraft gegenüber der KÜK durch die HD-KSS-Zufuhr etwas, stieg mit zunehmendem Zufuhrdruck jedoch wieder auf das ursprüngliche Niveau an. Grundsätzlich wurde lediglich ein sehr geringer Einfluss der KSS-Zuführungsbedingungen auf die Zerspankraftkomponenten detektiert. Die Verminderung der Kontaktzonenfläche zwischen Span und Spanfläche induzierte dabei jedoch eine Steigerung der spezifischen Schneidkantenbelastung von bis zu $\Delta F_c / A_K \approx 45$ %. Die Werkzeugtemperatur wurde mit zunehmendem KSS-Druck stetig geringer, bis eine Reduktion von ΔT = 25 % bei einem Zufuhrdruck von p_{KSS} = 300 bar erzielt wurde. Bei Anwendung einer niedrigeren Schnittgeschwindigkeit von v_c = 35 m/min bestätigte sich die Messung und die Temperatur sank stetig bis zu ΔT = 30 %. Durch die Temperaturminderung gelang eine Senkung des Freiflächenverschleißes bei der ursprünglichen Schnittgeschwindigkeit um ΔVB = 50 %, während der Kerbverschleiß sich mit zunehmendem Druck mehr als verdoppelte. KLOCKE ET AL. erklären den Anstieg durch die abrasive Wirkung der in Inconel 718 enthaltenen harten Partikel, welche durch die Temperaturminderung am Werkzeug kaum verringert wird. Hingegen führt die Konzentration der Schnittkraft auf die verkleinerte Kontaktfläche zu einer Verstärkung der abrasiven Verschleißformen. [KLOC11a; SANG13, S. 90 ff.]

Der identifizierte Zusammenhang zwischen der Anwendung einer HD-KSS-Zufuhr und der Zunahme von Kerbverschleiß wurde übereinstimmend bei der Bearbeitung von Inconel 901 gezeigt. Da der Kerbverschleiß in den Untersuchungen von EZUGWU ET AL. sowie MACHADO UND WALLBANK die standzeitbegrenzende Verschleißform darstellte, resultierte der Einsatz der HD-KSS-Zufuhr in Standzeiteinbußen. [EZUG90; MACH94]

ÇOLAK analysierte den Einfluss der Schnittparameter und des KSS-Zufuhrdrucks auf die Zerspanbarkeitskriterien Werkzeugverschleiß, Spanform und Zerspankraft bei der Drehbearbeitung von Inconel 718. Folgende Schnittparameter wurden angewendet: 0,05 mm $\leq$ f $\leq$ 0,15 mm; a_p = 0,5 mm und 1 mm; 50 m/min $\leq v_c \leq$ 90 m/min. Der KSS wurde mit drei unterschiedlichen Drücken p_{KSS} = 6; 100; 300 bar spanflächenseitig mit zwei Strahlen zugeführt, welche etwa 5° zur Spanfläche geneigt waren. Der maximale Volumenstrom der Zufuhrpumpe wurde mit Q_{max} = 21 l/min bei p_{KSS} = 350 bar angegeben. ÇOLAK stellte entgegen den in 2.2.1 vorgestellten Erkenntnissen eine signifikante Verminderung aller Zerspankraftkomponenten mit steigendem Zufuhrdruck fest und führte dies auf das Vordringen des KSS-Strahls in die Kontaktzone zurück. Im Drehprozess entstanden lange Spiralspäne, welche beim höchsten angewendeten Druck p_{KSS} = 300 bar in Längen von etwa 10 mm $\leq l_c \leq$ 20 mm brachen. Es wurde abrasiver Freiflächenverschleiß und Kerbverschleiß detektiert. Mit steigendem KSS-

Zufuhrdruck nahm der mittlere Freiflächenverschleiß ab. ÇOLAK führt dies auf die reduzierte Temperatur in der Zerspanzone zurück. Im untersuchten Bereich wurde der mittlere Freiflächenverschleiß VB stärker durch den KSS-Zufuhrdruck als durch die Schnittgeschwindigkeit beeinflusst. Weiterhin stellte er eine Verminderung der Verschleißausbreitung an der Spanfläche fest und begründete diese mit einer reduzierten Kontaktzone zwischen Span und Spanfläche. [ÇOLA12]

KHOCTALI ET AL. unternahmen detaillierte Analysen des Werkzeugverschleißes bei niedrigen Schnittgeschwindigkeiten von v_c = 35 m/min und v_c = 45 m/min. Die Schnitttiefe betrug a_p = 1,5 mm bei einem Vorschub von f = 0,1 mm. Neben einer KÜK wurde eine zweistrahlige, spanflächenseitige HD-KSS-Zufuhr mit einem Druck von p_{KSS} = 100 bar bei einem Volumenstrom von Q = 15 l/min angewendet. Analog zu den bisher beschriebenen Forschungsarbeiten wurde durch den Einsatz der HD-KSS-Zufuhr eine Reduktion des Freiflächenverschleißes VB bei einer Steigerung des Kerbverschleißes VB_N festgestellt. In diesem Fall konnte die Werkzeugstandzeit dennoch nahezu verdoppelt werden. KHOCTALI ET AL. dokumentierten weiterhin großflächige Werkstoffanhaftungen an der Frei- und Spanfläche, welche durch die HD-KSS-Zufuhr verstärkt wurden. Ein Erklärungsansatz ist das mechanische Einwirken des KSS-Strahls. Die Neigung zur Aufbauschneidenbildung wurde vermindert, jedoch traten vermehrt Schneidkantenausbrüche beim Abtrennen der Aufbauschneide auf. Dies führten KHOCTALI ET AL. ebenfalls auf die durch die mechanische Einwirkung des Strahls verstärkte Anhaftung des Werkstoffs zurück. [KHOC21]

2.2.3 Einfluss der HD-KSS-Zufuhr auf die Spanbildung

Influence of HP CF Supply on Chip Formation

PIGOTT UND COLWELL empfahlen in den 50er Jahren bei ersten Zerspanuntersuchungen mit HD-KSS-Zufuhr noch die Ablenkung des ablaufenden Spans durch eine als „Chip Guard“ bezeichnete mechanische Vorrichtung. Diese sollte die Unterbrechung des KSS-Strahls aufgrund von vor dem Auslass befindlichen Späne unterbinden [PIGO52]. Mit zunehmender Automatisierung von Zerspanprozessen wuchs die Bedeutung des sicheren Spanbruchs und eines störungsfreien Abtransports der Späne [JAWA88, S. 311; JAWA93, S. 660]. Die Spanform wurde zunehmend Teil der Forschungsarbeiten zur HD-KSS-Zufuhr. Oftmals war diese nicht das vordergründige Ziel der Untersuchungen und wurde daher nicht systematisch analysiert, jedoch beispielsweise durch fotografische Abbildungen der Späne dokumentiert. Beim Drehen von Inconel 718 wurde auf diese Weise vielfach aufgezeigt, dass die Anwendung der HD-KSS-Zufuhr zu kurzbrüchigen Spänen führt, während bei Einsatz einer KÜK ungünstig lange Späne entstanden [EZUG04b, S. 1049; EZUG05, S. 80; SHAR08, S. 658; KLOC10, S. 59; ÇOLA12, S. 677 f.; KRAM13, S. 514; KHOC21, S. 7; CAYL17, S. 70]. Dieser Nachweis wurde ebenso für Titanlegierungen, hochlegierte Stähle und langspanende Werkstoffe ohne weiteren Bezug zur Luftfahrtbranche erbracht.

RASCH UND VIGELAND veröffentlichten im Jahr 1981 die Ergebnisse experimenteller Untersuchungen zum Thema „Hydraulic Chipbreaker“. Sie stellten fest, dass der Einsatz einer spanflächenseitigen HD-KSS-Zufuhr mit zunehmendem Druck in sinkenden

Spanlängen durch herbeigeführten Spanbruch resultiert. Als wichtigster Einflussfaktor wurde die auf den Span wirkende Kraft des Freistrahls identifiziert. Weiterhin wurde angenommen, dass die Kühlung des Spans oder das Vermindern der Reibung zwischen Span und Spanfläche Einfluss auf den Spanbruch nehmen. [RASC81]

Basierend auf während der Versuchsdurchführung im orthogonalen Schnitt aufgenommenen Fotos wurden die in Bild 2.15 vereinfacht skizzierten Erklärungsansätze vorgeschlagen [RASC81, S. 334 f.]. Im ersten Ansatz wirkt der Strahl rein mechanisch nach dem Prinzip einer Spanformgeometrie. Dementsprechend wird tertiärer Spanbruch durch die Kollision mit dem Werkstück oder der Freifläche des Schneideinsatzes verursacht. Der Vorgang des Spanbruchs wird analog zur Trockenbearbeitung unter Einsatz von Spanformstufen dargestellt, welcher in Bild 2.11 gezeigt ist.

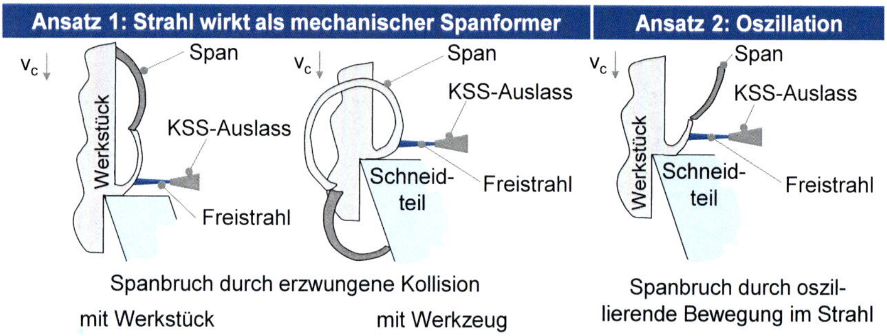

Bild 2.15: Angenommene Mechanismen des hydraulischen Spanbruchs nach [RASC81]
Proposed mechanisms of hydraulic chip breakage according to [RASC81]

Der zweite aufgestellte Erklärungsansatz basiert auf einer Kombination verschiedener Wirkmechanismen. Die Spanentstehung und Formung verläuft nach RASCH UND VIGELAND aufgrund von Unregelmäßigkeiten im Werkstoffgefüge, thermodynamischen Effekten und der vorliegenden Reibverhältnisse nicht dauerhaft gleichförmig. Der Span bewegt sich dadurch im Strahl und wird schließlich an einem bestehenden Riss oder aufgrund seiner Sprödigkeit gebrochen. [RASC81]

Spätere Forschungsarbeiten bestätigten, dass für die Spanformung und den Spanbruch die auf den Span wirkende Kraft des spanflächenseitig zugeführten KSS-Strahls gemäß Gleichung (4.2) hauptursächlich ist [EZUG90; MACH94; CRAF99; SANG13]. Durch eine ausschließlich freiflächenseitige KSS-Zufuhr gelang es nicht, Spanbruch herbeizuführen [SHAR08, S. 658].

CRAFOORD ET AL. stellten bei der Bearbeitung des Stahls 100Cr6 fest, dass der Spanaufwärtskrümmungsradius r_u durch Einstellung der Kraft des KSS-Srahls gezielt beeinflusst werden kann. Mit zunehmender Kraft nahm der Radius ab. Bei konstanter Strahlleistung bzw. einem konstanten Wert F_S dominierte der Einfluss des Volumenstroms Q gegenüber dem des Drucks p_{KSS}. Aufgrund der identifizierten Zusammenhänge bezeichneten CRAFOORD ET AL. die Kraft als „Jet Momentum“ und den HD-KSS-Strahl als einen „einstellbaren und weichen Spanformer“. Entgegen der Darstellung von RASCH UND VIGELAND (Bild 2.15) skizzierte CRAFOORD einen Flüssigkeitskeil, der eine Flächenlast auf den Span aufbringt, wie in Bild 2.13 zu sehen ist. [CRAF99]

KAMINSKI ET AL. zeigten weiterhin, dass die Spanablaufrichtung durch die Variation des KSS-Volumenstroms und -drucks und des Strahlauftreffpunkts gezielt geändert werden kann. Dabei erwies sich ein hoher Zufuhrdruck bei kleinem Strahldurchmesser als vorteilhaft. [KAMI00]

MACHADO UND WALLBANK betrachteten den Spanbruch als übergeordnetes Ziel der HD-KSS-Zufuhr. Sie beschrieben, dass der Span durch die Kraft des KSS-Strahls zunehmend gekrümmt wird, bis das Biegemoment die Bruchfestigkeit übersteigt und der Span bricht. Bei Zerspanuntersuchungen an TiAl6V4 und Inconel 901 wurden die Scherbänder zwischen den Spansegmenten als Bruchstelle identifiziert. Bei der Bearbeitung von Titan mit geringem Spanungsquerschnitt ($f = 0{,}07$ mm, $a_p = 0{,}125$ mm) gelang es nicht Spanbruch durch den KSS-Strahl zu erzielen. Wird eine kritische Spandicke unterschritten, sinkt die durch das Biegemoment im äußeren Bereich des Spans induzierte Dehnung gegenüber einem dickeren Span. Infolgedessen kann zwar eine Änderung der Spanform jedoch kein Spanbruch erzielt werden. [MACH94]

Dem industriellen Interesse entsprechend stand zunächst die makroskopische Spanform im Mittelpunkt der Forschungsarbeiten, welche durch die Abbildung von Stichproben dokumentiert wurde. Diese Vorgehensweise stellt zur Abschätzung der Prozesssicherheit hinsichtlich der Spanabfuhr ein geeignetes Kriterium dar. Für die Erklärung der zugrundeliegenden Wirkmechanismen ist oftmals eine tiefergehende Analyse der Vorgänge bei Spanentstehung, -formung und -bruch zielführend. Zunächst wurden zu diesem Zweck Kennwerte wie der Spankrümmungsradius r_u oder die Spanstauchung λ_h bzw. Spandicke h_{ch} ausgewertet. Im Fokus moderner Forschungsarbeiten steht zunehmend die Entwicklung von numerischen Modellen zur Erklärung und Prädiktion der Mechanismen der Spanbildung unter HD-KSS-Zufuhr [COUR11; AYED16; LIUH21; LIUH22; DENK22]. Somit spielen die zugrunde liegenden Wirkmechanismen auch in experimentellen Untersuchungen, oftmals zur Validierung von Modellansätzen, eine wichtigere Rolle. Infolgedessen sind in der Literatur zunehmend Analysen der mikroskopischen Spanstruktur zu finden.

Bei der Drehbearbeitung von Inconel 718, Titanlegierungen und weiteren Werkstoffen wie beispielsweise rostfreien Stählen wurde übereinstimmend eine Reduktion der Spanstauchung λ_h und infolgedessen der Spandicke h_{ch} in Folge einer spanflächenseitigen HD-KSS-Zufuhr gegenüber einer KÜK festgestellt [MAZU89, S. 11; PALA09, S. 742; CAYL17, S. 97 ff.; ALAG21, S. 671]. Als Erklärungsansatz für die reduzierte Spanstauchung λ_h wurde die verminderte Reibung zwischen Werkzeug und Span durch den in die Gleitzone vordringenden HD-KSS-Strahl angeführt [MAZU89, S. 11].

Wie in 2.2.1 beschrieben wurde, weisen Forschungsergebnisse darauf hin, dass die thermische Wirkung des KSS-Strahls neben der mechanischen eine Rolle bezüglich des Spanbruchs spielt. Erklärungsansätze sind eine durch die starke Abkühlung induzierte Versprödung des Spans sowie eine durch den entstehenden Temperaturgradienten innerhalb der Spandicke verstärkte Spankrümmung [ALAG 21, S. 667].

SANGERMANN untersuchte den Einfluss der Kühlschmierstrategie auf die Mikrohärte im spanflächenseitigen Randbereich von Spänen. Bei Spänen aus Vergütungsstahl sowie der Titanlegierung TiAl6V4 konnte keine vermehrte Aufhärtung gegenüber der KÜK bei Einsatz der HD-KSS-Zufuhr festgestellt werden. Bei Spänen aus Inconel 718 wurde eine erhöhte Aufhärtung identifiziert. Demzufolge tritt die Verstärkung des Spanbruchs durch thermische Effekte werkstoffabhängig ein. [SANG13, S. 133]

CAYLI untersuchte den Einfluss der HD-KSS-Zufuhr auf mikroskopische Kennwerte des Spans anhand von Spanwurzelanalysen bei der Zerspanung von TiAl6V4 und X5CrNi18-10. Gegenüber der KÜK lag bei einem KSS-Zufuhrdruck von p_{KSS} = 150 bar eine Verminderung der mittleren Spandicke h_{ch} sowie der maximalen Spandicke h_{chmax} und der Spanstauchung λ_h vor. Dies ging mit einem vergrößerten Scherwinkel einher. Weiterhin stieg die errechnete Spanlamellenbildungsfrequenz f_l (= $v_c * \lambda_h / l_{ch}$) in Zusammenhang mit der abnehmenden Segmentlänge l_{ch}. Der Segmentierungsgrad nahm bei beiden Werkstoffen ab [CAYL17, S. 94 ff.]. Für die Titanlegierung TiAl6V4 detektierten PALANISAMY ET AL. übereinstimmend eine Zunahme der Spanlamellenbildungsfrequenz f_l bei abnehmender Spandicke h_{ch} [PALA09, S. 742].

ALAGAN ET AL. untersuchten den Einfluss der span- und freiflächenseitigen HD-KSS-Zufuhr auf die Spanbildung beim Drehen von Inconel 718 mit runden Schneidplatten. Der freiflächenseitige KSS-Zufuhrdruck wurde zu p_{KSS} = 0; 40; 80 bar und der spanflächenseitige KSS-Zufuhrdruck zu p_{KSS} = 80; 160 bar gewählt. Die Zerspanversuche erfolgten beim Außenlängsrunddrehen mit den Schnittgeschwindigkeiten v_c = 45 m/min und v_c = 90 m/min. Umso höher der spanflächenseitige Zuführdruck eingestellt wurde, desto früher brachen die Späne. Die Zuschaltung der freiflächenseitigen Zufuhr resultierte, insbesondere bei p_{KSS} = 80 bar an der Spanfläche, in einer abnehmenden Spanlänge. Dies wurde auf die bessere Kühlung und reduzierte Temperatur des Schneidteils zurückgeführt. Hinsichtlich des Spankrümmungsradius r_u und der Spandicke h_{ch} wurden keine Auswirkungen der freiflächenseitigen KSS-Zuführung detektiert. Die Steigerung des spanflächenseitigen KSS-Zufuhrdrucks von p_{KSS} = 80 bar zu p_{KSS} = 160 bar resultierte in einer deutlichen Verminderung des Spankrümmungsradius. Bei der Schnittgeschwindigkeit v_c = 45 m/min war dieses Phänomen deutlich geringer ausgeprägt als bei v_c = 90 m/min. Da der Span bei doppelter Schnittgeschwindigkeit eine höhere Temperatur besitzt, kann dieser Effekt auf thermische Einflüsse zurückgeführt werden. ALAGAN ET AL. führten rasterelektronenmikroskopische Analysen der Spanrückseiten durch. Entsprechend der Kontaktzone zwischen Span und Spanfläche wurden die Charakteristika der untersuchten Fläche in Gleit- und Haftphänomene unterteilt. Mit einer Erhöhung des spanflächenseitigen Zufuhrdrucks nahmen die abrasiven Spuren des Abgleitens am bei v_c = 45 m/min erzeugten Span ab. Dieser Umstand wurde durch die Verkürzung der Gleitzone und das vermehrte Abheben des Spans erklärt. Die zusätzliche freiflächenseitige Zufuhr resultierte in einer Zunahme der Haftphänomene durch die verbesserte Kühlung. Zur Analyse des Spanbildungsmechanismus wurden Schliffbilder angefertigt. Alle untersuchten Parameter resultierten in segmentierter Spanbildung. Eine Steigerung des ausschließlich spanflächenseitigen Zufuhrdrucks führte zu einer Erhöhung des Segmentierungsgrads und der Segmentbreite. Die minimale und maximale Spandicke nahmen ab. [ALAG 21]

DENKENA ET AL. zeigten mit Hilfe eines Prüfstands mit einer Hochgeschwindigkeitskamera den Spanbildungszyklus unter gezielter KSS-Zuführung mit p_{KSS} = 0; 10; 30 bar im orthogonalen Schnitt. Auf diese Weise wurde festgestellt, dass der Spankrümmungsradius zu Beginn der Spanformung aufgrund der Zuführung von KSS gegenüber der Trockenbearbeitung stark vergrößert ist. Eine mögliche Ursache ist die reduzierte Temperatur in der Zerspanzone. Bei einem Zufuhrdruck von p_{KSS} = 30 bar wurde der Span zunächst auf die Spanfläche gepresst. Mit Zunahme der Spanlänge wurde die Kontaktlänge wie erwartet stark gegenüber den Untersuchungen mit p_{KSS} = 0; 10 bar reduziert und der Span durch die mechanische Wirkung des KSS-Strahls gegen das Werkstück gekrümmt, bis Spanbruch eintrat. Für die leichte Abnahme des Reibungskoeffizienten μ bei einem Zufuhrdruck von p_{KSS} = 30 bar wurden zwei mögliche Erklärungsansätze vorgestellt. Eine Ursache kann die in vielen Forschungsarbeiten angenommene verbesserte Schmierung in der Kontaktzone zwischen Span- und Spanfläche sein. Basierend auf den Ergebnissen von DENKENA ET AL. ist auch ein vergrößerter Anteil der Haftzone an der Kontaktzone als Ursache möglich. [DENK22]

2.2.4 Einfluss der HD-KSS-Zufuhr auf die Werkstückoberfläche

Influence of HP CF Supply on the Workpiece Surface

Die Oberfläche und Randzone von hoch beanspruchten Bauteilen zählen zu ihren funktionsbestimmenden Qualitätsmerkmalen. Die aus Fertigungsprozessen resultierenden Eigenschaften dieser beiden Bereiche werden unter dem Begriff Oberflächenintegrität (Surface Integrity) zusammengefasst.

Insbesondere bei sicherheitskritischen, thermomechanisch höchstbelasteten Bauteilen in Triebwerken, stellt die Oberflächenintegrität ein wichtiges Qualitätsmerkmal dar. Ein Aspekt der Bewertung der Qualität von Oberflächen ist die Prüfung tolerierter mikrogeometrischen Kenngrößen wie der Oberflächenrauheit [KLOC18, S. 6]. Es gilt jedoch weiterhin festzustellen, ob durch den Zerspanprozess Oberflächenanomalien verursacht wurden. Dazu zählen beispielsweise Rattermarken, Materialanhaftungen, Risse, Kratzer oder herausgetrenntes Material [MSAO15, S. 562]. Die im Zerspanprozess ablaufenden thermomechanischen Vorgänge beeinflussen neben den Eigenschaften der sichtbaren Werkstückoberfläche den Zustand der darunter liegenden oberflächennahen Randzone. Typische Bewertungskriterien sind Grad und Tiefe der Deformation des Mikrogefüges (Grain Drag, White Layer), die Härte oder Aufhärtungszonen und der Eigenspannungszustand [MSAO15, S. 562].

Sowohl die Phänomene der Oberfläche als auch der Randzone können zu einer Herabsetzung der Dauerfestigkeit und somit bei nicht Feststellung zu einer unerwarteten Reduktion der Bauteillebensdauer führen [CORR05; ANVA17; KLOC18, S. 11]. Ist beispielsweise eine Turbinenscheibe von Anomalien betroffen, welche zu einem unerwarteten Bauteilversagen führen, kann dies in einem Ausfall eines Flugtriebwerks resultieren. Aufgrund des Materialeinsatzes und der komplexen Fertigungskette von Triebwerkskomponenten besteht zusätzlich hinsichtlich ökonomischer Aspekte ein starkes

Bestreben, die Oberflächenintegrität durch eine optimierte Auslegung der Fertigungsprozesse sicherzustellen. Jede Art von Anomalie führt bei der Fertigung sicherheitskritischer Komponenten zu einer zeit- und kostenintensiven Prüfung des Bauteils sowie zu möglicher Nacharbeit oder sogar dem Ausschuss der Komponente.

Der Einfluss der Bedingungen des Zerspanprozesses auf die Oberflächenintegrität von Werkstücken aus Nickelbasislegierungen ist daher forschungsseitig bereits vielfach untersucht worden. Im Mittelpunkt aktueller Forschungsarbeiten stehen zumeist die Eigenschaften des Werkstoffgefüges der Randzone sowie der Eigenspannungszustand. Dabei wurden insbesondere die Trockenbearbeitung, jedoch seltener auch unterschiedliche Kühlschmierstrategien inklusive der HD-KSS-Zufuhr berücksichtigt. [DUDZ04; MSAO15; MOHS17; GERH23a; GERH23b]

Ein für das Drehen von Inconel 718 charakteristisches Phänomen ist das Anhaften von Teilen von Spänen, welche zwischen Werkzeug und Werkstückoberfläche geraten, unter dem Einfluss der hohen Temperaturen [PAWA07, S.145; OHWO13, S. 17]. Zur Vermeidung dieses Effekts wird der Einsatz einer HD-KSS-Zufuhr empfohlen [OHWO13, S. 106].

Kaminski und Alvelid stellten eine Verminderung des arithmetischen Mittenrauwerts Ra durch Anwendung einer HD-KSS-Zufuhr beim Drehen von Inconel 718 fest. Sie verwendeten sehr hohe Zufuhrdrücke von 800 bar $\leq p_{KSS} \leq$ 3000 bar. Mit ansteigendem Druck sank der Wert Ra. Weiterhin wurde eine Verminderung der Gratbildung erzielt [KAMI00a, S. 73]. Kaminski und Alvelid erwähnten, dass bei der Ausrichtung des KSS-Strahls zu beachten ist, dass der brechende Span nicht auf die bearbeitete Oberfläche gelenkt wird, da auf diese Weise eine Beschädigung ausgelöst werden könnte [KAMI00a, S. 72]. Analog berichteten Machado und Wallbank von einer matten Oberfläche in Folge von auftreffenden, durch den KSS-Strahl gebrochenen Spansegmenten beim Drehen von Inconel 901 [MACH94, S. 38].

Courbon et al. detektierten eine Abhängigkeit des arithmetischen Mittenrauwerts Ra von den Schnitt- und KSS-Zufuhrbedingungen. Bei einer niedrigen Schnittgeschwindigkeit von v_c = 46 m/min stieg die Rauheit mit zunehmendem Druck im Bereich 500 bar $\leq p_{KSS} \leq$ 1300 bar an. Bei einer Schnittgeschwindigkeit von v_c = 74 m/min hingegen, sank der Wert Ra tendenziell mit zunehmendem KSS-Druck. Die Verschlechterung der Oberflächengüte bei ansteigendem KSS-Zufuhrdruck wurde mit einem Auftreffen des vergleichsweise langsam abfließenden Spans auf der Werkstückoberfläche in Folge des gerichteten KSS-Strahls erklärt. Courbon et al. stellten weiterhin fest, dass eine Vergrößerung des KSS-Austrittsdurchmessers unter allen untersuchten Bedingungen zu einer Verbesserung der Oberflächengüte führte. [COUR09, S. 1121]

Ezugwu und Bonney identifizierten lediglich minimale Unterschiede bezüglich der resultierenden Oberflächenrauheit bei Anwendung einer HD-KSS-Zufuhr mit $p_{KSS} \leq$ 203 bar gegenüber der KÜK, welche sie auf den reduzierten Werkzeugverschleiß bei HD-KSS-Zufuhr zurückführten [EZUG04b, S. 1049; EZUG05a, S. 80]. Die Oberflächen wiesen weiterhin geringe Anomalien in Folge von Micro-Pitting

(Grübchenbildung) auf. Als Erklärungsansatz wurde das Herauslösen von losen Karbiden aus der Oberfläche durch den auftreffenden KSS-Stahl genannt. [EZUG05a, S. 80]

SHARMAN ET AL. identifizierten bei der Gegenüberstellung der KÜK mit der HD-KSS-Zufuhr bei Drücken bis zu $p_{KSS} \leq 450$ bar keinen eindeutigen Einfluss der angewendeten Kühlschmierstrategie auf die Oberflächenrauheit. Dies traf ebenso für die Deformation des Gefüges in der Randzone zu. [SHAR08, S. 659 f.]

Im industriellen Umfeld wurden bei der Bearbeitung von Scheiben aus Nickelbasis- und Titanlegierungen Schädigungen von Oberflächen durch Spankollision festgestellt und als „Shot-Peening-Effekt" bezeichnet. Aufgrund des Einsatzes der HD-KSS-Zufuhr wurde Spanbruch erzielt. Die Späne kollidierten jedoch mit angrenzenden Oberflächen und führten zu sichtbaren Anomalien. Für die Schlichtbearbeitung der Komponenten kann die HD-KSS-Zufuhr daher nicht eingesetzt werden. [HABE15]

SANGERMANN beobachtete ähnliche Anomalien beim Drehen der Titanlegierung Ti6246 und identifizierte diese als Werkstoffablagerungen in Folge von „Spänebeschuss" der Oberfläche. Die Anomalien traten bereits bei einem KSS-Zuführungsdruck von 20 bar auf. [SANG13, S.105 f.]

Die Lebensdauer von höchstbelasteten Triebwerkskomponenten kann durch Oberflächenanomalien in Folge einer hoch dynamischen Kollision mit dem beschleunigten Span beeinträchtigt werden. CAYLI analysierte daher die Entstehungsmechanismen von Oberflächenanomalien durch Spankollision beim Drehen der Titanlegierung Ti6246 und Inconel 718. [CAYL17]

CAYLI differenzierte nach Ursache ihrer Entstehung zwischen primären, sekundären und tertiären Oberflächenschädigungen. Primäre Oberflächenschädigungen werden durch Werkzeugverschleiß und sekundäre durch den Spanbildungsvorgang an der bearbeiteten Oberfläche ausgelöst. Die durch Spankollision erzeugten Anomalien werden als tertiäre Schädigungen bezeichnet [CAYL17, S. 46]. Es wurden Untersuchungen beim Außenlängsrunddrehen der Titanlegierung Ti6246 in unterschiedlichen Abständen zur Werkstückstirnfläche bei Variation des KSS-Zufuhrdrucks durchgeführt. Die Ergebnisse sind in Bild 2.16 gezeigt. CAYLI identifizierte den Abstand zur Stirnfläche sowie den KSS-Zufuhrdruck und die damit einhergehende Spanform als wichtige Einflussgrößen für die Entstehung und Ausprägung von Oberflächenanomalien durch Spankollision. [CAYL17]

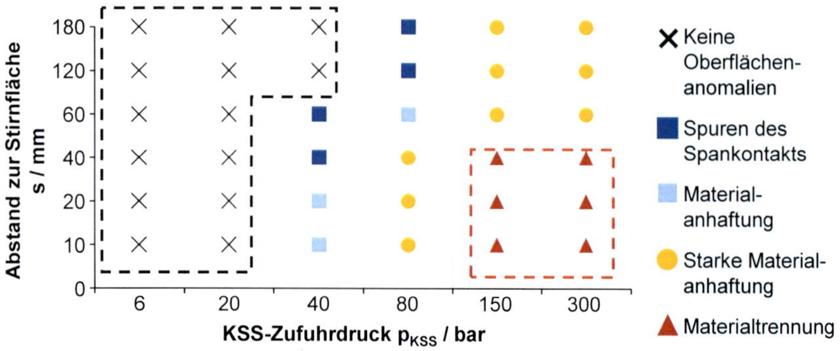

Werkstoff: Ti6246 KSS-Auslass A = 4,1 mm² $f = 0{,}2$ mm $a_p = 2$ mm $v_c = 90$ m/min

Bild 2.16: Oberflächenanomalien beim Drehen von Ti6246 nach [CAYL17, S. 136]

Surface anomalies when turning Ti6246 according to [CAYL17, p. 136]

CAYLI untersuchte die Mechanismen beim Aufprall von Spänen auf Oberflächen weiterführend anhand von FE-Simulationen und experimentellen Untersuchungen. Wendelspäne mit unterschiedlichen Massen, Längen und Windungsanzahlen wurden mittels eines Druckluftstrahls beschleunigt und zur Kollision mit Werkstückoberflächen gebracht. Die Analyse des Auftreffens des Spans auf der Oberfläche erfolgte mit Hilfe von Hochgeschwindigkeitsaufnahmen sowie der Messung der Aufprallkraft und akustischer Emissionen [CAYL17, S. 104]. Zur Identifizierung des Anteils der kinetischen Energie des Spans, welcher bei der Kollision in Form von Wärme und plastischer Verformung der Werkstückoberfläche dissipiert, ermittelte Cayli die Differenz der kinetischen Energie des Spans vor und nach dem Aufprall [CAYL17, S. 124]. Die kinetische Energie längerer Späne mit etwa $l_s \approx 20$ mm beim Aufprall wird aufgrund ihrer elastischen Verformbarkeit zu großen Teilen in Energie zur elastischen Deformation des Spans umgewandelt. Die kinetische Energie kurzer Späne oder Spansegmente mit geringer Verformbarkeit, welche beispielsweise bei kontinuierlicher HD-KSS-Zufuhr entstehen, resultiert vermehrt in plastischer Deformation der Werkstückstirnfläche [CAYL 17, S. 116].

Es wurde ein energiebasiertes Erklärungsmodell für das Auftreten von Oberflächenanomalien bei der Drehbearbeitung mit HD-KSS-Zufuhr abgeleitet. Nach CAYLI ist eine anomaliefreie Bearbeitung durch eine Anpassung der durch den KSS in den Prozess eingebrachten Energie anhand des folgenden Zusammenhangs möglich [CAYL17, S. 128 ff.]:

$$E_{Dissipiert} \leq E_{Spanbruch} \leq E_{KSS} \leq E_{Kollison} \quad \textbf{(2.3)}$$

Die Energie des KSS muss die dissipierte Energie des Zerspanprozesses übersteigen, um eine ausreichende Kühlwirkung zu entfalten. Ist dies nicht der Fall, entstehen primäre Oberflächenschädigungen in Folge des Werkzeugverschleißes. Diese Bereiche sind im Diagramm in Bild 2.17 durch die rote Gerade getrennt. Weiterhin ist es notwendig, dass der KSS eine zum Erzielen des Spanbruchs ausreichende Energie besitzt. Dem gegenüber ist die kinetische Energie des Spans, welche durch die Energie des KSS-Strahls bestimmt wird, insofern zu begrenzen, dass bei Kollision mit der Werkstückoberfläche keine Schädigung verursacht wird. Aus den Anforderungen resultiert ein Bereich der anomaliefreien Bearbeitung. [CAYL17, S. 129]

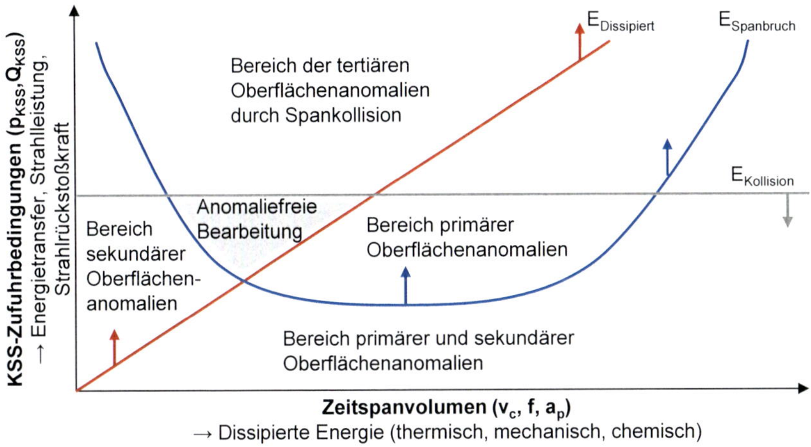

Bild 2.17: Ableitung des Bereichs der anomaliefreien Bearbeitung nach [CAYL17, S. 130]
Derivation of the domain for anomalie-free cutting according to [CAYL17, p. 130]

Abhängig von den gegebenen Bedingungen des Zerspanprozesses in der Praxis, ist eine Prozessauslegung im Bereich der anomaliefreien Bearbeitung nicht möglich. Um die Nutzung der bekannten Vorteile einer HD-KSS-Zufuhr trotzdem im Bereich geschlichteter Oberflächen nutzbar zu machen, schlug CAYLI eine gezielte Einstellung der identifizierten günstigen Spanformen vor. Als Lösungsansatz wurde die in Kapitel 2.3 thematisierte P-KSS-Zufuhr vorgestellt. [CAYL17, S.139 ff.]

2.3 Pulsierende KSS-Zufuhr

Pulsating Cutting Fluid Supply

Bei der P-KSS-Zufuhr wird der KSS in zwei alternierenden Phasen zugeführt, welche sich hinsichtlich des Zufuhrdrucks p_{KSS} und -volumenstroms Q_{KSS} und je nach Anwendungsfall auch durch ihre Dauer t unterscheiden.

Ursprünglich wurde eine Pulsation der KSS-Zufuhr zum Bruch und zur Evakuierung von Spänen beim Bohren vorgeschlagen. In Patentschriften wurden zwei Verfahren offengelegt, welche jeweils ein Zeitintervall mit vollständig unterbrochener KSS-Zufuhr vorsehen. [BORM67, KANE83]

BORMAN ET AL. beschrieben eine regelmäßige Unterbrechung des KSS-Durchflusses durch das Funktionsprinzip der genutzten Pumpe in Verbindung mit einem rotierenden Bauteil. Die Zeitintervalle sind durch diese Methode nicht unabhängig einstellbar. Der Spanbruch soll bei dieser Verfahrensvariante mittels des durch die unterbrochene KSS-Zufuhr ausgelösten thermischen Schocks induziert werden. [BORM67]

KANEBAKO ET AL. entwarfen einen Ventilschaltkreis um eine Kolbenpumpe, welcher eine unterbrochene Zufuhr in voreingestellten, voneinander unabhängigen Zeitintervallen herbeiführt. Die Einstellung der Zeitintervalle ist jedoch durch die Methode und Bauart des Kolbens stark eingeschränkt. Die Zielsetzung war die Entfernung von Spänen aus einer Bohrung zur Steigerung der Werkzeugstandzeit und Bohrungsqualität, nicht jedoch das Herbeiführen von Spanbruch. [KANE83]

Ebenfalls zur Evakuierung von Spänen beim Bohren schlugen O'DELL ET AL. die Verwendung einer zusätzlichen „Boost"-Pumpe vor. Diese löst, sobald ein Fluidrückstau aufgrund einer Blockade der Auslassstelle am Bohrer durch Späne auftritt, ein der kontinuierlichen KSS-Zufuhr überlagertes Intervall mit gesteigertem KSS-Zufuhrdruck aus. [ODEL84]

RASCH ET AL. untersuchten die Potenziale einer P-KSS-Zufuhr zum Erzielen von Spanbruch beim Schlichtdrehen verschiedener Aluminiumlegierungen und Stahlwerkstoffe. Es wurden Zerspanversuche mit kontinuierlicher und pulsierend unterbrochener KSS-Zufuhr mit Zufuhrdrücken zwischen 0 bar $\leq p_{KSS} \leq$ 600 bar durchgeführt. Die Erzeugung der Pulsation erfolgte durch ein 2/2-Wegeventil. Die P-KSS-Zufuhr resultierte bei einer geringeren Anzahl von Werkstoffen in kleineren Prozessfenstern zum Spanbruch als die kontinuierliche KSS-Zufuhr. Details zu den Untersuchungen mit P-KSS-Zufuhr veröffentlichten RASCH ET AL. nicht. [RASC81]

Aufgrund seiner in Kapitel 2.2.4 dargestellten Erkenntnisse zur Entstehung von werkstückseitigen Oberflächenschädigungen durch Spanbeschuss bei Anwendung der kontinuierlichen HD-KSS-Zufuhr führte CAYLI erste Experimente mit P-KSS-Zufuhr beim Drehen durch. Ziel war es, den zuvor in Bild 2.17 aufgezeigten Parameterbereich der Anomalie freien Bearbeitung durch die Anwendung der innovativen KSS-Zufuhrstrategie zu erweitern, siehe Bild 2.18.

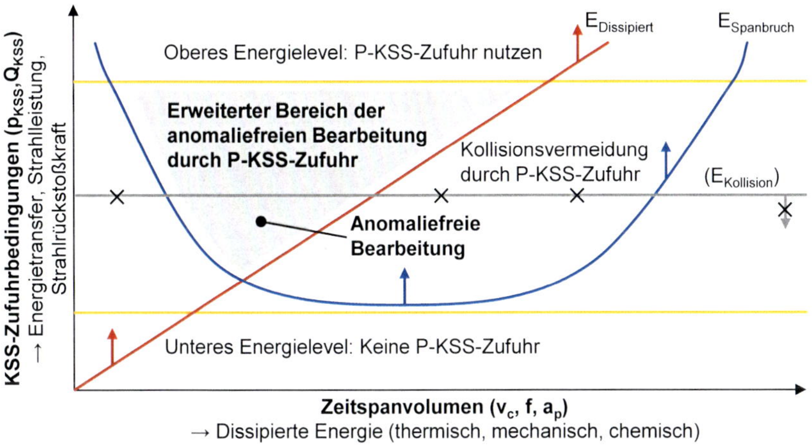

Bild 2.18: Anomaliefreie Bearbeitung durch P-KSS-Zufuhr nach [CAYL17, S. 141]
Anomalie-free cutting with pulsating CF supply according to [CAYL17, p. 141]

Die Eliminierung der Oberflächenanomalien soll durch eine definierte Einstellung günstiger Spanlängen realisiert werden. Die Zerspanversuche wurden bei der Drehbearbeitung von Inconel 718 bei einem Zufuhrdruck von p_{KSS} = 150 bar durchgeführt (f = 0,16 mm; v_c = 30 m/min; a_p = 2 mm). Zur Erzeugung der Pulsation wurde mittels eines Proportionalventils eine zeitweise Reduktion des Volumenstroms Q_{KSS} um 50 % und damit einhergehend des KSS-Drucks erzeugt. Die Zeitintervalle wurden zu gleicher Dauer eingestellt, sodass Pulsationsfrequenzen von 1 Hz, 2 Hz und 3 Hz resultierten. Tendenziell wurde eine Zunahme der Spanlänge mit abnehmender Pulsationsfrequenz festgestellt [CAYL17, S. 140]. Eine Analyse der Werkstückoberflächen erfolgte nicht.

Basierend auf den Arbeiten von CAYLI wurden Zerspanuntersuchungen beim Drehen von Inconel 718 mit P-KSS-Zufuhr unter Einsatz eines prototypischen Ventils durchgeführt. Hierbei handelt es sich um eigene Voruntersuchungen zu dieser Arbeit. Die Ventileinheit ermöglichte die Einstellung einer gegenüber der Dauer der Phase des reduzierten Drucks t_{RD} stark verkürzten Hochdruckphase t_{HD}, wie im Diagramm in Bild 2.19 gezeigt ist. Ebenfalls in Bild 2.19 dargestellt sind Stichproben von Spänen und lichtmikroskopische Aufnahmen der Werkstückstirnflächen aus Untersuchungen mit unterschiedlichen Kühlschmierstrategien. Durch die Anwendung der P-KSS-Zufuhr konnte der visuell wahrgenommene Zustand der Oberfläche qualitativ verbessert werden. Weiterhin ließen entnommene Stichproben der Späne darauf schließen, dass die Spanlänge durch die KSS-Pulsation gezielt beeinflusst werden kann. [BERG18; BERG19a; BERG19c; SPLE20; SPLE21]

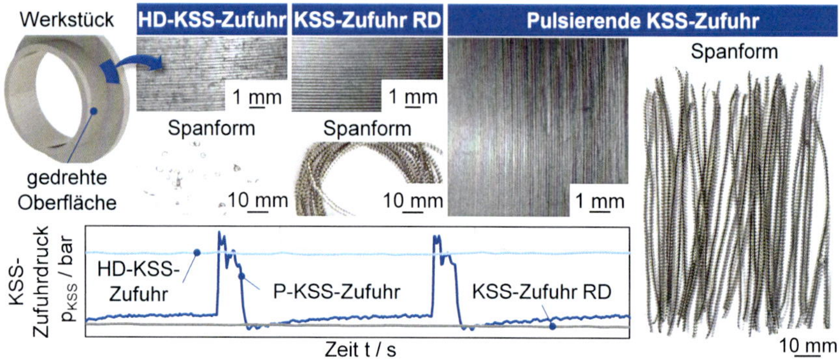

Bild 2.19: Einfluss von Kühlschmierstrategien auf die Spanform und Werkstückoberfläche nach [SPLE20; SPLE21]

Influence of cutting fluid supply strategies on chip shape and workpiece surface according to [SPLE20; SPLE21]

Es existieren nur vereinzelte weitere wissenschaftliche Untersuchungen bezüglich einer P-KSS-Zufuhr beim Drehen. STERLE ET AL. führten ebenfalls Zerspanuntersuchungen beim Außenlängsrunddrehen von Inconel 718 bei P-KSS Zufuhr durch (f = 0,28 mm; v_c = 50 m/min; a_p = 0,5 mm). Der KSS wurde für t = 140 ms mit einem reduzierten Druck von p_{KSS} = 1 bar im Wechsel mit einem erhöhten Druck von p_{KSS} = 200 bar für eine Dauer von t = 60 ms zugeführt. Durch das dynamische Verhalten des KSS-Strahls und das plötzliche Auftreffen auf den Span wurde der Spanbruch gegenüber der HD-KSS-Zufuhr verbessert. Eine gezielte Einstellung der Spanlänge wurde nicht untersucht. Die ökonomische Bilanz des Prozesses wurde durch die P-KSS-Zufuhr unter den untersuchten Bedingungen gegenüber der kontinuierlichen HD-KSS-Zufuhr negativ beeinflusst. [STER19]

Durch angepasste Anlagentechnik erzielte PUSAVEC bei Einsatz einer P-KSS-Zufuhr eine Reduktion hinsichtlich des Energiebedarfes der Anlagentechnik von ΔE_{el} = 84 % [PUSA23]. Weitere Ausführungen zu den Arbeiten von PUSAVEC und STERLE ET AL. sind in Kapitel 7 zu finden.

KERN ET AL. nutzten eine P-KSS-Zufuhr in Forschungsarbeiten bei der Entwicklung eines analytischen Modells zur Auslegung von KSS-Zufuhrparametern. Durch Korrelation der Parameter der P-KSS-Zufuhr mit den innerhalb der Länge des Wendelspans variierenden Spankrümmungsradien, konnte die Vorhersagegenauigkeit des Modells geprüft werden. [KERN23]

2.4 Zwischenfazit und Ableitung des Forschungsbedarfs

Interim Conclusion and Research Demands

In Kapitel 2.1-2.3 wurde der für die vorliegende Arbeit relevante Stand der Erkenntnisse dargelegt. Zu Beginn erfolgte in Kapitel 2.1 eine Darstellung der bekannten Mechanismen des Spanbildungszyklus, bestehend aus Spanentstehung, -formung und -bruch bei der Trockenbearbeitung. Dieser Teil diente zur Einführung von Kennwerten und Begriffen zur Beschreibung von Spänen. Weiterhin ist ein fundiertes Verständnis der Vorgänge der Spanbildung sowie der zugrundeliegenden Wirkmechanismen erforderlich, um in einem nächsten Schritt die Auswirkungen des auftreffenden KSS-Strahls auf den Zerspanprozess erklären zu können. Ebenso wurden die Herausforderungen bei der Zerspanung des in dieser Arbeit verwendeten Werkstoffs Inconel 718 erläutert.

Inhalt des Kapitels 2.2 waren der Einsatz und die Wirkmechanismen der HD-KSS-Zufuhr im Drehprozess. Ziel war hierbei die Einordnung der P-KSS-Zufuhr in den Kontext der aktuellen Forschung und der industriellen Praxis. Die HD-KSS-Zufuhr kann als Ausgangspunkt für die im Mittelpunkt dieser Arbeit stehende P-KSS-Zufuhr angesehen werden. Es ist davon auszugehen, dass die Wirkmechanismen der KSS-Zufuhrstrategien großflächige Überschneidungen aufweisen.

Das Ziel der P-KSS-Zufuhr ist die Beeinflussung von Spanform und Spanbruch, um durch Spankollision induzierte Anomalien an Werkstückoberflächen zu minimieren. Als Grundlage zur Identifikation der relevanten Einflussgrößen sowie zum Verständnis der zugrundeliegenden Ursache-Wirkungsmechanismen sind sowohl fundierte Kenntnisse bezüglich der Einflüsse der HD-KSS-Zufuhr auf Spanbildung und -bruch als auch auf die Beschaffenheit der Werkstückoberfläche erforderlich. Im Hinblick auf die Werkstückoberfläche wurden im Besonderen Veröffentlichungen berücksichtigt, welche die Zusammenhänge zwischen der Kühlschmierstrategie, der Spanform und der Beschaffenheit der Werkstückoberflächen analysierten. Schließlich wurden in Kapitel 2.3 die bisher bekannten Forschungsarbeiten vorgestellt, deren Gegenstand eine pulsierende Zuführung von KSS zur Herbeiführung von Spanbruch oder Spanabfuhr war.

Die Darstellung des Stands der Erkenntnisse zeigt, dass der Spanbildungszyklus, insbesondere im Drehprozess, bereits über mehrere Jahrzehnte umfassend erforscht wurde. Aufgrund der komplexen Bedingungen bei der Zerspanung von schwer zerspanbaren Werkstoffen mit höchsten Anforderungen an die Bauteilqualität orientieren sich Forschungsthemen häufig an Qualitätsanforderungen, die in der Luftfahrtbranche vorherrschen. Daher besteht umfangreiches Wissen über die Zerspanbarkeit der Nickelbasislegierung Inconel 718.

Weiterhin wurde eine Vielzahl an Forschungsarbeiten zur Erklärung der Auswirkungen der HD-KSS-Zufuhr auf den Zerspanprozess durchgeführt. Es liegen umfassende Arbeiten zur Bearbeitung von Inconel 718 mit dieser Kühlschmierstrategie vor. Im Fokus der Untersuchungen standen bisher insbesondere die Ursachen und Formen des Werkzeugverschleißes sowie die Spanbildung zu verstehen und hiervon ausgehend Erklärungen zu formulieren und regelbasierte Anwendungsempfehlungen zu geben.

Dazu wurden alle Phasen des Spanbildungszyklus berücksichtigt. Die entstehenden Spanformen und der Spanbruch wurden in Anlehnung an die Kriterien der industriellen Praxis bewertet. Das übergeordnete Ziel der HD-KSS-Zufuhr hinsichtlich der Spanform war daher, kurzbrüchige Späne zu erzeugen.

Dennoch blieben trotz intensiver Forschung Fragen offen, die die industrielle Anwendung der kontinuierlichen HD-KSS-Zufuhr beschränken. Dies gilt insbesondere für die Schlichtbearbeitung von rotierenden Bauteilen für die Luftfahrtindustrie, weil beim Schlichten die Oberflächenintegrität des Werkstücks hergestellt wird. Die Forschungsdefizite können folgendermaßen zusammengefasst werden:

- Eine gezielte Einstellung bestimmter optimierter Spanformen oder -längen war bisher nicht Gegenstand der Forschung bei der Drehbearbeitung mit HD-KSS-zufuhr.
- Die Spanformen wurden ausschließlich anhand einzelner Späne oder Stichproben bewertet. Statistische Analysen hinsichtlich der Häufigkeitsverteilung von Spanformen zur Analyse der Ursache-Wirkungszusammenhänge bei Einsatz der HD-KSS-Zufuhr sind nicht bekannt.
- Über Zusammenhänge zwischen der Kühlschmierstrategie, den resultierenden Spanformen und der Entstehung von Anomalien auf Werkstückoberflächen wurde nur in einzelnen Arbeiten und für ausgewählte Werkstoffe berichtet.

Diese Forschungsdefizite gelten insbesondere, wenn die Frage beantwortet werden soll, ob mit pulsierender KSS-Zufuhr die Spanform und die Ausbildung der Oberflächen bei der Schlichtbearbeitung von schwer zerspanbaren Werkstoffen optimiert werden kann. In diesem Kontext zeigen die bisher vorliegenden Forschungsergebnisse zusätzlich grundsätzliche Forschungsdefizite:

- Der gezielte Spanbruch zur Vermeidung ungünstiger Spanformen und Oberflächenanomalien durch Spankollision mittels einer P-KSS-Zufuhr wurde bisher nicht systematisch untersucht.
- Dementsprechend sind die Ursache-Wirkungszusammenhänge zwischen einer P-KSS-Zufuhr und der Zerspanbarkeit, insbesondere hinsichtlich der Spanbildung und der Qualität angrenzender Oberflächen, nicht bekannt.
- Voraussetzung für die industrielle Nutzung der P-KSS-Zufuhr ist aber, dass die Prozessführung reproduzierbar und sicher realisiert werden kann. Dies ist heute noch nicht möglich.

3 Problem, Zielsetzung und Vorgehensweise

Problem, Objective and Research Concept

Im Vergleich zur konventionellen Überflutungskühlung ermöglicht die HD-KSS-Zufuhr beim Drehen eine Steigerung der Produktivität und Verbesserung der Prozesssicherheit bei der Schruppbearbeitung. Dies wurde in den bisherigen Arbeiten aus der Industrie und Wissenschaft vielfach nachgewiesen, siehe Kapitel 2. Beim Schlichtdrehen ist die HD-KSS-Zufuhr allerdings nur eingeschränkt anwendbar. Die durch den KSS-Strahl kurzgebrochenen und beschleunigten Späne können mit dem Werkstück kollidieren. Beim Schruppdrehen können hierdurch auftretende Oberflächenanomalien durch den nachfolgenden Schlichtprozess in der Regel beseitigt werden. Beim Schlichtdrehen, insbesondere von sicherheitskritischen Bauteilen, sind solche Oberflächenanomalien unzulässig. Die gezielte Einstellung der Spanlänge durch eine pulsierende KSS-Zufuhr stellt einen Lösungsansatz dar.

Die in den vorhergehenden Kapiteln dargestellten Erkenntnisse zeigen, dass die relevanten wissenschaftlichen und wirtschaftlichen Forschungsfragen zur Anwendung einer pulsierenden KSS-Zufuhr (P-KSS-Zufuhr) nicht beantwortet sind. Aus den identifizierten Forschungsdefiziten ergeben sich Wissenslücken hinsichtlich der Zusammenhänge zwischen Einstellgrößen und Bewertungskriterien des Arbeitsergebnisses. Insbesondere ist es wichtig, die signifikanten Zusammenhänge zwischen den Prozesseinstellgrößen der KSS-Zufuhr, der Spanbildung, des Spantransportes und dem Auftreten von Oberflächenanomalien in der physikalischen Wirkung zu verstehen, um dann daraus Modelle abzuleiten. Hierfür fehlen bisher wesentliche wissenschaftliche Grundlagen. Mit einer geeigneten Anlagentechnik erscheint es außerdem möglich, einen kontrollierten Spanbruch mit P-KSS-Zufuhr auch ohne den Betrieb von Hochdruckaggregaten zu realisieren.

Das übergeordnete Forschungsziel dieser Arbeit ist es, die fehlenden Erkenntnisse zur Anwendung der P-KSS-Zufuhr beim Schlichtdrehen von Nickelbasislegierungen systematisch zu erforschen, die Ergebnisse in einem regelbasierten anwendungsbezogenen Gestaltungsmodell darzustellen und Anwendungshinweise zu geben. Daher ist folgende Forschungshypothese zu verifizieren oder falsifizieren:

„Die pulsierende KSS-Zufuhr ermöglicht eine gezielte Beeinflussung des Spanbruchs, sodass Oberflächenanomalien am Werkstück vermieden und die bekannten Potenziale der kontinuierlichen HD-KSS-Zufuhr für das Schlichtdrehen schwer zerspanbarer Werkstoffe nutzbar werden.“

Hierzu werden die folgenden vier Forschungsfragen (FF) formuliert und in einem systematischen Forschungsprozess bearbeitet und beantwortet:

Forschungsfrage 1: Was sind die relevanten Stellgrößen zur Beeinflussung der Spanbildung bei der P-KSS-Zufuhr?

Forschungsfrage 2: Welche Ursache-Wirkungszusammenhänge bestehen zwischen den relevanten Stellgrößen, der Spanbildung und der Oberflächenqualität?

Forschungsfrage 3: Wie können die Erkenntnisse aus FF1 und FF2 in ein Gestaltungsmodell für das Schlichtdrehen von Inconel 718 mit P-KSS-Zufuhr überführt werden?

Forschungsfrage 4: Welche technologischen, ökonomischen und ökologischen Vorteile gegenüber konventionellen Kühlschmierstrategien ergeben sich durch den Einsatz der P-KSS-Zufuhr in einem Anwendungsfall?

Gemäß der Zielsetzung und der formulierten Forschungsfragen handelt es sich in dieser Arbeit um anwendungsorientierte Forschung, die nach der Methodik von ULRICH in eine systematische Forschungsplanung und Forschungsdurchführung überführt werden kann (Bild 3.1). Der Prozess beginnt und endet in der Praxis. [ULRIH01, S. 194 ff].

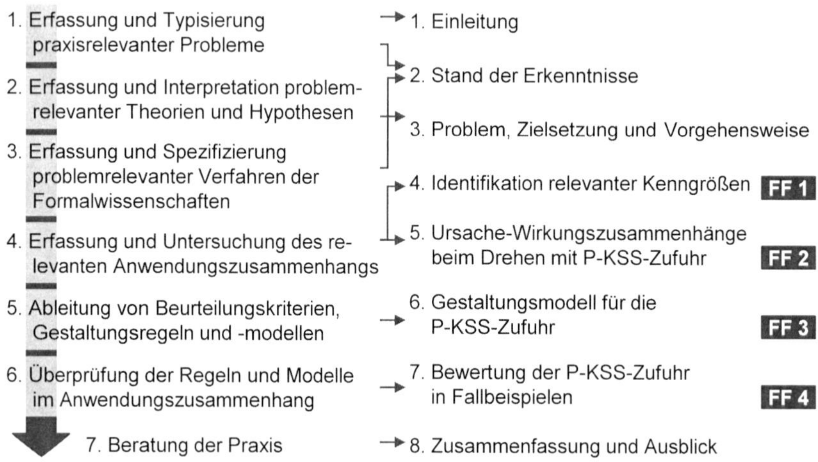

Bild 3.1: Gliederung der Arbeit anhand des anwendungsorientierten Forschungsprozesses nach Ulrich [ULRIH01, S.195]
Structure of the thesis based on the application-oriented research process according to Ulrich [ULRIH01, p.195]

Der erste Schritt der Arbeit war die Erfassung und Typisierung praxisrelevanter Probleme. Dies erfolgte in den Kapiteln 1 und 2. Im zweiten und dritten Schritt erfolgen die Erfassung und Spezifizierung problemrelevanter Theorien und Hypothesen sowie die Erfassung und Spezifizierung problemrelevanter Verfahren der Formalwissenschaften (Kapitel 2 und Kapitel 3).

Die Erforschung des relevanten Anwendungszusammenhangs wird in den Kapiteln 4 und 5 beschrieben. Zunächst werden dazu die wissenschaftlich relevanten Stell-, Einfluss- und Zielgrößen der P-KSS-Zufuhr identifiziert (Kapitel 4), um auf deren Basis experimentelle Forschungen durchzuführen. Dies ist die Grundlage zur Beantwortung der Forschungsfrage 1.

Der Schwerpunkt in Kapitel 5 ist es, die Ursache-Wirkungsbeziehungen experimentell zu untersuchen, zu diskutieren und konsistente Erklärungen zu formulieren. Dies führt zur Beantwortung der Forschungsfrage 2. Zu diesem Zweck erfolgt im ersten Teil von Kapitel 5 die experimentelle Analyse der Einflüsse der Stellgrößen der P-KSS-Zufuhr auf den Spanbruch, die Qualität der Werkstückstirnfläche und den Werkzeugverschleiß. Im zweiten Teil des 5. Kapitels werden die Spanform und die Temperatur in der Zerspanzone als Einflussgrößen analysiert. Hierzu wird zunächst untersucht, welche Spanformen zu Oberflächenanomalien führen. Weiterhin wird der Einfluss der P-KSS-Zufuhr auf die Werkzeugtemperatur experimentell erfasst und diskutiert. Bei den Forschungsfragen 1 und 2 handelt es sich um empirisch-induktive Aufgabenstellungen [ULRI76, S. 348].

In Kapitel 6 werden die Erkenntnisse aus Kapitel 2, 4 und 5 zusammengeführt, und in einem analytisch-deduktiven Schritt wird ein anwendungsbezogenes Gestaltungsmodell für die P-KSS-Zufuhr entwickelt sowie Anwendungsempfehlungen für die Praxis abgeleitet. Hiermit wird der fünfte Schritt der Forschungsmethodik abgeschlossen und Forschungsfrage 3 beantwortet.

Der sechste Schritt in der methodischen Vorgehensweise ist, die Regeln und Modelle im Anwendungszusammenhang zu überprüfen. Dies erfolgt in Kapitel 7 der Arbeit durch die Ergebnisse einer Anwendungsstudie, in der die P-KSS-Zufuhr unter technologischen, ökonomischen und ökologischen Gesichtspunkten bewertet wird. Die Ergebnisse der Studie ermöglichen schließlich die Beantwortung von Forschungsfrage 4. Die Arbeit schließt mit der Zusammenfassung wichtiger Erkenntnisse und einem Ausblick (Kapitel 8).

4 Identifikation relevanter Kenngrößen

Identification of Relevant Parameters

Inhalt des folgenden Kapitels ist die Beantwortung der Forschungsfrage 1:

„Was sind die relevanten Stellgrößen zur Beeinflussung der Spanbildung bei der P-KSS-Zufuhr?"

Hierzu wird in Kapitel 4.1 zunächst das zu untersuchende System definiert. Es folgen die Beschreibungen der genutzten Anlagentechnik, der Werkzeuge und des Werkstoffs. In Kapitel 4.2 werden in einem ersten Schritt mögliche Stell-, Einfluss-, Stör- und Zielgrößen identifiziert. Zur Bewertung der Relevanz für die Anwendung der P-KSS-Zufuhr im Drehprozess erfolgt zunächst eine theoretische Einordnung der KSS-bezogenen Stellgrößen in Abschnitt 4.2.1. Die Auswirkungen der Stellgrößen auf die Charakteristika des pulsierenden KSS-Strahls am Werkzeugaustritt werden im Folgenden in Kapitel 4.2.2 im Zusammenhang mit dem Systemverhalten untersucht. Schließlich erfolgt die experimentelle Analyse des Einflusses ausgewählter Stellgrößen auf den Spanbruch bei kontinuierlicher KSS-Zufuhr. Dies dient der Identifikation geeigneter Stellgrößen für die gezielte Beeinflussung des Spanbruchs bei P-KSS-Zufuhr in Kapitel 4.2.3. Eine Zusammenfassung der Erkenntnisse ist in Abschnitt 4.3 zu finden.

4.1 System zur Realisierung der P-KSS-Zufuhr

System for Realization of Pulsating Cutting Fluid Supply

Das für die Durchführung der Zerspanuntersuchungen beim Drehen mit P-KSS-Zufuhr genutzte System basiert auf einer Werkzeugmaschine mit einem HD-KSS-Kreislauf. Dazu zählen die in Bild 4.1 dargestellten Teilsysteme.

Die Teilsysteme bei kontinuierlicher HD-KSS-Zufuhr sind: „Werkzeugmaschine mit Hochdruckaggregat und Peripherie", „Werkzeughalter mit WSP", „Zerspanzone" und „Werkstückoberfläche". Zur Realisierung der P-KSS-Zufuhr ist zusätzlich eine Ventileinheit erforderlich, welche durch einstellbare Ventilschaltzeitpunkte und eine Durchflussbegrenzung die Pulsation des KSS-Freistrahls am Werkzeugaustritt bedingt. Diese stellt das Teilsystem „Pulsventileinheit" dar.

Ohne das Teilsystem „Pulsventileinheit" ähnelt die Anlagentechnik einem beim Betrieb einzelner Maschinen industriell üblicherweise eingesetzten HD-KSS-System. Der gewünschte KSS-Zufuhrdruck wird am druckgeregelten externen Hochdruckaggregat eingestellt. Die integrierten Pumpen saugen die Emulsion aus dem Tank an und erzeugen einen hohen statischen Druck. In der Anlage erfolgt dabei das Filtern des KSS durch einen hochfeinen Filter. Im genutzten Aufbau gelangt der Kühlschmierstoff durch eine Schlauchleitung nach Durchfluss eines Volumenstromsensors direkt an den Anschluss am Werkzeughalter. Der KSS wird zur Austrittsstelle umgelenkt und tritt als fokussierter, gerichteter Freistrahl in das Teilsystem „Zerspanzone" ein. Eine Erläuterung der strömungstechnischen Zusammenhänge ist in Kapitel 4.2.1 zu finden. Schließlich fließt der KSS über den Späneförderer vorgefiltert in den Auffangtank der Werkzeugmaschine ab und wird mittels der Rückförderpumpe durch eine

Schlauchleitung zum Hochdruckaggregat gebracht. Zur Realisierung der P-KSS-Zufuhr wurde der Versuchsaufbau dieser Arbeit um das Teilsystem „Pulsventileinheit“ ergänzt. Der KSS dringt kontinuierlich aus der Schlauchleitung des Hochdruckaggregats zur Pulsventileinheit vor. Diese erzeugt in einstellbaren Zeitintervallen eine regulierbare Beschränkung der Zufuhrstroms.

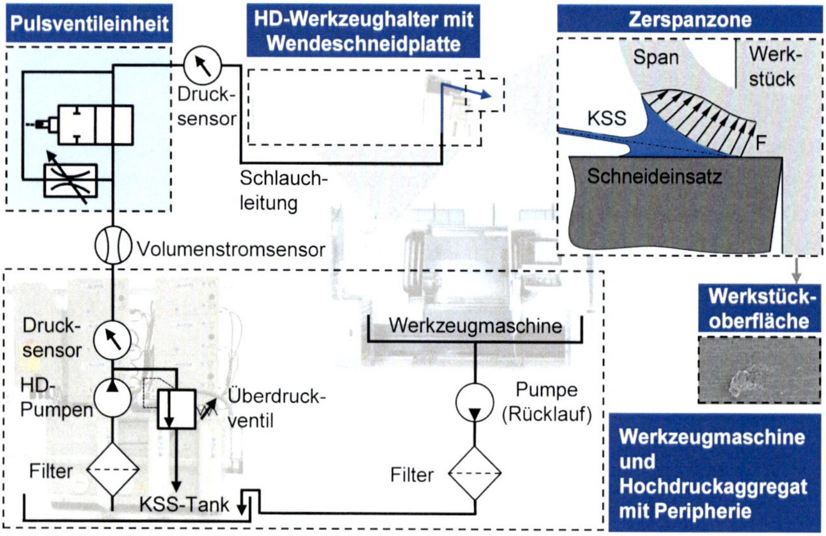

Bild 4.1: Systemdarstellung des Drehprozesses mit P-KSS-Zufuhr
System representation of the turning process with pulsating cutting fluid supply

Die Teilsysteme „Werkzeugmaschine und Hochdruckaggregat mit Peripherie“ sowie das für die experimentellen Untersuchungen in dieser Arbeit entwickelte Teilsystem „Pulsventileinheit“ werden im folgenden Abschnitt 4.1.1 beschrieben. Im System „HD-Werkzeughalter mit WSP“ wurde auf handelsübliche Werkzeuge und Wendeschneidplatten zurückgegriffen, welche in Abschnitt 4.1.2 charakterisiert werden. In Kapitel 4.2 sind die Ergebnisse der experimentellen Analyse des Systemverhaltens der Bereiche „Pulsventileinheit“ und „Werkzeugmaschine mit Hochdruckaggregat und Peripherie“ anhand von Messungen der Strahlrückstoßkraft am Werkzeugaustritt dargestellt.

4.1.1 Anlagentechnik für die P-KSS-Zufuhr

System Technology for P CF Supply

Die Zerspanuntersuchungen erfolgten unter Verwendung der in Bild 4.2 dargestellten Anlagentechnik. Der KSS-Zufuhrdruck wurde durch ein druckgeregeltes Hochdruckaggregat des Typs WV6HP der Firma LNS CHIPBLASTER erzeugt. Der maximale Druck beträgt p = 350 bar bei einem Volumenstrom von Q = 40 l/min. Als KSS wurde eine Emulsion mit einer Konzentration von 8 % des Typs Vasco 7000 des Unternehmens BLASER SWISSLUBE GMBH verwendet. Bei der Werkzeugmaschine handelte es sich um eine Universaldrehmaschine des Typs NEF 600 des Herstellers DMG MORI. Die maximale Spindelleistung beträgt P = 28 kW bei einer durch das montierte Spannfutter beschränkten maximalen Drehzahl von n_{max} = 2500 min^{-1}.

Die Funktionsweise der P-KSS-Zufuhr zum Herbeiführen von gezieltem Spanbruch basiert auf zwei einstellbaren, sich wiederholenden Zeitintervallen mit alternierenden KSS-Zufuhrdrücken. Wie in Kapitel 2.3 beschrieben, soll in der Phase des reduzierten Drucks RD kein Spanbruch durch den auftreffenden KSS-Strahl ausgelöst werden. Mit Beginn des HD-Intervalls soll der Spanbruch durch die Kraft des auftreffenden HD-KSS-Strahls induziert werden. Zur Realisierung eines einstellbar pulsierenden KSS-Strahls ist der Einsatz einer geeigneten Ventileinheit erforderlich.

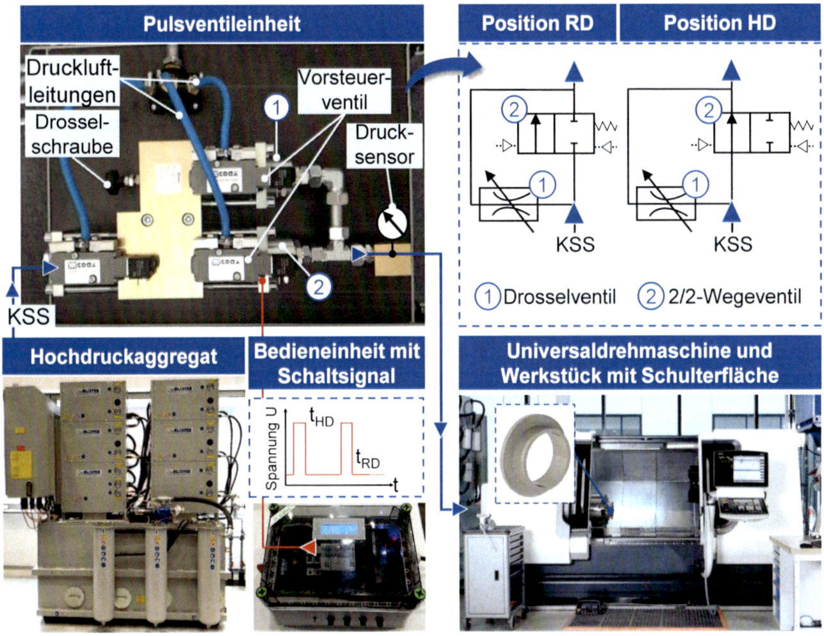

Bild 4.2: Hochdruckaggregat, Pulsventileinheit und Werkzeugmaschine [SPLE20, S. 15 ff.]
High-pressure unit, valve unit and machine tool according to [SPLE20, p. 15 ff.]

Aus dem Stand der Erkenntnisse und dem vorgesehenen Funktionsprinzip der HD-KSS-Zufuhr resultierten folgende Anforderungen an die Anlagentechnik zur Durchführung von Zerspanuntersuchungen im Schlichtparameterbereich:

- Einstellbarer KSS-Zufuhrdruck zwischen ca. 10 bar ≤ p_{KSS} ≤ 200 bar
- Unabhängig wählbare Dauer der Zeitintervalle HD und RD
- Hohe Schaltgeschwindigkeit zur Realisierung kurzer Zeitintervalle HD

Basierend auf den identifizierten Anforderungen wurde in Zusammenarbeit mit der Firma MÜLLER COAX GROUP ein Prototyp einer Ventileinheit entwickelt und gefertigt, welcher in Bild 4.2 dargestellt ist. Die Ventileinheit besteht aus einem Drosselventil (1) und zwei 2/2-Wegeventilen (2), welche in einem Block arretiert und durch Rohrleitungen verbunden sind. Die federrückgestellten 2/2-Wegeventile des Typs VMK-H 15 NC werden durch ein pneumatisches Pilotventil gestellt, welches durch eine Magnetspule betätigt wird. Die kürzeste Schaltzeit der Ventile wird mit t_{Schalt} = 50 ms angegeben [MUEL24]. Durch Anschluss der benötigten Druckluftzuleitungen und KSS-Schlauchleitungen wurde die Pulsventileinheit in den bestehenden KSS-Kreislauf der Werkzeugmaschine integriert, siehe hierzu auch Bild 4.1. Zur Inbetriebnahme erfolgte ergänzend der Aufbau einer Bedieneinheit. Diese basiert auf einem Microcontroller des Typs Arduino Nano 3.0. Die Dauer der Zeitintervalle t_{RD} und t_{HD} kann jeweils mit Hilfe eines Drehreglers und einer Digitalanzeige eingestellt werden. Die Bedieneinheit sowie ein beispielhafter Schaltsignalverlauf sind in Bild 4.2 dargestellt.

Die Pulsventileinheit enthält zwei Durchflusswege. Der aktive Durchflussweg wird durch das 2/2-Wegeventil (2) gesteuert. In der Ventilposition RD fließt der KSS für die Dauer des Zeitintervalls t_{RD} durch das Drosselventil (1). Durch das Drehen der Drosselschraube am vorgesehenen Handgriff kann somit der KSS-Durchfluss im Zeitintervall t_{RD} reguliert werden. Die Dauer des Zeitintervalls t_{RD} bestimmt den zeitlichen Abstand zwischen zwei Hochdruckimpulsen und somit bei optimaler System- und Prozessauslegung die Zeit zwischen zwei Spanbrüchen. Für die Dauer des HD-Zeitintervalls t_{HD} wird durch das Betätigen des 2/2-Wegeventils die nicht gedrosselte Leitung geöffnet und in der Folge ein Hochdruckimpuls p_{HD} freigegeben. Ziel ist es, im Drehprozess durch diesen Impuls einen einzelnen gezielten Spanbruch zu verursachen. Zu diesem Zweck ist eine sehr geringe Dauer des Zeitintervalls t_{HD} notwendig, welche nur durch kurze Ventilschaltzeiten erzielbar ist.

Vernachlässigt man die bisher nicht bekannte Reaktion des KSS-Zufuhrsystems und die daraus resultierende Diskrepanz zwischen der Öffnungszeit t_{HD} und dem tatsächlichen KSS-Druckverlauf in der Zerspanzone kann mittels einer überschlägigen Rechnung eine Abschätzung einer geeigneten Dauer t_{HD} getroffen werden. In dem in dieser Arbeit untersuchten Schnittgeschwindigkeitsbereich von 60 m/min $\leq v_c \leq$ 80 m/min kann unter Berücksichtigung der Spanstauchung von einer minimalen Spanablaufgeschwindigkeit von etwa $v_{ch} \geq$ 30 m/min ausgegangen werden. Ein unter gerichteter HD-KSS-Zufuhr kurz gebrochener Span weist zumeist eine abgewickelte Länge von weniger als 10 mm auf. Bei einer Dauer des Hochdruckintervalls von t_{HD} = 100 ms entstehen demnach bereits mehr als fünf kurz gebrochene Späne. Diese können wie bei der HD-KSS-Zufuhr mit Werkstückoberflächen kollidieren und Anomalien verursachen. Die Bedieneinheit der Ventile ermöglicht einen Einstellbereich von 10 ms $\leq t \leq$ 10000 ms für die Dauer der Phasen HD und RD.

In der Versuchspraxis wird die Ventileinheit zunächst dauerhaft auf die Schaltposition HD eingestellt und der gewünschte Druck am externen Hochdruckaggregat eingegeben. Die Digitalanzeige des Drucksensors am Ausgang der Ventileinheit ermöglicht die Kontrolle des erzielten Drucks. Im nächsten Schritt erfolgt das Festdrehen oder Lösen der Drosselschraube bei dauerhafter Ventilposition RD, sodass der Zufuhrdruck p_{RD} mit Hilfe der Anzeige des Drucksensors angepasst werden kann. Abschließend wird die Pulsation zwischen den beiden Phasen aktiviert.

4.1.2 Werkzeuge

Tools

Die P-KSS-Zufuhr wurde beim Außenlängsrunddrehen untersucht. Dazu wurde ein Werkzeughalter des Typs PCLNL 2525M-12-JHP des Unternehmens ISCAR GERMANY GMBH mit einem Einstellwinkel von $\kappa = 95°$ und einem Neigungswinkel von $\lambda = -6°$ eingesetzt. Wie in Tabelle 1 abgebildet, ist der Werkzeughalter mit einem Aufbau zur spanflächenseitigen, zielgerichteten KSS-Zufuhr ausgestattet, welcher so orientiert ist, dass der KSS-Strahl auf der Spanfläche an der Schneidkante auftrifft. Der Auslassquerschnitt kann durch Einsetzen unterschiedlicher KSS-Düsen gewählt werden. Konfiguration W1 mit einer kreisförmigen Düse des Typs NZ-V-JHP beinhaltet eine KSS-Zufuhrquerschnittsfläche von $A_1 = 2{,}0\ mm^2$. Da der KSS-Strahl in der Folge lokal und fokussiert auf die Schneidenecke trifft, wird diese vom Hersteller für die Nutzung in Kombination mit Schneidplatten der Form ISO V empfohlen. Bei Anwendung von Wendeschneidplatten der Form ISO C und W sind nierenförmige Auslassdüsen mit einer vergrößerten Querschnittsfläche von $A_2 = 4{,}1\ mm^2$ vorgesehen (W2). Der freiflächenseitige KSS-Auslass des Werkzeughalters wurde für die Untersuchungen verschlossen, da die freiflächenseitige Zufuhr kaum Einfluss auf den Spanbruch hat.

Tabelle 1: Werkzeuge und KSS-Austrittskonfigurationen nach [ISCA24]

Tools and cutting fluid outlet configurations according to [ISCA24]

Werkzeug (W)		KSS-Austritt
W1 PCLNL 2525M-12- JHP	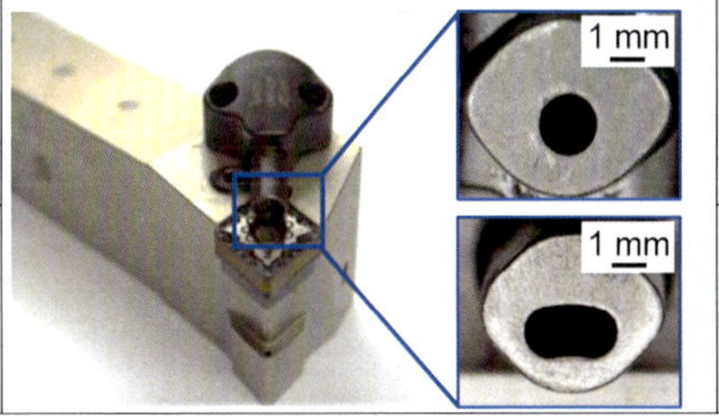	Zufuhr- und Auslassquerschnitt: NZ-V-JHP $A_1 = 2{,}0\ mm^2$
W2 PCLNL 2525M-12- JHP		Zufuhr- und Auslassquerschnitt: NZ-CW-JHP $A_2 = 4{,}1\ mm^2$

Entsprechend der in Abschnitt 4.2.1 erläuterten Kontinuitätsgleichung (4.3) ist der bei einem bestimmten Zufuhrdruck p_{KSS} resultierende KSS-Volumenstrom Q_{KSS} von der Querschnittsfläche der Auslassöffnung A abhängig. Die KSS-Volumenströme wurden im Versuchsaufbau mit den Werkzeughaltern W1 und W2 bei unterschiedlichen Zufuhrdrücken gemessen und sind in Bild 4.3 dargestellt.

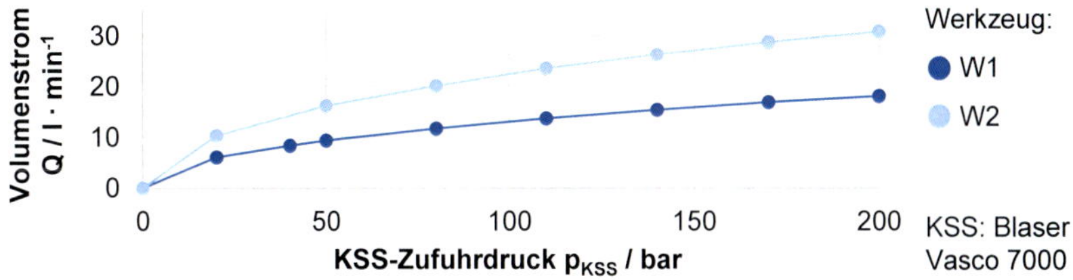

Bild 4.3: KSS-Volumenstrom bei Einsatz unterschiedlicher Werkzeuge
Cutting fluid flow rate when using different tools

In Anlehnung an die industrielle Praxis wurden die Werkzeughalter mit beschichteten HM-WSP mit Spanformgeometrie bestückt. Die Eigenschaften sind in Tabelle 2 dargestellt. Es wurden Wendeschneidplatten mit Spanformgeometrie des Typs CNMG 120408-F3M IC806 der Firma ISCAR GERMANY GMBH genutzt. Der Schneidstoff IC806 ist ein zähes Ultrafeinstkornhartmetall mit einer PVD-AlTiN Schicht. Der Hersteller empfiehlt diesen für die Zerspanung von Werkstoffen der Gruppe ISO S (Superlegierungen und Titan) [ISCA24].

Tabelle 2: Wendeschneidplatten nach [ISCA24]
Cutting inserts according to [ISCA24]

	Ansicht Spanfläche		Spanformgeometrie
Schneidplatte CNMG120408 F3M	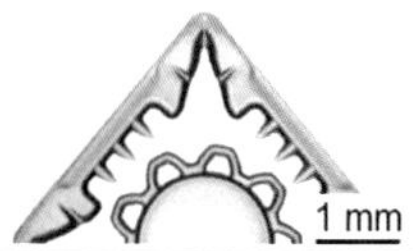		Spanformer F3M (—Spanfläche) 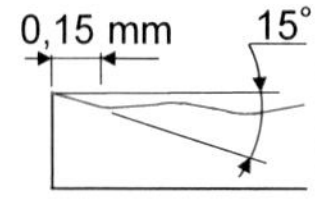
Hersteller	ISCAR GERMANY GMBH	Schneidkantenradius	r_β = 35 µm
Schneidstoff	IC806	Eckenradius	r_ε = 0,8 mm
Beschichtung	PVD AlTiN	Freiwinkel	α = 0°

4.1.3 Werkstoff Inconel 718

Material Inconel 718

Es wurde die Nickelbasislegierung NiCr19NbMo3 zerspant. Der industriellen Praxis entsprechend wird in dieser Arbeit ausschließlich der Handelsname der Legierung „Inconel 718" verwendet. Nickelbasislegierungen zeichnen sich durch eine herausragende Hochtemperaturfestigkeit und Korrosionsbeständigkeit aus. Daher werden sie im Gasturbinenbau für Flugzeugtriebwerke und stationäre Turbinen in Kraftwerken eingesetzt. Inconel 718 gehört zur Gruppe der hochtemperaturfesten aushärtbaren Nickelbasislegierungen, welche auch als Nickelbasissuperlegierungen (super alloys) bezeichnet werden. [KLOC18]

Die chemischen und physikalischen Eigenschaften sowie lichtmikroskopische Aufnahmen des Gefüges eines Werkstücks sind in Bild 4.4 gezeigt. Die Werkstücke lagen im lösungsgeglühten und ausscheidungsgehärteten Zustand vor. Die Festigkeit bei Inconel 718 und ähnlichen hochwarmfesten Nickelbasislegierungen beruht auf der Ausscheidung der intermetallischen Phasen γ' ($Ni_3(Al,Ti)$) und γ''($Ni_3(Nb, Al,Ti)$). Die γ'-Phase kann bereits im Gusszustand bestehen, jedoch liegt sie in ungleichmäßiger Form und Verteilung vor. Beim Lösungsglühen wird die Phase daher zunächst in der Mischkristallmatrix gelöst und beim Abkühlen wieder gleichmäßig ausgeschieden. Die γ''-Phase neigt zur Vergrobung und thermischen Instabilität. Die Langzeiteinsatzgrenze des Werkstoffs ist daher auf eine Temperatur von T = 650 °C begrenzt. [KLOC18]

NiCr19NbMo3 (Inconel 718)

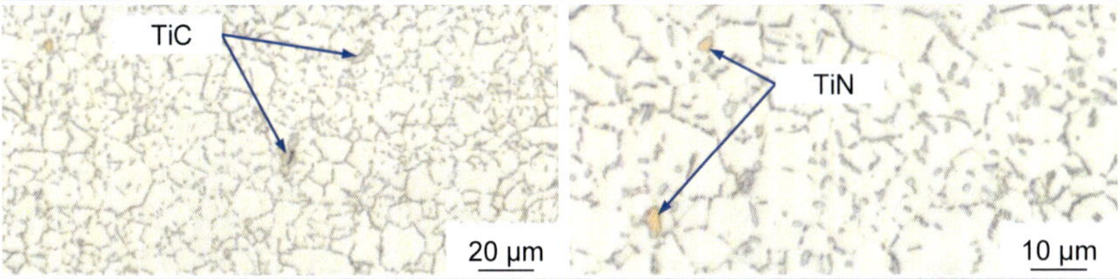

Element	Massen-%	Element	Massen-%
Ni	50,00 - 55,00	**Si**	≤ 0,35
Cr	17,00 - 21,00	**Cu**	≤ 0,20
Nb	4,75 - 5,50	**C**	0,02 - 0,08
Mo	2,80 - 3,30	**S**	≤ 0,015
Ti	0,70 - 1,15	**P**	≤ 0,015
Al	0,30 - 0,70	**B**	≤ 0,006
Mn	≤ 0,35	**Fe**	Rest
Co	≤ 1,00	* Physik. Kennwerte bei Raumtemperatur	

Zugfestigkeit R_m / MPa	Streckgrenze $R_{p0,2}$ / MPa	Bruchdehnung A / %	Elastizitätsmodul E / GPa	Härte HB bzw. HV
≥ 1240*	≥ 1030*	≥ 9*	205	≥ 331 HB / ≥ 361 HV

Bild 4.4: Werkstoffeigenschaften von Inconel 718 nach [META20; SCHA24]
Material properties of Inconel 718 according to [META20; SCHA24]

Aufgrund der Eigenschaften des Werkstoffs Inconel 718 entstehen bei der spanenden Bearbeitung besondere Herausforderungen bezüglich des Werkzeugverschleißes und der Spanbildung. Detaillierte Erläuterungen zur Zerspanbarkeit sind in Abschnitt 2.1.4 zu finden.

4.2 Stell-, Einfluss- und Zielgrößen der P-KSS-Zufuhr

Control, Influencing and Target Variables of the Pulsating Cutting Fluid Supply

Anhand der Erkenntnisse aus den in Kapitel 2 dargestellten bekannten Forschungsarbeiten und der in Kapitel 3 beschriebenen Hypothese und Zielsetzung wurden mögliche Stell-, Einfluss-, Ziel- und Störgrößen des Drehprozesses mit P-KSS-Zufuhr identifiziert. Diese sind in Bild 4.5 dargestellt.

Die Spanform ist die zentrale Größe der Anwendung der P-KSS-Zufuhr im Drehprozess. Es ist bekannt, dass die Spanform einen signifikanten Einfluss auf die definierte Zielgröße, die Qualität der Werkstückoberfläche, hat [CAYL17; CAYL18b; SPLE20; SPLE21]. Weiterhin ist durch die zahlreichen vorliegenden Forschungsarbeiten unter Einsatz der gerichteten kontinuierlichen HD-KSS-Zufuhr nachgewiesen, dass die resultierende Spanform und insbesondere der Spanbruch stark von den KSS-Zufuhrbedingungen abhängen. Zur Identifikation der für die Anwendung der P-KSS-Zufuhr relevanten Stellgrößen erfüllt in dieser Arbeit zunächst die Spanform die Funktion der Zielgröße. Diese wird durch die Stellgrößen der P-KSS-Zufuhr und des Zerspanprozesses sowie durch die entsprechenden Störgrößen beeinflusst. Zu den Stellgrößen der P-KSS-Zufuhr zählen die an der Pulsventileinheit einstellbaren Zeiten t_{HD} und t_{RD} sowie die am Hochdruckaggregat und der Pulsventileinheit einstellbaren Druckbereiche p_{HD} und p_{RD}.

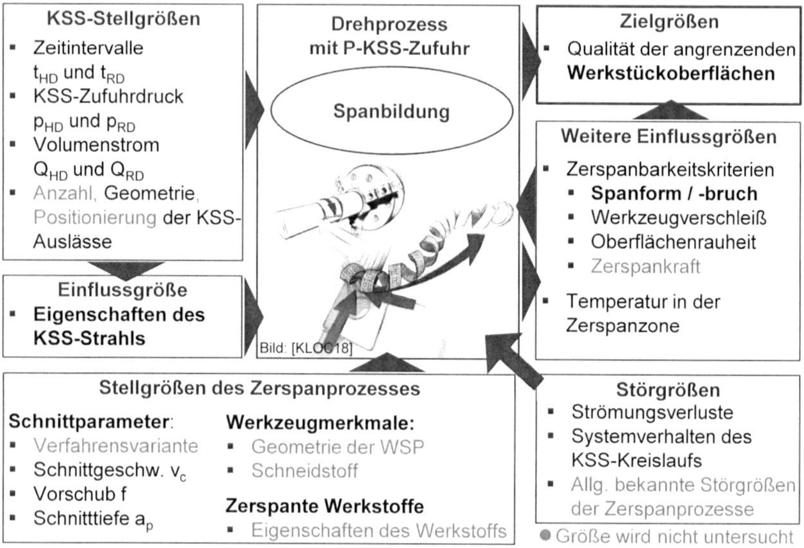

Bild 4.5: Stell-, Einfluss-, Stör- und Zielgrößen im Drehprozess mit P-KSS-Zufuhr
Control, influencing, disturbance and target variables when turning with pulsating cutting fluid supply

Eine wichtige Einflussgröße stellen die Eigenschaften des KSS-Strahls dar. Sie werden einerseits durch die Stellgrößen der P-KSS-Zufuhr bestimmt. Andererseits besteht durch das Reaktionsverhalten des Zufuhrsystems eine bisher nicht systematisch untersuchte Diskrepanz zwischen den an der Pulsventileinheit eingestellten Werten und der tatsächlichen Ausprägung des Druckverlaufs am KSS-Austritt des Werkzeugs. Es ist für die genutzte Anlagentechnik daher nicht bekannt, inwiefern die Stellgrößen der P-KSS-Zufuhr sich auf die Eigenschaften des pulsierenden KSS-Freistrahls am Werkzeugaustritt bzw. an der Zerspanstelle auswirken. Dieser Zusammenhang wurde daher experimentell untersucht. Die Ergebnisse sind in Kapitel 4.2.2 dargestellt.

Weiterhin ist nicht bekannt, welche Zufuhrdrücke für eine gezielte Einstellung der Spanlänge durch P-KSS-Zufuhr geeignet sind. Es wird angenommen, dass ein Druck, der bei kontinuierlicher gerichteter KSS-Zufuhr in einem bestimmten Schnittparameterbereich keinen Spanbruch verursacht, als Zufuhrdruck in der Phase des reduzierten Drucks RD bei P-KSS-Bedingungen geeignet ist. Für die Phase HD als Ausgangspunkt für Zerspanuntersuchungen bei P-KSS-Zufuhr werden analog Druckbereiche gewählt, die bei kontinuierlicher Zuführung zu kurz gebrochenen Spänen führen. Wie im Stand der Forschung dargestellt, sind die diesen Anforderungen entsprechenden Druckbereiche von den Schnittparametern und KSS-Zuführungsbedingungen abhängig. Daher wurden zur Identifikation geeigneter KSS-Einstelldrücke

Zerspanuntersuchungen bei kontinuierlicher KSS-Zufuhr durchgeführt. Die Ergebnisse sind in Kapitel 4.2.3 dargestellt.

Die Ursache-Wirkungszusammenhänge zwischen den Stellgrößen der P-KSS-Zufuhr, der Spanbildung und der Oberflächenqualität sowie den Zerspanbarkeitskriterien wird in Kapitel 5 analysiert. Basierend auf dem Stand der Erkenntnisse ist ein signifikanter Einfluss der Stellgrößen der P-KSS-Zufuhr auf die Zerspankraft nahezu auszuschließen [SPLE20, S. 53]. Die Einflussgröße „Zerspankraft" wird daher in dieser Arbeit nicht untersucht.

4.2.1 Strömungstechnische Einordnung der Stellgrößen der P-KSS-Zufuhr

Fluid Dynamics Fundamentals of the Control Variables of the P CF Supply

Die zugrundeliegenden fluiddynamischen Zusammenhänge zwischen der Strahlrückstoßkraft und dem KSS-Zufuhrdruck sind im Folgenden dargestellt [OERT12; SANG13; SCHR14]. Der Freistrahl wird als beschleunigte Masse in einem stationären Zustand betrachtet, welcher sich zwischen den Schaltvorgängen der Ventileinheit für kurze Zeiträume einstellt. Der Impuls I einer Masse entspricht dem Produkt aus der Masse und ihrer Geschwindigkeit. Der Impulsfluss, welcher die zeitliche Änderung des Impulses beschreibt, entspricht der Kraft, die der Strahl auf eine Kontrollfläche (A) ausüben kann, siehe Gleichung (4.1). Diese stimmt mit der auf die Auslassdüse ausgeübten Rückstoßkraft überein und wird daher nach SANGERMANN in dieser Arbeit als Strahlrückstoßkraft F_s bezeichnet [SANG13].

$$\frac{d\vec{I}}{dt} = \int_A \rho\vec{v}(\vec{v}\cdot\vec{n})dA = \sum_A \vec{F} \tag{4.1}$$

Nach Einsetzen der KSS-Austrittsfläche am Werkzeug als Kontrollfläche A resultiert Gleichung (4.2), welche den Zusammenhang zwischen der Strömungsgeschwindigkeit v und der Strahlrückstoßkraft F_s zeigt.

$$F_S = \dot{m}\cdot v = \rho\cdot v\cdot v\cdot A \tag{4.2}$$

Weiterführend kann der Zusammenhang zwischen Zufuhrdruck p_{KSS} und Strömungsgeschwindigkeit v durch Anwendung der Kontinuitätsgleichung (4.3) und der „Bernoulli-Gleichung" (4.4) beschrieben werden. Die Kontinuitätsgleichung besagt, dass im stationären Zustand durch jeden Querschnitt einer Stromröhre zur gleichen Zeit gleichviel Masse strömt, da kein Fluid durch die Mantelfläche austreten kann. Unter den in dieser Arbeit vorliegenden Versuchsbedingungen kann der Kühlschmierstoff als inkompressibel betrachtet und infolgedessen mit einer konstanten Fluiddichte gerechnet werden.

$$\begin{aligned} &\rho_1\cdot v_1\cdot A_1 = \rho_2\cdot v_2\cdot A_2 = \dot{m} = konstant \\ &\rightarrow v_1\cdot A_1 = v_2\cdot A_2 = Q = konstant \end{aligned} \tag{4.3}$$

Zur Beschreibung der Kräfte und der Bewegung des Fluids entlang eines Stromfadens, wie beispielsweise bei Rohrströmungen, wird die Energiegleichung strömender Fluide, die sogenannte „Bernoulli-Gleichung" verwendet. Unter Annahme eines idealen

Fluids, also unter Vernachlässigung der Reibungskräfte, wirken Druckkräfte und Massenkräfte, wie etwa die Schwerkraft.

$$p_{stat.} + \frac{\rho}{2} v^2 + \rho g z = konstant = p_{tot.} \quad \textbf{(4.4)}$$

Im untersuchten KSS-Zufuhrsystem kann der Druck am Ausgang des Hochdruckaggregats aufgrund des großen Durchflussquerschnitts als rein statisch $p_{stat.}$ bewertet werden. Durch die starke Verringerung des Durchflussquerschnitts am KSS-Auslass des Werkzeugs steigt die Strömungsgeschwindigkeit des Fluids nach Gleichung (4.3) an und der statische Druck $p_{stat.}$ wird zu dynamischem Druck $p_{dyn.}$ umgewandelt. Der gesamte Ausdruck (4.4) inklusive des Höhenterms $\rho g z$ (hydrostatischer Druck) beschreibt den Totaldruck. Da die geodätische Höhe der Rohrleitung im untersuchten System konstant ist, entfällt für die Berechnungen der Höhenterm. Zum Ermitteln der Strömungsgeschwindigkeit des KSS am Auslass verbleibt daher Gleichung (4.5):

$$v = \sqrt{2 * \frac{p_{tot.} - p_{stat.}}{\rho}} \quad \textbf{(4.5)}$$

Mittels Anwendung der Gleichungen(4.1)-(4.5) können die Zusammenhänge zwischen der Strahlrückstoßkraft F_S und dem KSS-Druck am Werkzeugaustritt sowie dem Volumenstrom Q wie in (4.6) dargestellt beschrieben werden.

$$F_S = \rho \cdot \frac{Q}{v} \cdot v^2 = \rho \cdot Q \cdot v = \rho \cdot Q \cdot \sqrt{\frac{2 \cdot \frac{\rho}{2} \cdot v^2}{\rho}} = \rho \cdot Q \cdot \sqrt{\frac{2 \cdot p_{dyn}}{\rho}} \quad \textbf{(4.6)}$$

Die Strahlrückstoßkraft ist demnach proportional zum Volumenstrom jedoch zur Wurzel des dynamischen Drucks p_{dyn}, siehe Ausdruck (4.7). Es kann geschlossen werden, dass der Volumenstrom Q somit einen stärkeren Einfluss auf den Spanbruch nimmt als der KSS-Zufuhrdruck.

$$\rightarrow F_S \sim Q \; und \; F_S \sim \sqrt{p_{dyn}} \quad \textbf{(4.7)}$$

Ohne eine Änderung der Querschnittsfläche A kann der Volumenstrom jedoch nur durch eine steigende Strömungsgeschwindigkeit v erhöht werden, welche wiederum durch einen höheren KSS-Zufuhrdruck erzielt wird. Eine Vergrößerung des Auslassquerschnitts führt in der Praxis oftmals dazu, dass große Anteile des Freistrahls nicht auf den Span auftreffen und infolgedessen kein Nutzen der Steigerung erzielt wird. Der KSS-Zufuhrdruck ist somit erwartungsgemäß durchaus die geeignete Stellgröße zur Beeinflussung des Spanbruchs. Es ist zu beachten, dass mittels der genannten Gleichungen lediglich grundsätzliche Zusammenhänge dargestellt werden können. Es wurden mehrfach idealisierende Annahmen getroffen. Durch Querschnitts- und Richtungsänderungen in den Leitungen und am KSS-Auslass treten im genutzten System geometrieabhängige Druckverluste auf. Da der Systemaufbau innerhalb dieser Arbeit nicht variiert wurde, werden diese Größen nicht betrachtet. Detaillierte Analysen, insbesondere bezüglich des Einflusses der Geometrien von KSS-Ausläsen und Zufuhrkanälen auf Druckverluste und die Charakteristika des kontinuierlichen KSS-Freistrahls sind in [SANG13; KELL21; KELL23] zu finden.

4.2.2 Analyse des Systemverhaltens bei P-KSS-Zufuhr

Analysis of the System Behavior with P CF Supply

Wie in Abschnitt 4.2 beschrieben wurde, ist der Wirkzusammenhang zwischen den Stellgrößen der P-KSS-Zufuhr (t_{HD}, t_{RD}, p_{HD}, p_{RD}) und den Charakteristika des pulsierenden KSS-Freistrahls am Werkzeugaustritt bisher nicht bekannt. Nach dem Stand der Erkenntnisse ist zu erwarten, dass die durch den Freistrahl auf den Span ausgeübte Kraft die ausschlaggebende Einflussgröße für den Spanbruch darstellt. Weiterhin ist eine Mindestdauer der Krafteinwirkung erforderlich, um den Span bis zum Bruch oder einer den Bruch bedingenden Kollision zu verformen. Die Korrelation zwischen den Stellwerten und dem Betrag sowie der Wirkdauer der resultierenden Strahlrückstoßkraft wurde in experimentellen Untersuchungen analysiert.

Hierzu wurde der KSS-Auslass orthogonal zur X-Achse des in Bild 4.6 gezeigten Koordinatensystems auf eine Kraftmessplattform des Typs 9129 AA der Firma KISTLER gerichtet. Mittels eines Analog/Digital-Wandlers NI 9215 der Firma NATIONAL INSTRUMENTS und der Software LabVIEW 2017 sowie DIAdem SP 2014 der Firma NATIONAL INSTRUMENTS erfolgte die Aufzeichnung und Auswertung der Kraftverläufe unter Variation der Stellgrößen der P-KSS-Zufuhr. Durch die Ausrichtung der KSS-Düse auf dem Werkzeughalter schließt diese einen Winkel von $\psi = 15°$ ein. Durch die Kraftmessplattform wird lediglich die Kraftkomponente in Z-Richtung gemessen. Aufgrund des vernachlässigbar geringen Anteils der Kraft in Y-Richtung wurde auf eine rechnerische Kompensation verzichtet und im folgenden Abschnitt die Kraft F_Z als Bewertungsgröße genutzt. Die Ausgangswerte der Stellgrößen der P-KSS-Zufuhr wurden basierend auf eigenen Voruntersuchungen ausgewählt [BERG19a].

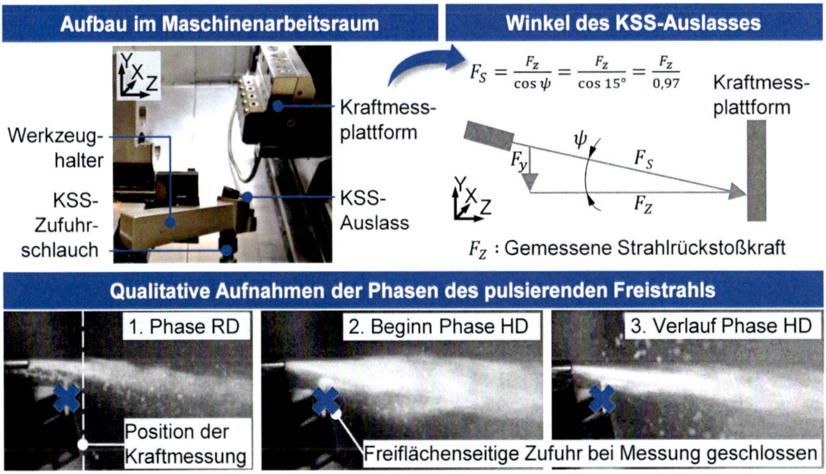

Bild 4.6: Aufbau zur Messung der Strahlrückstoßkraft nach [BERG19c, S. 6; SPLE20, S. 17 und S.24]

Experimental setup to measure the jet force according to [BERG19c, p. 6; SPLE20, p.17 and p. 24]

Als Referenz wurde die Strahlkraft F_Z bei kontinuierlicher KSS-Zufuhr aufgezeichnet. Im Diagramm in Bild 4.7 sowie in den nachfolgenden Abbildungen sind die Messwerte der kontinuierlichen Zufuhr F_{ZHD} und F_{ZRD} als statischer Mittelwert gezeigt, um eine übersichtliche Darstellung zu gewähren. Weiterhin ist der Verlauf des von der Bedieneinheit an die Ventileinheit übergebenen Schaltsignals qualitativ dargestellt (schwarze Linie). Für die Dauer t_{HD} wird das 2/2-Wegeventil ((2) in Bild 4.2) geöffnet. In der Folge durchfließt der KSS die nicht gedrosselte Leitung und die HD-Phase beginnt. Für den Zeitraum t_{RD} hingegen ist das Ventil geschlossen und der KSS gelangt ausschließlich durch das Drosselventil in die Zerspanzone.

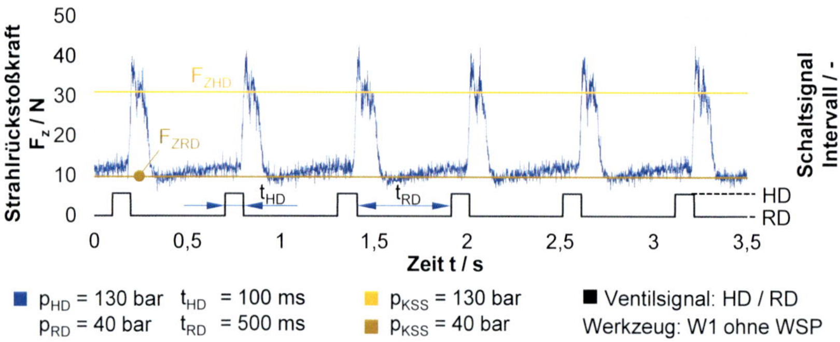

Bild 4.7: Strahlrückstoßkraft F_Z bei P-KSS-Zufuhr
Jet force F_Z when using pulsating CF supply

Es ist zu erkennen, dass die entwickelte Anlagentechnik und der genutzte Aufbau geeignet sind, um einen gleichmäßig pulsierenden Strahl zu erzeugen. Im Zeitintervall t_{RD} lag die Strahlrückstoßkraft im Bereich der Kraft bei der kontinuierlichen Zufuhr F_{ZRD}. Im Intervall t_{HD} waren tendenziell zwei Druckbereiche zu erkennen. Die Phase beginnt mit einem Kraftmaximum, welches durch den Rückstau des Fluids hinter dem zuvor geschlossenen Ventil erklärbar ist. Die Kraft nähert sich dann dem Niveau der kontinuierlichen Zufuhr F_{ZHD} an. Für die in Bild 4.7 angewendeten Parameter verläuft die pulsierende Strahlrückstoßkraft etwa zwischen den bei kontinuierlicher KSS-Zufuhr gemessenen Bereichen. Demnach können bei kontinuierlicher HD-KSS-Zufuhr identifizierte Einstellwerte des Zufuhrdrucks für den dargestellten Parameterbereich auf Untersuchungen mit P-KSS-Zufuhr übertragen werden. Zwischen dem Schaltsignal und dem Kraftanstieg besteht eine Zeitverzögerung, welche auf die Länge der KSS-Leitung zwischen Hochdruckaggregat und Werkzeug zurückzuführen ist.

Im nächsten Schritt erfolgte die Analyse des Einflusses der Dauer der eingestellten Zeitintervalle t_{RD} und t_{HD} auf den Kraftverlauf. Wie in Bild 4.8 zu sehen ist, führte die Reduktion der eingestellten Dauer t_{HD} zu einer entsprechenden Verkürzung der resultierenden HD-Phase. Bei der maximalen eingestellten Öffnungszeit von t_{HD} = 150 ms resultierten die höchsten Maximalkräfte. Beim kleinsten untersuchten Wert t_{HD} = 50 ms wurde die bei der kontinuierlichen Zufuhr gemessene Kraft F_{ZHD} deutlich unterschritten. Ein Erklärungsansatz ist, dass sich das Ventil bereits wieder schließt, bevor das Kraftmaximum am Werkzeugaustritt erreicht ist. Zusätzlich ist eine Reaktion des druckgeregelten Hochdruckaggregats auf den nahezu dauerhaft reduzierten Durchfluss möglich. Ein Hinweis auf einen verminderten KSS-Zufuhrdruck durch das Aggregat ist die leichte Reduktion der Strahlrückstoßkraft im Intervall t_{RD}.

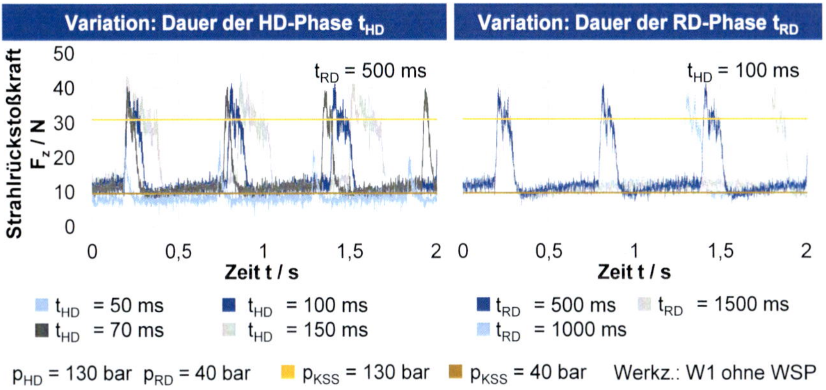

Bild 4.8: Einfluss der Zeitintervalle t_{HD} und t_{RD} auf die Strahlrückstoßkraft F_Z
Influence of the duration of t_{HD} and t_{RD} on the jet force F_Z

Die Steigerung der Einstelldauer der Phase t_{RD} beeinflusst die Strahlrückstoßkraft kaum. Der erste im Diagramm (Bild 4.8 rechts) dargestellte HD-Puls ist für die drei untersuchten Stellwerte t_{RD} nahezu deckungsgleich ausgeprägt. Der dritte HD-Puls für t_{RD} = 500 ms ist gegenüber dem zweiten HD-Intervall mit t_{RD} = 1000 ms genau um die Dauer der zusätzlichen HD-Phase verschoben. Das Verhältnis der resultierenden Intervalldauern stimmt somit mit dem der Einstellwerte überein.

Bild 4.9 zeigt Ergebnisse der Messungen mit Variation der Zufuhrdrücke. Eine Steigerung des Drucks p_{RD} führte zu einem entsprechenden Kraftanstieg im Zeitintervall t_{RD}.

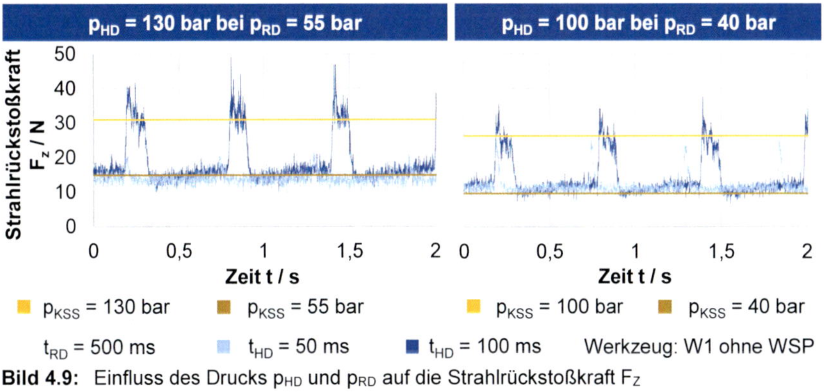

Bild 4.9: Einfluss des Drucks p_{HD} und p_{RD} auf die Strahlrückstoßkraft F_Z
Influence of the pressure p_{HD} and p_{RD} on the jet force F_Z

Bei einer Dauer t_{HD} = 100 ms bleibt der gleichmäßige Kraftverlauf aus den vorangegangenen Untersuchungen erkennbar. Das Kraftmaximum stieg tendenziell geringfügig gegenüber den Messungen mit p_{RD} = 40 bar an. Bei einer verkürzten Dauer des Zeitintervalls t_{HD} = 50 ms war der Hochdruckimpuls nahezu nicht mehr zu detektieren. Die in Bild 4.9 rechts dargestellte Reduktion des Drucks p_{HD} resultierte in einer entsprechenden Verringerung der Kraftmaxima. Der Hochdruckimpuls bei t_{HD} = 50 ms trat zeitlich äquidistant auf und die maximalen Strahlrückstoßkräfte erreichten nahezu das Kraftniveau der kontinuierlichen Zufuhr.

Um quantitative Aussagen bezüglich des Einflusses der KSS-Stellgrößen auf die Eigenschaften des pulsierenden KSS-Strahls zu ermöglichen, erfolgte eine Auswertung der Kraftmaxima über einen Zeitraum von $t_{mess} \approx 5$ s. Die Ergebnisse der Untersuchung des Einflusses der Dauer t_{RD} und t_{HD} auf die Kraftmaxima sind in Bild 4.10 dargestellt.

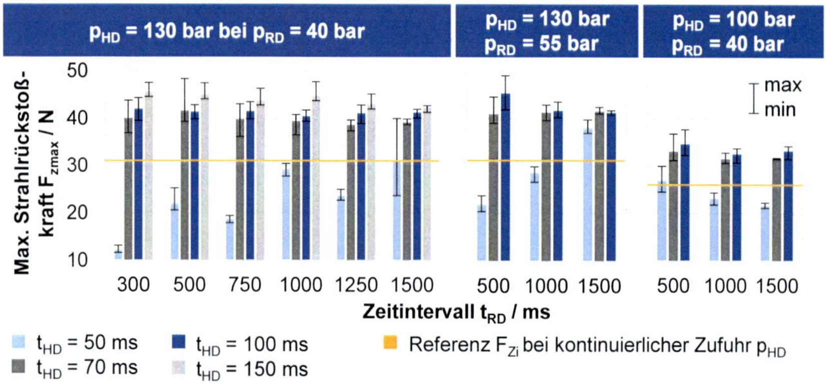

Bild 4.10: Einfluss der Zeitintervalle t_{HD} und t_{RD} auf die maximale Strahlrückstoßkraft F_{Zmax}

Influence of the duration of t_{HD} and t_{RD} on the maximum jet force F_{Zmax}

Im analysierten Bereich bedingte eine Steigerung der Dauer t_{HD}, in der Abbildung durch die unterschiedlich gefärbten Diagrammbalken gekennzeichnet, einen Anstieg der auftretenden Maximalwerte der Strahlrückstoßkraft. Im Bereich 100 ms ≤ t_{HD} ≤ 150 ms überstieg diese die bei kontinuierlicher Zufuhr gemessene Kraft F_{ZHD}. Die Maximalwerte sanken tendenziell geringfügig bei steigender Dauer t_{RD} für alle analysierten Drücke.

Bei der geringsten untersuchten Dauer der Hochdruckphase t_{HD} = 50 ms wurden unterschiedliche Reaktionen des Systems auf die Änderung der weiteren Stellgrößen beobachtet (hellblaue Säulen). Bei der Kombination p_{HD} = 130 bar zu p_{RD} = 40 bar schwankte der Wert des Kraftmaximums für unterschiedliche Einstellungen von t_{RD}. Ein eindeutiger Zusammenhang zwischen der Dauer t_{RD} und dem Kraftmaximum F_{Zmax} war nicht zu identifizieren und die Streuung der Kraftmaxima nahm an einzelnen Versuchspunkten stark zu. Die bei kontinuierlicher Zufuhr erzielte Strahlrückstoßkraft F_{Z130} wurde nicht erreicht. Bei gesteigertem Zufuhrdruck p_{HD} = 130 bar zu p_{RD} = 55 bar (t_{HD} = 50 ms) nahm die gemessene Strahlrückstoßkraft mit dem Zeitintervall t_{RD} zu, bis eine zu den längeren Zeitintervallen p_{HD} vergleichbare Strahlrückstoßkraft auftrat, siehe Bild 4.10 (mittig). In Untersuchungen mit reduziertem Druck p_{HD} = 130 bar zu p_{RD} = 40 bar gestaltete sich der Zusammenhang gegenläufig. Der Wert t_{HD} = 50 ms stellt ein kritisches Minimum für Dauer des Zeitintervalls HD dar. Das KSS-Zufuhrsystem reagiert in diesem Fall nicht vorhersagbar. Es treten Effekte auf, welche bei Werten t_{HD} > 50 ms keinen Einfluss auf das System nehmen. Mögliche Ursachen sind der kurze zeitliche Abstand zwischen den Schaltvorgängen, welcher der minimalen Schaltzeit der 2/2-Wegeventile entspricht, sowie eine Reaktion des HD-Aggregats auf den nahezu dauerhaft gedrosselten Durchfluss. Das HD-Aggregat wird durch die starke Durchflussminderung außerhalb des durch den Hersteller vorgesehenen Anwendungsbereiches genutzt. Wie zuvor beschrieben, schließt sich das Ventil bereits, bevor das Kraftmaximum am Werkzeugaustritt erreicht ist. Es ist davon auszugehen, dass dies die Ausprägung der Strahlrückstoßkraft im Zeitintervall HD beeinflusst.

Gemäß der Wirkweise der P-KSS-Zufuhr ist die Dauer des Zeitintervalls t_{RD} über die Spanablaufgeschwindigkeit v_{ch} mit der resultierenden Spanlänge verknüpft. Ebenso ist zu erwarten, dass die Dauer des auf den Span wirkenden HD-Impulses ausschlaggebend für das Umformen des Spans und in der Folge für den Spanbruch ist. Daher wurde der Einfluss der Stellgrößen der P-KSS-Zufuhr auf die tatsächliche Dauer der HD- und RD-Phase experimentell untersucht. Die Ergebnisse sind in den Bildern 4.11 und 4.12 dargestellt. Um die resultierende Dauer der HD- bzw. RD-Phase zu ermitteln, wurde ausgewertet, für welche Dauer t_{RDmess} bzw. t_{HDmess} die Strahlrückstoßkraft F_Z mindestens 75 % bzw. mindestens 100 % des Kraftreferenzwertes der kontinuierlichen KSS-Zufuhr bei gleichem Einstelldruck p_{RD} bzw. p_{HD} entsprach.

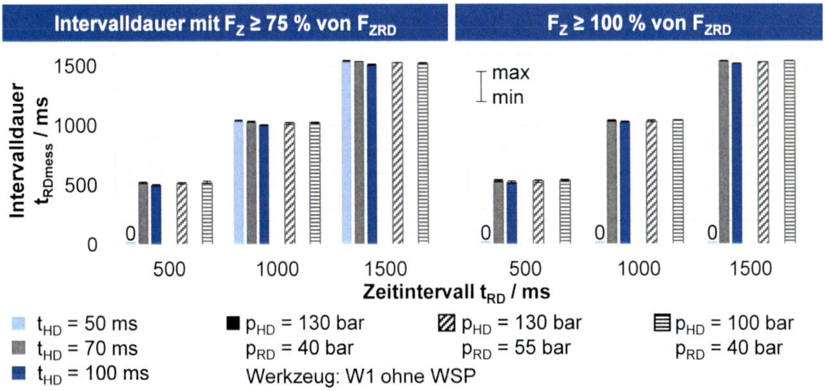

Bild 4.11: Einfluss der Stellwerte der P-KSS-Zufuhr auf die Dauer t_{RDmess}

Influence of the control variables of pulsating CF supply on the duration t_{RDmess}

Für die Phase des reduzierten Drucks RD erreichte die Dauer t_{RDmess} für alle Versuchspunkte mit t_{HD} > 50 ms annähernd den Stellwert t_{RD} und die Messwerte wiesen eine sehr geringe Streuung auf, wie in Bild 4.11 gezeigt ist. Wechselwirkungen mit den variierten Stellgrößen der P-KSS-Zufuhr waren nicht festzustellen.

Für die HD-Phase sind die Ergebnisse der Messungen in Bild 4.12 dargestellt. Die Streuung der Messwerte t_{HDmess} ist gegenüber den Werten t_{RDmess} deutlich stärker ausgeprägt. Dies ist auf die strömungstechnischen Charakteristika des schlagartig freigegebenen Hochdruckimpulses zurückzuführen. Diese unterscheiden sich gegenüber dem stationären Zustand der Phase RD mit reduziertem Zufuhrdruck stark.

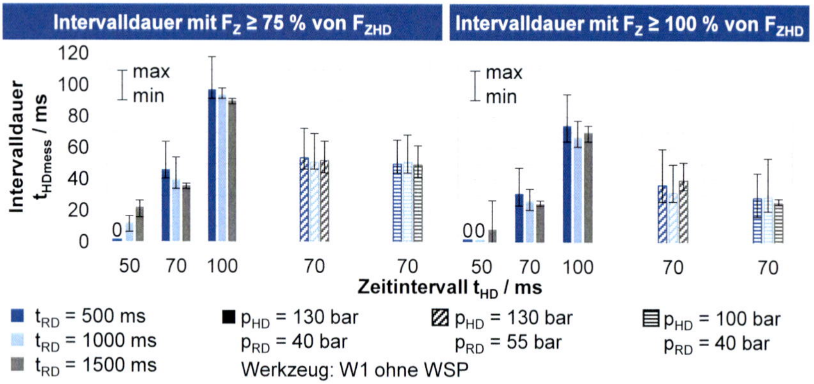

Bild 4.12: Einfluss der Stellwerte der P-KSS-Zufuhr auf die Dauer t_{HDmess}

Influence of the control variables of pulsating CF supply on the duration t_{HDmess}

Ein Anteil von 75 % des Referenzwertes der Strahlrückstoßkraft wurden für alle Einstellwerte außer t_{HD} = 50 ms bei t_{RD} = 500 ms erzielt. 100 % des Referenzwertes resultierten bei t_{HD} = 50 ms nahezu nicht. Die Dauer der Intervalle t_{HDmess} war gegenüber dem Einstellwert t_{HD} verkürzt. Dies galt insbesondere bei geringen Einstellwerten t_{HD}. Die Parameterkombination t_{HD} = 100 ms bei p_{HD} = 130 bar zu p_{RD} = 40 bar führte zu einer annähernden Übereinstimmung des Einstellwerts t_{HD} mit dem Messwert t_{HDmess} (75 %).

Zusammenfassend ist anhand der Versuchsergebnisse folgendes festzustellen: Das genutzte System ist geeignet, um eine bezüglich des Betrags der Strahlrückstoßraft F_Z und der Dauer der Zeitintervalle einstellbare P-KSS-Zufuhr zu realisieren. Am Werkzeugaustritt resultieren gleichmäßige, reproduzierbare Verläufe der Strahlrückstoßkraft F_Z. Als kritischer Grenzwert für die Einstelldauer des Zeitintervalls HD wurde ein Minimum von t_{HD} = 50 ms identifiziert. Sowohl bezüglich der tatsächlichen Dauer des Intervalls als auch hinsichtlich des Betrags der Strahlrückstoßkraft stimmen die Charakteristika der Phase RD nahezu mit den Stellwerten p_{RD} und t_{RD} bzw. den Referenzwerten der kontinuierlichen Zufuhr F_{ZRD} überein. Aufgrund des Systemverhaltens bestehen zwischen den Stellwerten der HD-Phase und dem gemessenen Verlauf der Strahlrückstoßkraft Unterschiede. Es treten kurze Kraftmaxima auf, welche den Referenzwert der kontinuierlichen Zufuhr F_{ZHD} übersteigen. Die der Referenz entsprechende Kraft wird nicht für die gesamte Dauer der HD-Phase erzielt. Mit Sinken der eingestellten Zeit t_{HD} reduziert sich die gemessene Kraft und Wirkdauer zunehmend. Bei Einstellung des kritischen Minimums t_{HD} = 50 ms wird die Referenzkraft lediglich bei bestimmten Werten der weiteren Stellgrößen p_{RD}, p_{HD}, t_{RD} erreicht.

4.2.3 Einfluss des KSS-Zufuhrdrucks auf den Spanbruch

Influence of the CF Supply Pressure on the Chip Breakage

Die Analyse des Systemverhaltens in Kapitel 4.2.2 ergab, dass bei P-KSS-Zufuhr in der Hochdruckphase HD eine annähernd mit der kontinuierlichen KSS-Zufuhr übereinstimmende Strahlrückstoßkraft F_S bzw. F_Z erzielt wird. In Abhängigkeit von den übrigen Stellgrößen der P-KSS-Zufuhr ist die Wirkdauer der Strahlrückstoßkraft jedoch gegenüber der eingestellten Dauer des HD-Intervalls t_{HD} verkürzt. Demnach steht zur Verformung und zum Bruch des Spans lediglich eine sehr kurze Wirkdauer der Strahlrückstoßkraft zur Verfügung. Für die Anwendung bei P-KSS-Zufuhr in der HD-Phase wurden daher Zufuhrdrücke als geeignet festgelegt, welche bei kontinuierlicher KSS-Zufuhr zu sehr kurzen Spänen bzw. Spansegmenten führen. Im Zeitintervall RD darf die Kraft des KSS-Strahls hingegen nicht ausreichen, um den Span zu brechen. Voraussetzung für einen geeigneten Zufuhrdruck p_{RD} ist somit bei kontinuierlicher KSS-Zufuhr das Ausbleiben von Spanbruch und die Entstehung von langen Wendelspänen.

Da angenommen wird, dass die Auswirkungen der KSS-Zufuhrbedingungen auf den Spanbruch bei der kontinuierlichen HD-KSS-Zufuhr bedingt auf die P-KSS-Zufuhr übertragbar sind, wurden aus den erläuterten Gründen Zerspanuntersuchungen unter kontinuierlicher HD-KSS-Zufuhr beim Außenlängsrunddrehen von Inconel 718 durchgeführt. Zur Identifikation des Einflusses der Schnittparameter und der HD-KSS-Zufuhrbedingungen sowie deren Wechselwirkungen auf den Spanbruch erfolgte zunächst eine vollfaktorielle Variation der Schnitttiefe a_p, des Vorschubs f, der Schnittgeschwindigkeit v_c und des KSS-Zufuhrdrucks p_{KSS}. In einer weiteren Versuchsreihe wurde der Einfluss des KSS-Volumenstroms Q_{KSS} auf den Spanbruch analysiert. Die Auswahl der Schnittparameter basierte auf industriell üblichen Werten zum Schlichten von Inconel 718 mit HM-WSP.

Die Klassifizierung der Spanform erfolgte in drei Kategorien, welche in Bild 4.13 beispielhaft gezeigt sind. Sehr lange Späne bei lediglich vereinzeltem Spanbruch in der gesamten Stichprobe wurden der Form SF1 „lang“ zugeordnet. Die zugehörigen Kombinationen aus KSS-Zufuhr- und Schnittbedingungen sind demnach vermutlich für die Anwendung im Zeitintervall RD der P-KSS-Zufuhr geeignet. Stichproben mit einer hohen Anzahl Späne stochastisch gemischter Längen zählten zur Form SF2 „stochastisch“. Unter der Spanform SF3 „kurz“ wurden Stichproben mit hochfrequentem Spanbruch dokumentiert, welche Späne mit einer minimierten Länge bis hin zu einzelnen Spansegmenten aufwiesen [BERG19a; SPLE20]. Die Spanform SF3 „kurz“ deutet auf einen nach kurzer Wirkdauer des auftreffenden KSS-Strahls verursachten Spanbruch und somit auf für das Zeitintervall HD der P-KSS-Zufuhr geeignete Parameter hin.

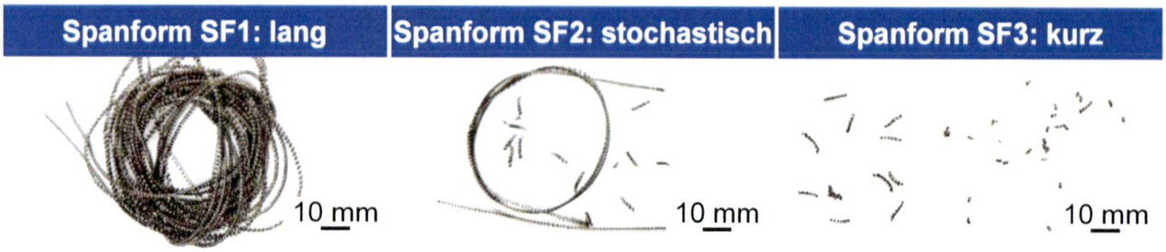

Bild 4.13: Beispiele zur Klassifizierung der Spanform
Examples for the classification of chip shape

Wie in Bild 4.14 dargestellt ist, wurden die erzeugten Spanformen in Anlehnung an [DIN09; BERG19a; BERG19c] mit farblich markierten Messpunkten in Diagrammen dokumentiert. Der KSS-Zufuhrdruck wurde unter den jeweils eingestellten Schnittbedingungen gesteigert, bis die Spanform von SF1 „lang" zu SF2 „stochastisch" wechselte. Ebenso erfolgte das Ermitteln des Übergangs der Spanform von SF3 „kurz" zu SF2 „stochastisch" durch eine schrittweise Senkung des KSS-Zufuhrdrucks. Die Ergebnisse sind, wie folgend erläutert, auf eine Überlagerung verschiedener in Kapitel 2.1.3 beschriebenen Effekte zurückzuführen.

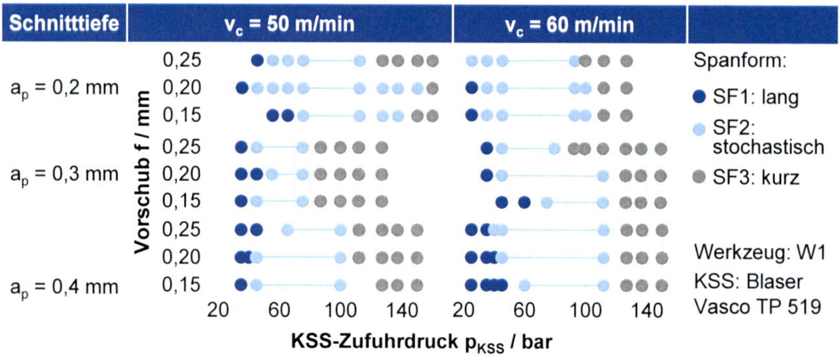

Bild 4.14: Einfluss des KSS-Zufuhrdrucks auf die Spanform nach [BERG19a; SPLE20]
Influence of CF supply pressure on chip form according to [BERG19a; SPLE20]

Durch den Vorschub f wird die Spanungsdicke h und somit die Spandicke h_{ch} beeinflusst. Dickere Späne erfahren bei der Umformung eine starke Dehnung der Außenseite, welche zu Rissen und dem daraus folgenden Spanbruch führt. Grundsätzlich befördert eine Vorschubsteigerung die Verformung des entstehenden Spans. Dünnere Späne erfordern zur Umformung eine geringere Kraft des KSS-Strahls, jedoch weisen sie eine geringe Biegesteifigkeit und somit ein hohes elastisches Formänderungsvermögen auf [SANG13, S. 108]. Eine Umformung führt daher nicht unbedingt zum Spanbruch. Aufgrund der geringeren Dicke und Biegesteifigkeit werden dünnere Späne beim Einlaufen in die Spanformgeometrie zusätzlich weniger stark verformt. Die Schnitttiefe a_p bestimmt die Spanungsbreite b und beeinflusst infolgedessen die Spanbreite b_{ch}. Eine geringere Schnitttiefe bedingt abhängig vom Spanablaufwinkel somit eine Reduktion der Kontaktfläche von KSS-Strahl und Span, siehe hierzu ebenfalls Gleichung (4.2) in Kapitel 4.2.1. Für die Schnittgeschwindigkeit v_c = 50 m/min ist zu erkennen, dass bei der niedrigsten Schnitttiefe von a_p = 0,2 mm die im untersuchten

Bereich höchsten KSS-Zufuhrdrücke zum Erzielen der SF3 „kurz“ erforderlich waren. Dies ist sowohl auf das elastische Formänderungsvermögen des dünnen Spans als auch auf die kleine Kontaktfläche zwischen KSS-Strahl und Span zurückzuführen. Die geringe Steigerung der Kontaktfläche bei a_p = 0,3 mm hatte zur Folge, dass ab einem Druck von etwa p_{KSS} = 85 bar Spanform 3 „kurz“ resultierte. Bei erhöhter Schnittgeschwindigkeit v_c = 60 m/min konnte dieser Zusammenhang lediglich bei f = 0,25 mm beobachtet werden. Weiterhin resultierte aufgrund der geringen Stabilität der Späne im Bereich $a_p \leq$ 0,3 mm weder innerhalb der gesamten Länge eines Spans noch über die Stichprobe eine gleichbleibende Spanform. Es ist somit davon auszugehen, dass der Spanbruch innerhalb der Stichproben auf unterschiedliche Ursachen zurückzuführen ist. Bei einer Schnitttiefe von a_p = 0,4 mm entwickelte sich die Spanform zu gleichmäßigen Wendelspänen.

Nachfolgend wurden daher, wie in Bild 4.15 zu sehen ist, erhöhte Schnitttiefen von a_p = 0,4 mm und a_p = 0,8 mm berücksichtigt. Zur Analyse der Auswirkungen eines gesteigerten KSS-Volumenstroms Q_{KSS} auf den Spanbruch wurde ergänzend das Werkzeug W2 eingesetzt, welches eine gegenüber Werkzeug W1 mit A_1 = 2,0 mm² etwa verdoppelte KSS- Austrittsquerschnittsfläche von A_2 = 4,1 mm² aufwies.

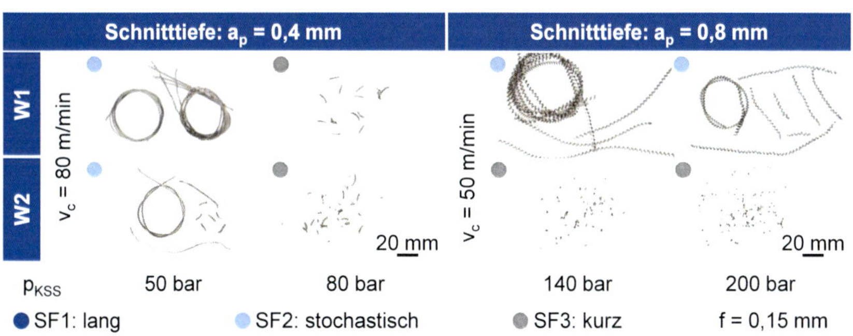

Bild 4.15: Stichproben der Späne bei Einsatz von Werkzeug W1 und W2
Samples of chips when using tool W1 and W2

Gemäß der Kontinuitätsgleichung (4.3) resultiert in Folge der verdoppelten Auslassquerschnittsfläche bei gleichem KSS-Druck p_{KSS} ein deutlich gesteigerter Volumenstrom Q_{KSS}. Die Ergebnisse der Volumenstrommessungen für beide Werkzeuge sind in Bild 4.3 zu finden. Der Einsatz von W2 führte bei der Schnitttiefe a_p = 0,4 mm zu keiner eindeutigen Verbesserung des Spanbruchs gegenüber W1 bei gleichem Zufuhrdruck, Bild 4.15. Dies ist damit zu erklären, dass der größte Teil des aufgrund der Auslassgeometrie verbreiterten KSS-Freistrahls nicht auf den schmalen Span auftrifft. Bei a_p = 0,8 mm führte die Steigerung des Volumenstroms zu einem deutlich verbesserten Spanbruch. Anstelle der Spanform SF2 „stochastisch“ wurde bei gleichem KSS-Zufuhrdruck die sehr kurze SF3 erzielt.

Die Zerspanuntersuchungen in dieser Arbeit wurden dem Anwendungsbereich der P-KSS-Zufuhr entsprechend bei Schlichtparametern durchgeführt. Bei der Schnitttiefe a_p = 0,4 mm trat keine eindeutige Verbesserung des Spanbruchs durch den gesteigerten Volumenstrom Q_{KSS} in Folge der Verwendung von Werkzeug W2 auf. Vor dem Hintergrund ökologischer und ökonomischer Effizienz wurde für die nachfolgenden Zerspanuntersuchungen daher Werkzeug W1 angewendet. Als Startwerte für die KSS-Zufuhrdrücke, die für unterschiedliche Schnittparameter im Schlichtbereich anwendbar sein sollen, wurden basierend auf den Ergebnissen für das Zeitintervall HD ein Druck von p_{HD} = 130 bar und für das Zeitintervall RD ein Druck von p_{RD} = 40 bar gewählt.

4.3 Zusammenfassung des vierten Kapitels

Summary of the Fourth Chapter

Nachfolgend sind die wesentlichen Erkenntnisse der Kapitel 4.1 und 4.2 und somit die Beantwortung der ersten Forschungsfrage zusammenfassend dargestellt:

- Das untersuchte System besteht aus den Teilsystemen: Werkzeugmaschine mit Hochdruckaggregat und Peripherie, Pulsventileinheit, Werkzeughalter mit WSP, Zerspanzone und Werkstückoberfläche.
- Die Stellgrößen der P-KSS-Zufuhr sind die eingestellte Dauer t_{HD} des Zeitintervalls mit erhöhtem KSS-Zufuhrdruck HD und die eingestellte Dauer t_{RD} des Zeitintervalls mit reduziertem KSS-Zufuhrdruck RD. Weiterhin zählt der jeweils zugehörige gewählte Zufuhrdruck p_{HD} bzw. p_{RD} zu den Stellgrößen.
- Eine zentrale Kenn- und Zielgröße des Drehprozesses mit P-KSS-Zufuhr ist die Spanform bzw. der Spanbruch, welcher die Spanlänge bestimmt. Die übergeordnete Zielgröße ist die Qualität der Werkstückstirnfläche hinsichtlich des Auftretens von Anomalien durch Spankollision.
- Durch die Implementierung einer Ventileinheit mit zwei KSS-Leitungen, bei der ein Durchflussweg durch ein Drosselventil regulierbar ist, kann eine regelmäßige Pulsation des KSS-Strahls erzeugt werden. Sowohl die Dauer der Zeitintervalle t_{HD} und t_{RD} als auch die KSS-Zufuhrdrücke p_{HD} und p_{RD} sind unabhängig voneinander einstellbar. Die vier genannten Kenngrößen stellen die relevanten Stellgrößen der P-KSS-Zufuhr dar.
- Durch das Systemverhalten bestehen Abweichungen zwischen den Stellgrößen der P-KSS-Zufuhr und den tatsächlichen Dauern und druckinduzierten Strahlrückstoßkräften der Phasen HD und RD. Bei der P-KSS-Zufuhr werden bei gleichem Einstelldruck mit der kontinuierlichen KSS-Zufuhr annähernd übereinstimmende Strahlrückstoßkräfte F_s erzielt. Im Zeitintervall HD werden kurzzeitig Kraftmaxima über den Referenzwerten der kontinuierlichen Zufuhr erreicht. Die der Referenz entsprechende Strahlkraft F_s liegt nicht über den gesamten Zeitraum der HD-Phase t_{HD} vor. Die Abweichung steigt mit sinkender Dauer der HD-Phase t_{HD} an. Bei einer Dauer der HD-Phase t_{HD} = 50 ms wird die Referenzkraft lediglich unter bestimmten Randbedingungen erzielt. Aus diesem Grund wurde der Wert t_{HD} = 50 ms als kritisches Minimum festgelegt. Insgesamt zeigten die Untersuchungen, dass die gewählten Stellgrößen zur gezielten Beeinflussung des pulsierenden KSS-Freistrahls geeignet sind.
- Die Zerspanuntersuchungen bei kontinuierlicher KSS-Zufuhr ergaben, dass im untersuchten Bereich der KSS-Zufuhrdruck p_{KSS} den Spanbruch erwartungsgemäß signifikant beeinflusst. Für den Bereich der Schlichtparameter $a_p \leq 0{,}4$ mm und $f \leq 0{,}25$ mm wurden anhand der Experimente bei kontinuierlicher KSS-Zufuhr die Zufuhrdrücke p_{RD} = 40 bar und p_{HD} = 130 bar als geeignete Werte für die P-KSS-Zufuhr identifiziert. Eine Verbesserung des Spanbruchs in Folge der Steigerung des KSS-Volumenstroms konnte in diesem Bereich nicht festgestellt werden.

5 Ursache-Wirkungszusammenhänge beim Drehen mit P-KSS-Zufuhr

Cause-and-effect Relationships during Turning with Pulsating Cutting Fluid Supply

Ziel des fünften Kapitels ist die Beantwortung der Forschungsfrage 2:

„Welche Ursache-Wirkungs-Zusammenhänge bestehen zwischen den relevanten Stellgrößen, der Spanbildung und der Oberflächenqualität?“

Bisher wurde nicht systematisch untersucht, wie die Stellgrößen der P-KSS-Zufuhr sich auf die Zielgrößen „Spanform“ und „Qualität der Werkstückstirnfläche“ auswirken. Die Ergebnisse der experimentellen Analysen werden in Kapitel 5.1.1-5.1.3 vorgestellt und diskutiert.

Zusätzlich ist der Einfluss der P-KSS-Zufuhrparameter auf die Einflussgrößen „Werkzeugverschleiß“ und „Oberflächengüte und Randzone“ bisher nicht bekannt. Zur Analyse der Auswirkungen der P-KSS-Zufuhr auf den Werkzeugverschleiß erfolgten Zerspanuntersuchungen, welche in Kapitel 5.1.4 beschrieben werden. Die Oberflächengüte und Randzone der zylindrischen bearbeiteten Werkstückoberfläche werden in Kapitel 7 anhand der Anwendungsstudie analysiert.

Zur Erklärung des Einflusses der Stellgrößen der P-KSS-Zufuhr auf die „Spanform“ als Einflussgröße der Zielgröße „Qualität der Werkstückstirnfläche“ wurden weiterführende Analysen der Spanformverteilung durchgeführt, welche in Kapitel 5.2.1 dargestellt sind. Ziel der Untersuchungen war die Identifikation der für die Oberflächenanomalien ursächlichen Spanformen und des Zusammenhangs mit den Stellgrößen der P-KSS-Zufuhr. Weiterhin wurde bisher nicht systematisch untersucht, inwiefern die Einflussgröße „Temperatur“ in der Zerspanzone in Zusammenhang mit den Stellgrößen der KSS-Zufuhr steht. Die Ergebnisse der Analysen sind in Abschnitt 5.2.2 erläutert. Ein Zwischenfazit ist in Kapitel 5.3 zu finden.

5.1 Einfluss der Stellgrößen auf die Zielgrößen der P-KSS-Zufuhr

Influence of the Control on the Target Variables of Pulsating Cutting Fluid Supply

Der Einfluss der Stellgrößen der P-KSS-Zufuhr auf die Ziel- und Einflussgröße „Spanform“ ist bisher nicht bekannt. Dieser Zusammenhang wurde daher unter Berücksichtigung der Erkenntnisse aus 4.2 in Zerspanuntersuchungen analysiert. Die Ergebnisse sind in Abschnitt 5.1.1 und 5.1.2 dargestellt. Es folgten Untersuchungen des Einflusses der P-KSS-Zufuhrparameter auf die Zielgröße des Gesamtsystems: die Entstehung von Anomalien auf der Stirnfläche der Werkstücke. Diese sind in Abschnitt 5.1.3 beschrieben. Der Einfluss der Stellgrößen der P-KSS-Zufuhr auf den Werkzeugverschleiß wurde in weiteren Zerspanuntersuchungen ermittelt, welche in Kapitel 5.1.4 beschrieben sind.

5.1.1 Einfluss der P-KSS-Zufuhr auf den Spanbruch

Influence of the P CF Supply on the Chip Breakage

Das zentrale Ziel des Einsatzes der P-KSS-Zufuhr ist eine Minimierung der Oberflächenschädigungen durch Spanbeschuss mittels kontrolliertem, einstellbarem Spanbruch. In diesem Kapitel wird daher der Spanbruch anhand der resultierenden Gesamtlänge des Wendelspans l_s als Zielgröße bewertet. Wie in Bild 5.1 linksseitig beispielhaft dargestellt ist, wurden dazu alle Späne eines Zerspanversuchs beim Außenlängsrunddrehen gesammelt. Das Bestimmen der Länge l_s erfolgte mit einem Stahlmaßstab. Die Spanform entsprach im untersuchten Bereich den abgebildeten Wendelspänen und wurde nur geringfügig durch die Schnittparameter beeinflusst.

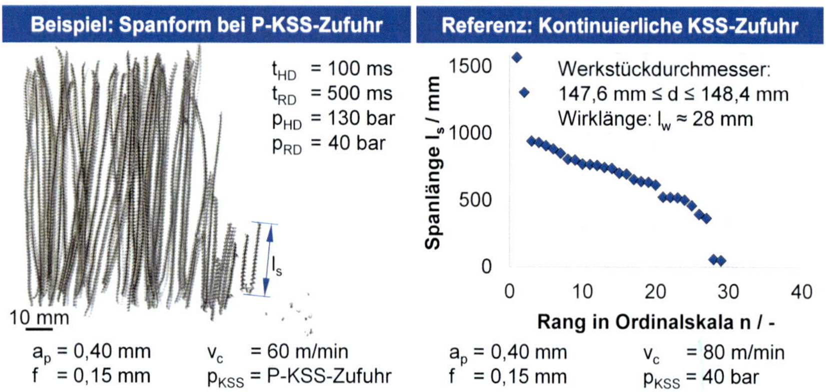

Bild 5.1: Messmethode und Referenzversuch zur Untersuchung der Spanlänge
Measuring method and reference test for the investigation of chip length

Aus einem Versuch resultierte jeweils eine Verteilung unterschiedlicher Spanlängen l_s. Abhängig von der Wirksamkeit der P-KSS-Zufuhr im untersuchten Bereich trat dabei eine mehr oder weniger große Anzahl von Spänen nahezu gleicher Länge auf. Für diese Späne kann dem Spanbruch der zeitlich äquidistant auftretende Hochdruck-Puls als Ursache zugeordnet werden. Angelehnt an die Bezeichnung des am häufigsten auftretenden Messwerts einer Probe als Modalwert, wird der Längenbereich der nahezu gleichlangen Späne im Folgenden als Modalwertbereich bezeichnet.

Zur Darstellung der Spanlängen und Abschätzung der Wirksamkeit der P-KSS-Zufuhr erwies sich eine ordinale Skalierung der Messwerte l_s als geeignet. Die Späne wurden dazu der Länge l_s nach absteigend sortiert und über ihrem auf diese Weise vergebenen Rang der Ordinalskala aufgetragen. Jeder Datenpunkt im Diagramm repräsentiert einen Span. Gemäß der Vorgehensweise ist der längste Span eines Versuchs jeweils dem Rang n = 1 zugeordnet. Zusätzlich erfolgte die Ermittlung von Kennwerten hinsichtlich der statistischen Verteilung der Spanlängen, welche im Verlauf des Kapitels anhand von Bild 5.4 näher erläutert werden.

Als Referenz wurde zu Beginn ein Versuch bei kontinuierlicher KSS-Zufuhr mit einem Druck von p_{KSS} = 40 bar durchgeführt. Dieser Wert fand in den Untersuchungen mit P-

KSS-Zufuhr zumeist als reduzierter Zufuhrdruck p_{RD} Anwendung. Die Auswertung des Referenzversuchs ist in Bild 5.1 rechts gezeigt. Es ist zu erkennen, dass erwartungsgemäß kein regelmäßiger Spanbruch erzielt wurde. Der Großteil der weniger als 30 im Versuch entstandenen Späne wies Längen in einem Bereich von 500 mm $\leq l_s \leq$ 1000 mm auf. In der industriellen Praxis vermindern Späne dieser Längen die Prozesssicherheit und können zu Prozessunterbrechungen führen, vgl. Kapitel 2.1.

Im Folgenden ist der Einfluss der Stellgrößen der P-KSS-Zufuhr auf die Spanlänge l_s bei unterschiedlichen Schnittparametern dargestellt. Es erfolgte zunächst die Variation der Dauer des HD-Intervalls t_{HD} bei zwei Schnittgeschwindigkeiten v_c unter den in Bild 5.2 angegebenen Bedingungen. Die eingestellten Parameter wurden basierend auf den Erkenntnissen aus Kapitel 4.2.2 und 4.2.3 gewählt.

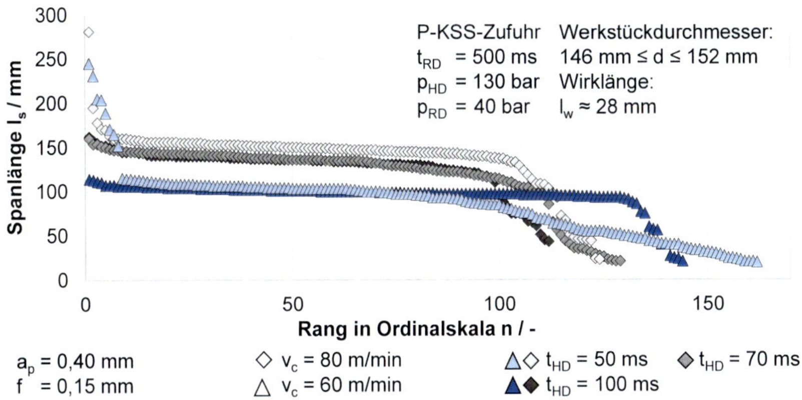

Bild 5.2: Einfluss der Dauer t_{HD} und der Schnittgeschwindigkeit v_c auf die Spanlänge l_s
Influence of the duration t_{HD} and the cutting speed v_c on the chip length l_s

Alle in Bild 5.2 dargestellten Versuche wiesen einen ausgeprägten Modalwertbereich der Spanlänge l_s auf. Die Spanlänge konnte somit bei den angewendeten Stellwerten eindeutig durch die P-KSS-Zufuhr beeinflusst werden. Bei der niedrigeren untersuchten Schnittgeschwindigkeit v_c = 60 m/min, im Diagramm durch blaue Dreiecke dargestellt, lag der Modalwertbereich der Spanlänge unabhängig von der Dauer des HD-Intervalls bei etwa $l_s \approx$ 100 mm. Die Einstellung der als kritischen Minimalwert identifizierten Dauer t_{HD} = 50 ms resultierte jedoch in einem Auftreten einiger längerer Späne. Bei diesen Spänen erfolgte der Bruch erst mit deutlich zunehmender Länge nach Verformung durch den einwirkenden HD-Puls oder nach einem zweiten HD-Puls. Letzteres führte zu verdoppelten Spanlängen. In Kapitel 4.2.2 wurde bei t_{HD} = 50 ms eine gegenüber den größeren Werten t_{HD} eine reduzierte Strahlrückstoßkraft sowie eine stark verminderte Dauer der Krafteinwirkung in der Zerspanzone identifiziert. Der verzögerte Spanbruch ist durch diese Charakteristika des HD-Pulses erklärbar.

Die bei einer gesteigerten Schnittgeschwindigkeit v_c = 80 m/min entstehenden Späne sind in Bild 5.2 durch graue Rauten gekennzeichnet. Durch den Zusammenhang der Schnittgeschwindigkeit mit der Spanablaufgeschwindigkeit und infolgedessen der in einem bestimmten Zeitintervall entstehenden Spanlänge, ist der Modalwertbereich hinsichtlich der Länge l_s erhöht. Es besteht ein proportionaler Zusammenhang zur Schnittgeschwindigkeit. Das Anwenden der Dauer t_{HD} = 100 ms sowie t_{HD} = 70 ms führte zu gleichen Ergebnissen. Analog zu den Experimenten mit einer Schnittgeschwindigkeit von v_c = 60 m/min traten bei t_{HD} = 50 ms vereinzelt deutlich längere Späne auf. Zudem wurde ein leichter Anstieg der Spanlänge im Modalwertbereich festgestellt. Ein Erklärungsansatz ist, dass der Span aufgrund der niedrigeren einwirkenden Kraft zunächst weniger stark verformt wird und verzögert abbricht. Die höhere gemessene Strahlrückstoßkraft F_S bei t_{HD} = 100 ms führt den Spanbruch hingegen unmittelbar herbei, vgl. Bild 4.10 in Kapitel 4.2.2.

Zur Identifikation des Einflusses der Stellgröße t_{RD} auf die Spanlänge erfolgten weitere Zerspanversuche unter den zuvor beschriebenen Parametervariationen. Die bisher nicht variierte Dauer des Zeitintervalls mit reduziertem KSS-Zufuhrdruck RD wurde dabei auf einen Wert von t_{RD} = 1000 ms erhöht. Die Ergebnisse der Zerspanversuche sind in Bild 5.3 gezeigt.

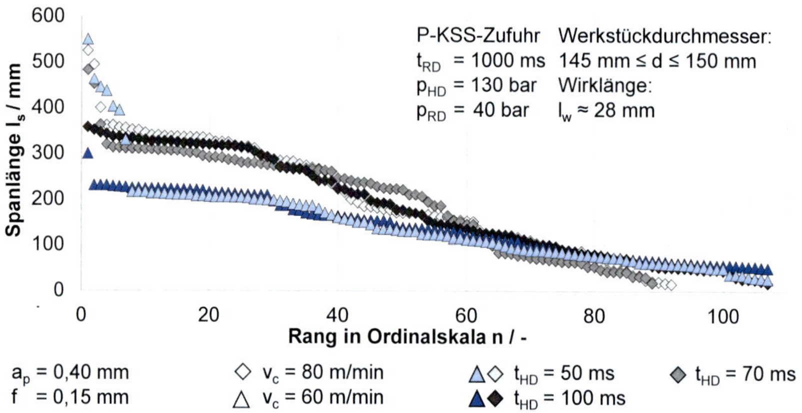

Bild 5.3: Einfluss von t_{HD} und v_c auf die Spanlänge l_s bei t_{RD} = 1000 ms
Influence of t_{HD} and v_c on the chip length l_s at t_{RD} = 1000 ms

Gegenüber der bei t_{RD} = 500 ms resultierenden Verteilung der Spanlänge l_s war der Anteil der gezielt durch den HD-Impuls gebrochenen Späne bei t_{RD} = 1000 ms grundsätzlich deutlich reduziert. Die Verteilung der Spanlängen enthält stets einen stochastischen Anteil, da neben der einwirkenden Strahlrückstoßkraft F_S weitere unterschiedliche Ursachen für Spanbruch vorliegen können. Dazu gehören beispielsweise Kollisionen des entstehenden Spans mit dem Werkstück, dem Werkzeug, dem Spannfutter oder Komponenten der Werkzeugmaschine sowie Unregelmäßigkeiten im Werkstoffgefüge. Mit zunehmender Länge des Spans l_s steigt die Auftretenswahrscheinlichkeit der stochastischen Spanbruchursachen. Weiterhin kann die mit der Länge zunehmende Masse des Spans zu Verformung und Bruch beitragen. Dies stellt eine mögliche Erklärung für die stärkere Streuung der Spanlänge bei einem verlängerten Zeitintervall t_{RD} dar.

Ebenso ist anhand von Bild 5.2 und Bild 5.3 zu erkennen, dass eine hohe Anzahl Späne bei t_{RD} = 1000 ms eine etwa verdoppelte Länge l_s im Vergleich zu den Modalwertbereichen bei t_{RD} = 500 ms aufwiesen. Demzufolge konnte die Spanlänge proportional zur Dauer des Zeitintervalls RD t_{RD} gesteigert werden. Die Auswirkungen der Variation der Dauer t_{HD} des HD-Intervalls sowie der Schnittgeschwindigkeit auf die Spanlängen entsprach den Ergebnissen der vorherigen Untersuchungen bei t_{RD} = 500 ms.

Zur quantifizierten Bewertung der Wirksamkeit der P-KSS-Zufuhr hinsichtlich der Spanlänge erfolgte die Analyse der Spanlängenverteilung mittels statistischer Kennwerte. Die Darstellung der Ergebnisse in Form von Box Plots ist in Bild 5.4 gezeigt. Die ausgewerteten Quantile dienen als statistischer Wert zur Einteilung ordinalskalierter Grundgesamtheiten in Wertebereiche. Das 0,1-Quantil beschreibt einen Wertebereich, der die unteren 10 % der Anzahl der Messwerte enthält. Der im Diagramm grau dargestellte Bereich umfasst demnach 80 % der Messwerte. Dies bedeutet, dass bei Einstellung der Zeitintervalle t_{RD} = 500 ms und t_{HD} = 50 ms (v_c = 80 m/min) 80 % der vermessenen Späne eine Spanlänge im Bereich von 104 mm ≤ l_s ≤ 156 mm aufwiesen.

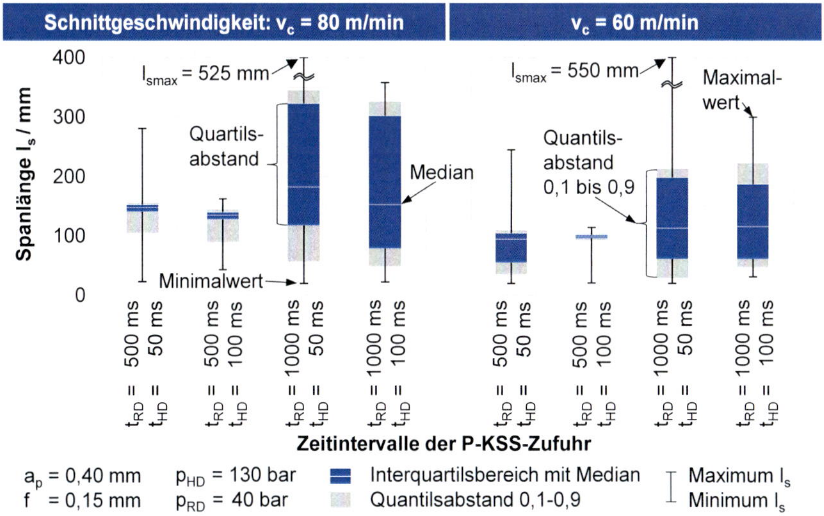

Bild 5.4: Einfluss der Dauer t_{HD} und t_{RD} auf die Verteilung der Spanlängen
Influence of the duration t_{HD} and t_{RD} on the distribution of chip lengths

Der Interquartilsabstand umfasst das sogenannte 2. und 3. Quartil und somit 50 % der Messwerte, wobei die minimalen und maximalen 25 % der Werte ausgeschlossen werden. Im erwähnten Versuch hatten somit 50 % der gemessenen Späne eine Länge zwischen 141 mm ≤ l_s ≤ 153 mm. Die anhand der Diagramme in Bild 5.2 und Bild 5.3 abgeleiteten Zusammenhänge werden durch die Auswertung der Kennwerte bestätigt. Die Spanlängen der Experimente mit Einstellung des längeren Zeitintervalls t_{RD} = 1000 ms weisen deutlich größere Quartilsabstände und somit eine gegenüber den bei t_{RD} = 500 ms entstandenen Spänen stärkere Streuung auf. Eine Steigerung der Dauer des Zeitintervalls RD t_{RD} geht somit mit einer verringerten Wirksamkeit der P-KSS-Zufuhr zur gezielten Einstellung der Spanlänge einher. Eine außerordentlich hohe Wirksamkeit erzielte die P-KSS-Zufuhr bei Intervalldauern von t_{RD} = 500 ms und t_{HD} = 100 ms und einer Schnittgeschwindigkeit von v_c = 60 m/min.

Bisher wurde in der vorliegenden Arbeit angenommen, dass die in Kapitel 4.2.3 zur gezielten Herbeiführung von Spanbruch ermittelten KSS-Zufuhrdrücke auf die Anwendung der P-KSS-Zufuhr übertragbar sind. Dieser Zusammenhang wurde jedoch nicht überprüft. Entsprechend dem Funktionsprinzip der P-KSS-Zufuhr ist zu erwarten, dass eine Steigerung des Drucks p_{RD} zu unerwünscht häufigem Spanbruch führt. Ebenso kann eine Reduktion des Zufuhrdrucks p_{HD} zum Ausbleiben von Spanbruch führen. Zur Prüfung dieser Zusammenhänge erfolgten Zerspanuntersuchungen bei reduziertem Druck im HD-Intervall mit p_{HD} = 100 bar und einem erhöhten Zufuhrdruck p_{RD} = 55 bar im RD-Intervall. Die Ergebnisse sind in Bild 5.5 dargestellt.

Bei Einstellung der kritischen minimalen Dauer der HD-Phase t_{HD} = 50 ms in Kombination mit dem verringerten Druck p_{HD} = 100 bar wies die P-KSS-Zufuhr keine Wirksamkeit zur gezielten Beeinflussung der Spanlänge auf, siehe hellgraue Rauten im Diagramm. Ein ausgeprägter Modalwertbereich der Spanlänge war nicht feststellbar.

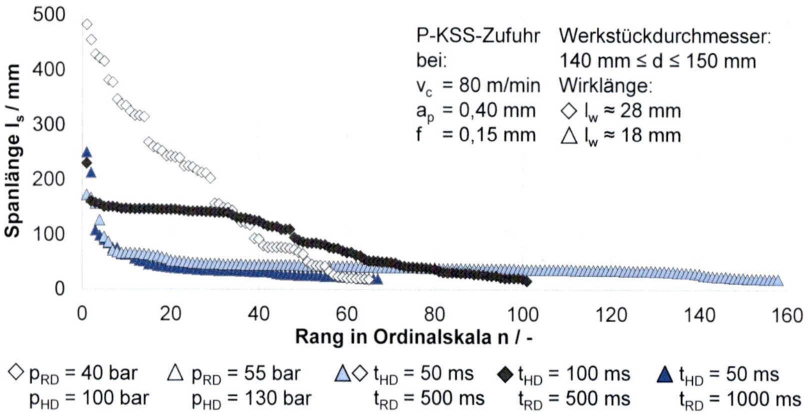

Bild 5.5: Einfluss des KSS-Zufuhrdrucks p_{HD} und p_{RD} auf die Spanlänge l_s
Influence of CF supply pressure p_{HD} and p_{RD} on the chip length l_s

Eine Steigerung der Dauer des HD-Intervalls zu t_{HD} = 100 ms führte zu einer deutlich gesteigerten Häufigkeit von Spanlängen im Bereich $l_s \approx$ 150 mm, jedoch auch zu einer hohen Anzahl deutlich kürzerer Späne. Die Spanlänge $l_s \approx$ 150 mm entspricht dem identifizierten Modalwertbereich bei der ursprünglich gewählten Einstellung von p_{HD} = 130 bar, siehe Bild 5.2. Der Druck p_{HD} = 100 bar erscheint somit grundsätzlich zum gezielten Erzeugen des Spanbruches ausreichend zu sein. Es ist davon auszugehen, dass die bei Einsetzen des HD-Intervalls bereits angestiegene Masse des Spans zu Verformung und Bruch beiträgt. So kann der niedrigere Druck trotz kurzer Einwirkzeit den Spanbruch erzeugen. Die Anzahl der Späne im Modalwertbereich bei Anwendung von p_{HD} = 100 bar war jedoch signifikant niedriger als bei den vorherigen

Untersuchungen mit p_{HD} = 130 bar. Demnach ist zu vermuten, dass die Differenz der Drücke p_{HD} und p_{RD} im genutzten System Auswirkungen auf den Spanbruch hat.

Die Steigerung des reduzierten Drucks zu p_{RD} = 55 bar resultierte erwartungsgemäß in verkürzten Spänen, welche in Bild 5.5 als blaue Dreiecke dargestellt sind. Ein eindeutiger Einfluss der Variation der Intervalldauer RD von t_{RD} = 500 ms zu t_{RD} = 1000 ms auf die Spanlänge wurde nicht festgestellt. Durch die pulsierende Zufuhr mit p_{RD} = 55 bar erfolgte eine deutliche Reduktion der Spanlänge l_s gegenüber der kontinuierlichen KSS-Zufuhr bei p_{KSS} = 50 bar, vgl. Bild 4.15 in Kapitel 4.2.3.

Die in Bild 5.6 gezeigte Darstellung der Verteilung der Spanlängen stützt die obigen Beschreibungen. Die Wirksamkeit der P-KSS-Zufuhr zur gezielten Einstellung der Spanlänge wird durch beide Variationen des Zufuhrdrucks signifikant vermindert. Bei p_{HD} = 100 bar ist dies am gegenüber dem Stellwert p_{HD} = 130 bar deutlich vergrößerten Interquartilsabstand zu erkennen, vgl. Bild 5.4.

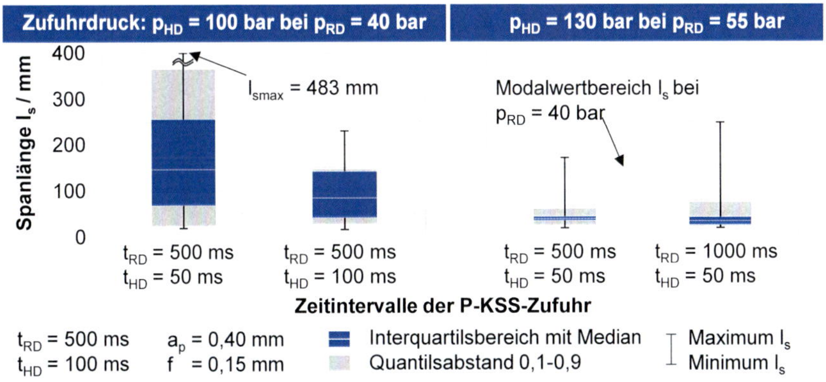

Bild 5.6: Einfluss der KSS-Zufuhrdrücke auf die statistische Verteilung der Spanlängen
Influence of the CF supply pressure on the statistical distribution of chip lengths

Der gegenüber dem Ausgangswert gesteigerte Druck p_{RD} führt zu einem geringen Interquartilsabstand, jedoch weicht die Spanlänge deutlich von dem bei p_{RD} = 40 bar identifizierten Modalwertbereich ab und wird kaum durch die Dauer des Zeitintervalls RD beeinflusst. Demzufolge brechen die Späne innerhalb der RD-Phase und die Länge l_s kann nicht durch die Stellgrößen der P-KSS-Zufuhr eingestellt werden.

5.1.2 Einfluss des Spanungsquerschnitts auf den Spanbruch bei P-KSS-Zufuhr

Influence of the Cross-section of the Undeformed Chip on Chip Breakage during P CF Supply

Basierend auf dem Stand der Erkenntnisse und den Ergebnissen der Untersuchungen bei kontinuierlicher KSS-Zufuhr in Kapitel 4.2.3 ist eine Beeinflussung der Spanlänge durch den Spanungsquerschnitt, bzw. die Schnitttiefe a_p und den Vorschub f zu erwarten. Diese Zusammenhänge werden in diesem Kapitel für die P-KSS-Zufuhr durch Variation der Schnitttiefe und des Vorschubs experimentell analysiert.

In Bild 5.7 sind die Ergebnisse der Untersuchungen zum Einfluss der Variation des Spanungsquerschnitts auf die Spanlänge l_s bei P-KSS-Zufuhr bei einer Schnittgeschwindigkeit von v_c = 60 m/min gezeigt. Als Referenz sind die Ergebnisse des Versuchs aus Bild 5.2 bei den Ausgangswerten a_p = 0,4 mm und f = 0,15 mm erneut dargestellt (blaue Dreiecke).

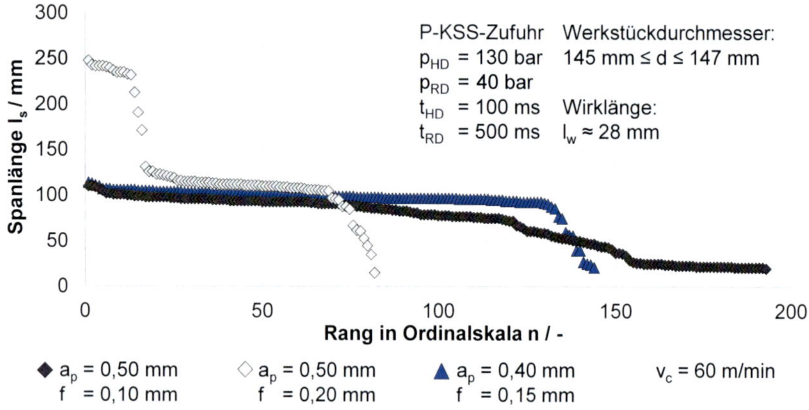

Bild 5.7: Einfluss des Spanungsquerschnitts auf die Spanlänge l_s bei v_c = 60 m/min
Influence of the undeformed chip cross-section on the chip length l_s at v_c = 60 m/min

Für den größten untersuchten Spanungsquerschnitt mit a_p = 0,5 mm und f = 0,2 mm war die Spanlänge des Modalwertbereichs tendenziell gegenüber geringeren Spanungsquerschnitten vergrößert, siehe Bild 5.7. Weiterhin trat eine verdoppelte Spanlänge mit größerer Häufigkeit auf. Dies bedeutet, dass Späne erst brachen, wenn sie von einem zweiten HD-Puls getroffen wurden. Die Reduktion des Vorschubs zu f = 0,1 mm führte zu einem vermehrten Auftreten kürzerer Späne. In diesem Fall resultiert ein großes Verhältnis der Spanungsbreite zur Spanungsdicke, welches ein Erklärungsansatz für die in vergrößerter Anzahl entstehenden sehr kurzen Späne ist. Wie in Kapitel 4.2.3 erläutert, führt die Erhöhung der Schnitttiefe zu einer größeren Spanbreite b_{ch} und somit vermutlich zu einer vergrößerten Kontaktfläche zwischen KSS-Strahl und Span. Der Anteil der zur Verfügung stehenden Strahlrückstoßkraft F_S, welcher auf den Span wirkt, steigt. Zugleich führt der verminderte Vorschub zu einer reduzierten Spandicke, sodass eine geringere Kraft zur Verformung des Spans führt.

In Bild 5.8 sind die Ergebnisse weiterführender Experimente zum Einfluss der Eingriffsbedingungen auf die Spanlänge l_s bei v_c = 80 m/min gezeigt. Eine Steigerung der Schnitttiefe a_p ohne eine Erhöhung des Vorschubs f gegenüber den Ausgangswerten a_p = 0,4 mm und f = 0,15 mm führte zu einer Reduktion der resultierenden Spanlängen und der Ausprägung des Modalwertbereichs (hellgraue und hellblaue Rauten). Einen Erklärungsansatz stellen die erläuterten Auswirkungen der Spandicke und Spanbreite auf die zur Spanverformung erforderliche Kraft dar.

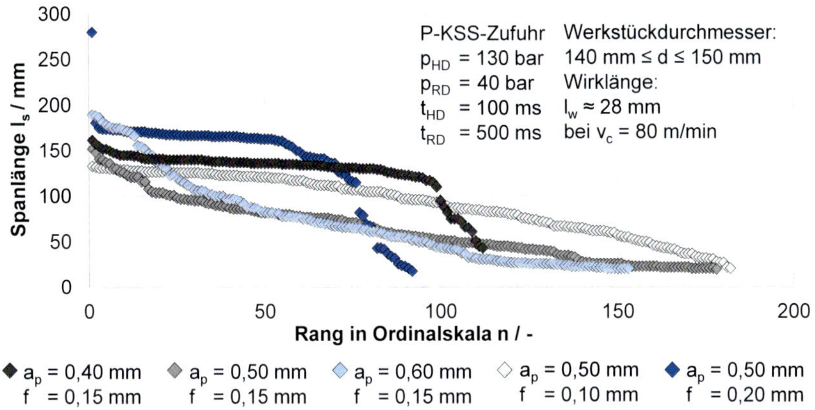

Bild 5.8: Einfluss des Spanungsquerschnitts auf die Spanlänge l_s bei v_c = 80 m/min
Influence of the undeformed chip cross-section on the chip length l_s at v_c = 80 m/min

Der Einfluss der Eingriffsbedingungen auf die Verteilung der Spanlänge ist in Bild 5.9 anhand statistischer Kennwerte zusammengefasst dargestellt. Bei einer Schnittgeschwindigkeit von v_c = 80 m/min, einer Schnitttiefe von a_p = 0,40 mm und einem Vorschub von f = 0,15 mm erreicht die P-KSS-Zufuhr eine hohe Wirksamkeit bezüglich der Kontrolle der Spanlänge. Eine Steigerung der Schnitttiefe führte zur Verminderung der Spanlänge bei stärkerer Streuung der Werte.

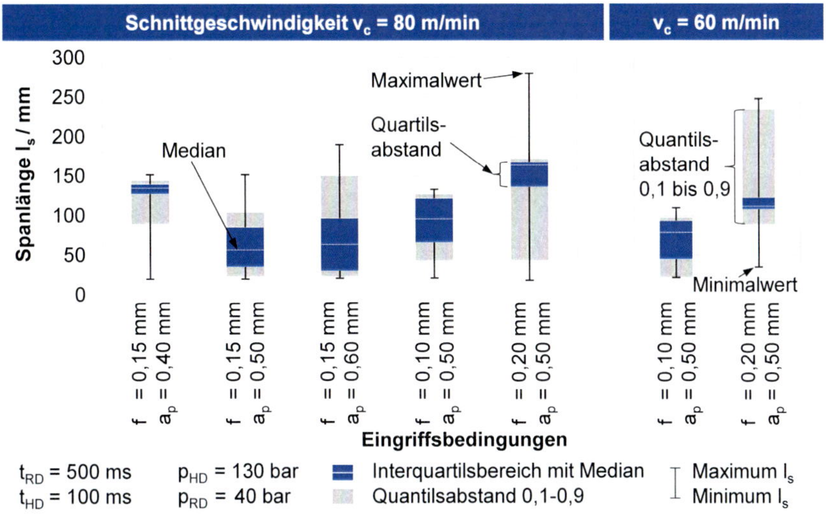

Bild 5.9: Einfluss des Spanungsquerschnitts auf die Verteilung der Spanlängen
Influence of the cross section of the undeformed chip on the distribution of chip lengths

Zur weiteren Erklärung des Einflusses der Eingriffsbedingungen auf die Spanlänge beim Drehen mit P-KSS-Zufuhr erfolgte eine Analyse der charakteristischen Eigenschaften der Späne. In Bild 5.10 sind beispielhaft Schnittansichten eines Spans dargestellt. Der Span wurde im mittleren Bereich sowie in der letzten Windung vor dem Bruch orthogonal zur Achse der Helix aufgetrennt. Der mittlere Bereich des Spans ist der Phase des reduzierten KSS-Zufuhrdrucks RD zuzuordnen. Mit Beginn der HD-Phase wird der Spankrümmungsradius r_u durch die einwirkende Kraft des Strahls F_s reduziert und es kommt zum Bruch des Spans. Der Mechanismus des Spanbruchs ist somit wie erwartet mit der kontinuierlichen HD-KSS-Zufuhr vergleichbar. Weiterhin ist anhand der Schliffbilder zu erkennen, dass bei der Spanbildung eine, bei der Bearbeitung von Inconel 718 häufig auftretende, Übergangsform zwischen der segmentierten und der Fließspanbildung vorlag, vgl. Kapitel 2.1.1.

Weiterhin ist der Spanquerschnitt in Bild 5.10 beispielhaft gezeigt. Die nahezu dreieckige Form ist auf die Schlichtbearbeitung im Bereich des Eckenradius der Schneidplatte zurückzuführen. Mit Erhöhung des Vorschubs f steigt die Spanungsdicke h und in der Folge die Spandicke h_{ch} an. In Folge einer größeren Spandicke h_{ch} ist eine vermehrte Kraft zur Verformung des Spans erforderlich. Dementgegen steigt mit reduzierter Spandicke h_{ch} die Fähigkeit des Spans zur elastischen Verformung, sodass eine stärkere Umformung zwar mit geringerer einwirkender Kraft herbeizuführen ist, jedoch nicht unbedingt zum Spanbruch führt.

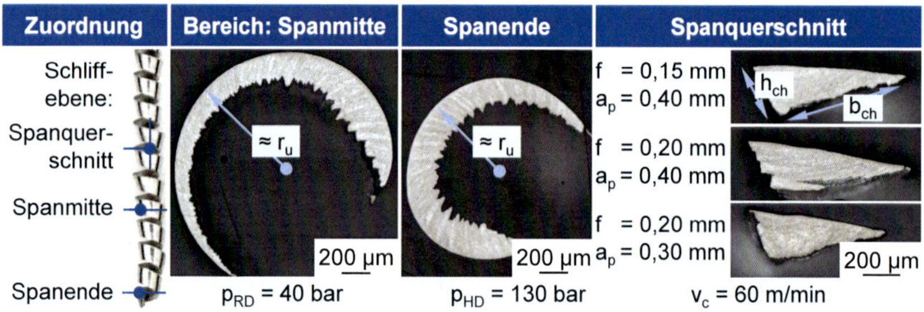

Bild 5.10: Charakteristika des Spans in Schnittansichten nach [SPLE21, S. 2190 f.]
Properties of the chip shown in cross sections according to [SPLE21, p. 2190 f.]

Die Steigerung der Schnitttiefe a_p führt zu einer vergrößerten Spanbreite b_{ch}. Wie in Kapitel 4.2.3 näher erläutert wurde, resultiert dies in einer vergrößerten Kontaktfläche zwischen KSS-Strahl und Span. Infolgedessen steht ein größerer Anteil der hydrodynamischen Kraft des nicht vollumfänglich auf den Span auftreffenden Strahls für die Verformung des Spans zur Verfügung.

Abhängig von den angewandten Eingriffsbedingungen wirken sich die beschriebenen Zusammenhänge unterschiedlich stark auf den Spanbruch aus und überlagern sich darüber hinaus. Ausgehend von einem Referenzwert a_p = 0,4 mm bei f = 0,15 mm resultierte die gemeinsame Steigerung beider Eingriffsparameter zu a_p = 0,5 mm und f = 0,2 mm in einer Stabilisierung des Spans. Infolgedessen stieg die Spanlänge gegenüber dem Referenzversuch an. Dies kann sowohl auf eine leichte Änderung der Helixgeometrie des Wendelspans als auch auf eine gesteigerte Dauer zwischen der beginnenden Wirkung der Kraft des HD-KSS-Strahls F_s zu Anfang des Intervalls t_{HD} und dem Erzielen einer zum Bruch hinreichenden Verformung des Spans zurückgeführt werden. In den Experimenten bei v_c = 60 m/min wurde der Spanbruch mehrfach erst durch den zweiten HD-Puls initiiert, vgl. Bild 5.7. Eine Verringerung des Vorschubs und somit der Spandicke bei f = 0,1 mm führte zu einem vermehrten Auftreten kürzerer Späne. Demnach überwog in diesem Parameterbereich die geringere Stabilität der Späne dem Effekt des gesteigerten elastischen Formänderungsvermögens. Die Zerspanversuche mit gesteigerter Schnitttiefe bei gegenüber den Referenzparametern unverändertem oder verringertem Vorschub resultierten in einer zunehmenden Häufigkeit kleinerer Spanlängen. Dies kann, wie zuvor beschrieben, auf die vergrößerte Kontaktfläche und in der Folge die größere auf den Span einwirkende Strahlrückstoßkraft F_s zurückgeführt werden.

Einerseits sind geringe Änderungen der Spanlänge in Zusammenhang mit der Variation der Schnittparameter durch unterschiedliche, von der Spanform abhängige, Dauern zwischen dem Beginn des HD-Intervalls und dem Eintreten des Spanbruchs erklärbar. Andererseits ist bekannt, dass die Eingriffsbedingungen die Eigenschaften der durch den Span gebildeten Helixform bestimmen. In Bild 5.11 sind beispielhaft die Bereiche Spananfang, Mitte und Ende von Spänen aus Experimenten mit P-KSS-Zufuhr dargestellt.

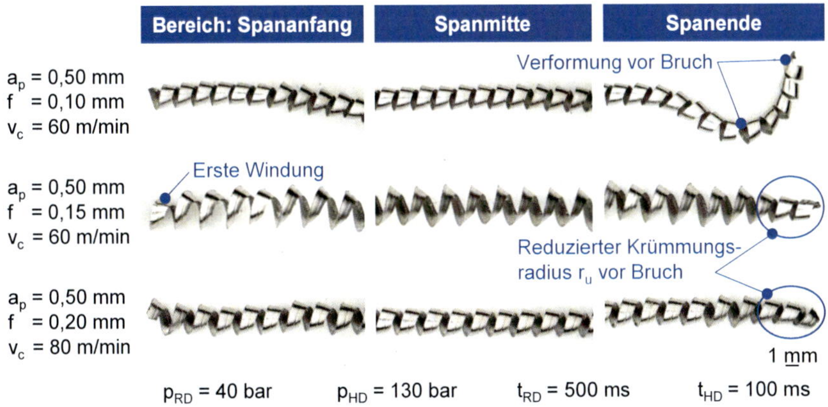

Bild 5.11: Makroskopische Spanformen bei P-KSS-Zufuhr
Macroscopic chip shapes when using pulsating cutting fluid supply

Das Zusammenwirken der Schnitt- bzw. Eingriffsbedingungen, der Spanformgeometrie der Schneidplatte und der KSS-Zufuhr resultieren in leicht unterschiedlichen Ausprägungen der Helixgeometrie. Der Spanablaufwinkel v sowie der Wendelachsenneigungswinkel θ werden, wie in Kapitel 2.1.2 erläutert, von den Eingriffsbedingungen bestimmt. Die Winkel beeinflussen die Positionierung des Spans im KSS-Strahl und somit die Kontaktfläche und in der Folge den Anteil der wirkenden Strahlrückstoßkraft. Darüber hinaus ändern die Winkel der Helix in geringem Maße geometrisch die aus einer bestimmten abgewickelten Drehlänge entstehende Spanlänge. Übereinstimmend mit den anhand von Bild 5.10 beschriebenen Zusammenhängen wiesen die durch den HD-Impuls gebrochenen Späne eine Reduktion des Radius der letzten Windungen vor dem Bruch auf. Der in Bild 5.11 oben dargestellte Span wurde einem Zerspanversuch mit dem geringsten untersuchten Vorschub f = 0,1 mm entnommen. Unter den angegebenen Bedingungen entstandene Späne wiesen vermehrt Verformungen der Helixachse auf. Dies stützt die Annahme, dass das erhöhte Formänderungsvermögen des dünnen Spans Bewegungen und Verformungen des Spans im KSS-Strahl ohne Eintritt des Spanbruchs ermöglicht. Weiterhin wiesen die Späne des Versuchs seltener eine eindeutige Reduktion des Spankrümmungsradius am Spanende auf. Die durch den auftreffenden KSS-Strahl initiierten Ursachen des Spanbruchs weichen demnach von Spänen größerer Spandicken ab. Eine Möglichkeit ist eine mehrfache starke Umformung des Spans, welche schließlich, möglicherweise auch in Kontakt mit beispielsweise der Schneidplatte, zum Bruch führt.

5.1.3 Einfluss der P-KSS-Zufuhr auf die Werkstückstirnfläche

Influence of the P CF Supply on the Workpiece Face

Die übergeordnete Zielgröße bei der Anwendung der P-KSS-Zufuhr ist, wie in Abschnitt 4.2 erläutert, die Qualität der Werkstückstirnfläche im Hinblick auf Oberflächenanomalien infolge von Spankollision. Zur Analyse der Auswirkungen der Stellgrößen der P-KSS-Zufuhr auf die Zielgröße wurden Zerspanuntersuchungen unter Variation der Dauer der Zeitintervalle RD und HD durchgeführt. Die Werkstückoberflächen wurden qualitativ und quantitativ bewertet und zu diesem Zweck optisch und taktil analysiert.

Die experimentellen Untersuchungen begannen mit der Vorbearbeitung der Werkstückstirnfläche durch Plandrehen bei p_{KSS} = 40 bar. Durch den niedrigen KSS-Zufuhrdruck wurde sowohl eine Schädigung der Fläche durch Spankollision als auch durch bei der Trockenbearbeitung von Inconel 718 bekannte Schädigungsmechanismen gemäß Kapitel 2.2.4 unterbunden. Es folgte die Außenlängsrunddrehbearbeitung der angrenzenden zylindrischen Fläche, siehe Darstellung in Bild 5.12 und abschließend die Analyse der Stirnfläche.

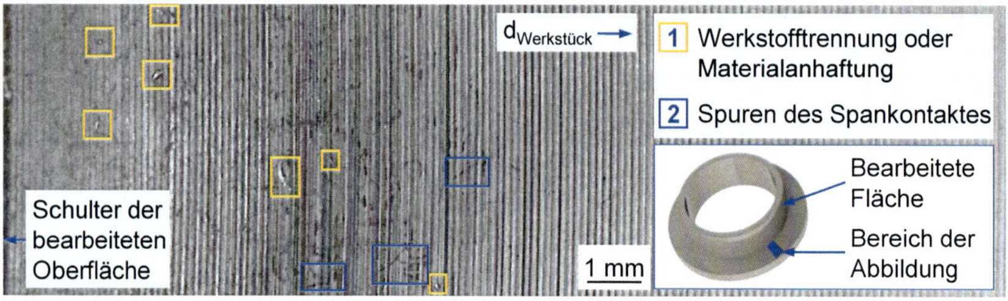

p_{KSS} = 130 bar f = 0,15 mm a_p = 0,4 mm v_c = 80 m/min Stirnfläche: p_{KSS} = 40 bar

Bild 5.12: Kategorien der Oberflächenanomalien nach [CAYL18; SPLE20]

Categories of surface anomalies according to [CAYL18; SPLE20]

CAYLI detektierte bei der Zerspanung der Titanlegierung TiAl6V4 ab einem Bearbeitungsabstand s ≤ 60 mm und einem KSS-Zufuhrdruck p_{KSS} = 20 bar Spuren von Spankontakt an der Werkstückstirnfläche [CAYL17, S. 123]. Das Vergrößern des Abstands s führt zu verminderten Schädigungen der Oberflächen [CAYL17, S. 123]. Die gesamte Außenlängsrunddrehbearbeitung in den folgend beschriebenen Zerspanuntersuchungen erfolgte bei Abständen s ≤ 20 mm. Vor der Bewertung der stirnseitigen Oberfläche wurden je Versuchsparametersatz fünf Schlichtschnitte durchgeführt, wobei die Vorschubrichtung zur Stirnfläche hin ausgerichtet war. Durch die mehrfache Wiederholung resultierte bei einer Schnittgeschwindigkeit v_c = 80 m/min eine Schnittzeit von t_c = 390 s und bei v_c = 60 m/min eine Schnittzeit von t_c = 516 s. Die Wahrscheinlichkeit des Verbleibs zufällig schadensfreier Oberflächen wurden auf diese Weise minimiert. Weiterhin war am Versuchsende ein fortgeschrittener Werkzeugverschleiß zu erwarten. Somit sind die Ergebnisse auch bei einer nicht mehr vollständig erhaltenen Spanformergeometrie und unter Einfluss von Kerbverschleiß gültig. Das zerspante Volumen ermöglichte zudem eine Einschätzung der Eignung der eingestellten Spanlänge zur behinderungsfreien Abfuhr der Späne durch den Späneförderer.

Zur quantitativen Bewertung der stirnseitigen Werkstückoberfläche wurden die mittlere arithmetische Höhe Sa, die maximale Höhe Sz und die maximale Spitzenhöhe Sp der stirnseitigen Oberflächen ermittelt. Hierzu erfolgte eine taktile Messung der Oberflächentopografie mit dem Messgerät MarSurf LD 260 der Firma MAHR. Es wurden an jedem Werkstück drei Flächenbereiche von 2×2 mm^2, welche in einem Winkel von etwa 120° versetzt lagen, vermessen.

Wie in Bild 5.12 beispielhaft dargestellt ist, wurde die Oberfläche zur Erklärung der Messwerte zusätzlich qualitativ analysiert. Mittels eines Lichtmikroskops des Typs VHX 5000 der Firma KEYENCE wurden zu diesem Zweck Aufnahmen der Stirnflächen in jeweils vier um etwa 90° versetzten Bereichen angefertigt. In Anlehnung an die Arbeiten von CAYLI können die Oberflächenschädigungen anhand des Grads der Oberflächenveränderung klassifiziert werden [CAYL17, S.122; SPLE20, S. 64]. Die in dieser Arbeit festgelegte Kategorie 1 erfasst Werkstofftrennungen oder Anhaftungen, welche eine lokale Abdeckung oder Störung des charakteristischen Vorschubrillenprofils der gedrehten Oberfläche verursachen. In der lichtmikroskopischen Aufnahme war die Vorschubrille demnach im Bereich der Anomalie nicht mehr zu erkennen. CAYLI und SANGERMANN stellten fest, dass es sich bei Schäden dieser Kategorie, die optisch als Kratzer oder Materialtrennungen erscheinen, meist um Werkstoffanhaftungen handelt [CAYL17; CAYL18b; SANG13, S. 106]. Kategorie 2 beschreibt optisch wahrnehmbare Veränderungen, welche von CAYLI als „Spuren des Spankontakts" benannt wurden. CAYLI nahm an, dass der Energieaustausch zwischen der Stirnfläche und dem auftreffenden Span in diesem Fall nicht ausreicht, um zu einer Anhaftung des Spans oder dem Heraustrennen von Werkstoff zu führen. Es entsteht lediglich eine visuell erfassbare Spur [CAYL17, S. 122]. Die Klassifizierung der Oberflächenanomalien dient als Basis zur Einschätzung der Ausprägung der Schädigung. Die in den lichtmikroskopischen Aufnahmen sichtbaren Unregelmäßigkeiten der Oberfläche sind den Kategorien 1 und 2 nicht zweifelsfrei zuzuordnen.

Zur Identifikation der Art und Ausprägung der Oberflächenanomalien wurden ergänzende Untersuchungen vorgenommen. Zunächst wurden taktile Oberflächenmessungen mit dem Messgerät MarSurf LD 260 der Firma MAHR durchgeführt. Die Messung erfolgte in Flächenbereichen von 2×2 mm² orthogonal zu den Vorschubrillen von der Werkstückschulter radial nach außen. Der Abstand zwischen den Messlinien betrug 10 µm und die Schrittweite 0,5 µm. Abschließend wurden rasterelektronenmikroskopische Aufnahmen der Werkstückstirnflächen erstellt, um die Beschaffenheit einzelner Anomalien optisch untersuchen zu können.

Im Folgenden werden die Ergebnisse der experimentellen Untersuchungen diskutiert. Bild 5.13 zeigt die ermittelten Oberflächenkennwerte nach Bearbeitung der Bauteile mit HD und P-KSS-Zufuhr. Die mittlere arithmetische Höhe Sa kann als flächenbezogene Vergleichsgröße zum arithmetischem Mittenrauwert Ra interpretiert werden. Daher wird der Wert Sa durch einzelne Werkstoffanhaftungen oder Trennungen kaum beeinflusst und es ist kein Einfluss der KSS-Zufuhrparameter festzustellen.

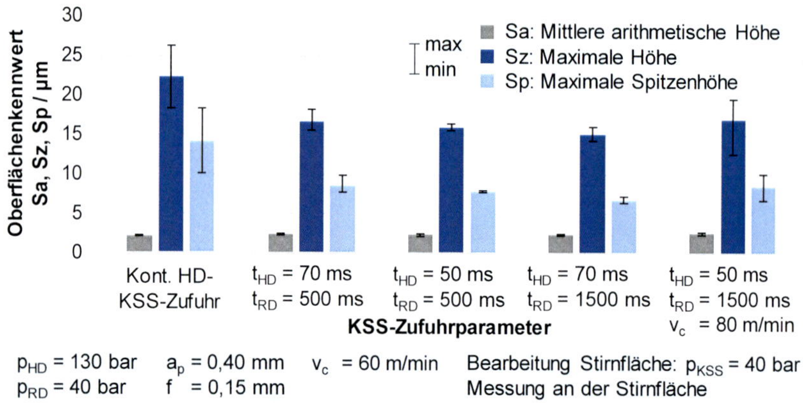

Bild 5.13: Quantitative Oberflächenkennwerte nach [SPLE21, S. 2194]

Quantitative surface characteristics according to [SPLE21, p. 2194]

Bei pulsierender KSS-Zufuhr mit t_{HD} = 70 ms und t_{RD} = 500 ms ist eine Verringerung der maximalen Höhe Sz und Spitzenhöhe Sp gegenüber der HD-KSS-Zufuhr hingegen eindeutig zu detektieren. Ebenso nimmt die Spannweite der Werte zwischen den unterschiedlichen Messstellen am Werkstück ab. Tendenziell führte das Reduzieren der Dauer t_{HD} sowie die Steigerung der Dauer t_{RD} zu einer weiteren Verminderung der Werte. Bei erhöhter Schnittgeschwindigkeit v_c = 80 m/min nahmen die Kennwerte sowie die Spannweite der Messwerte leicht zu.

Die qualitative Analyse des Einflusses der Stellgrößen der KSS-Zufuhr auf die Qualität der Stirnflächen wurden mit Referenzuntersuchungen bei kontinuierlicher KSS-Zufuhr begonnen. Die Anwendung des reduzierten KSS-Zufuhrdrucks p_{KSS} = 40 bar ergab schädigungsfreie Oberflächen, Bild 5.14. Nach der Durchführung der Referenzuntersuchung war im Arbeitsraum der Werkzeugmaschine eine Ansammlung verhakter langer Späne vorzufinden, welche nicht durch den Späneförderer abgeführt werden konnten. Bei HD-KSS-Zufuhr mit einem Druck von p_{KSS} = 130 bar resultierten, den zuvor ermittelten Messwerten entsprechend, Stirnflächen mit einer sehr hohen Schädigungsdichte. Diese nahm mit zunehmendem Durchmesser der Planfläche ab. Die Schädigungen sind, wie auf der fotografischen Aufnahme in Bild 5.14 dargestellt, ohne optische Vergrößerung sichtbar. Weiterhin ist eine haptische Wahrnehmung (Fingernagel) möglich. Die bearbeitete zylindrische Fläche wurde zum Zweck der mikroskopischen Analysen vom Werkstück abgetrennt und ist daher auf der fotografischen Aufnahme lediglich am Schulteransatz vorhanden. Es traten sowohl Veränderungen der Kategorie 1 als auch Kategorie 2 in hoher Anzahl auf.

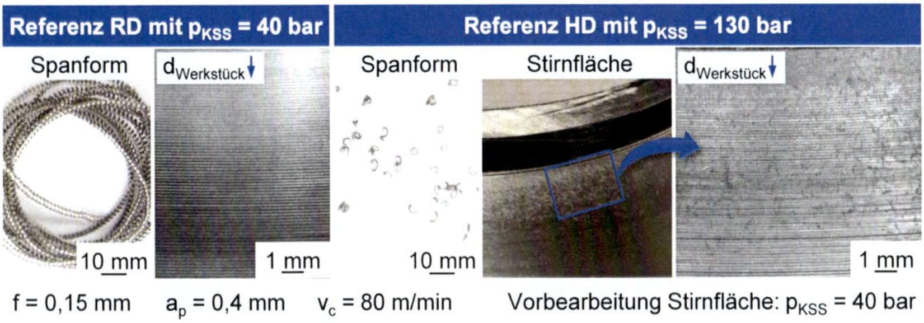

Bild 5.14: Referenzuntersuchungen bei kontinuierlicher KSS-Zufuhr nach [SPLE20, S.64 ff.]
Reference investigations at continuous CF supply according to [SPLE20, p.64 ff.]

Die Ergebnisse spiegeln somit die Motivation der Anwendung der P-KSS-Zufuhr wider. Die kontinuierliche KSS-Zufuhr bei geringem Druck führt zu ungünstigen Spanformen, während die HD-KSS-Zufuhr kurz gebrochene Späne verursacht. Diese führen bei Kollision mit bereits geschlichteten Oberflächen jedoch zu unzulässigen Anomalien.

In Bild 5.15 ist der Einfluss der Intervalldauern t_{HD} und t_{RD} auf die Qualität der Werkstückstirnfläche bei v_c = 60 m/min anhand lichtmikroskopischer Aufnahmen beispielhaft dargestellt. Gegenüber der kontinuierlichen HD-KSS-Zufuhr wurde bei allen angewandten P-KSS-Zufuhrparametern eine signifikante Verminderung der Anzahl der Oberflächenanomalien der Kategorien 1 und 2 erzielt. Bei Intervalldauern von t_{HD} = 50 ms bei t_{RD} = 500 ms traten lediglich vereinzelt Schädigungen der Kategorie 1 auf. Ebenfalls war die Häufigkeit der Spuren des Spankontakts 2 gegenüber der HD-KSS-Zufuhr stark vermindert.

Im nächsten Schritt wurde das Zeitintervall HD zu t_{HD} = 70 ms verlängert. Dies resultierte zu einem eindeutig vermehrten Auftreten der im Bild markierten Anomalien der Kategorie 1. Eine Steigerung der Häufigkeit von Anomalien der Kategorie 2 wurde ebenfalls festgestellt. Bei gleichbleibendem HD-Intervall t_{HD} führte eine zunehmende Dauer des Intervalls mit reduziertem KSS-Zufuhrdruck t_{RD} zu einer Verminderung der Anomalien beider Kategorien. Demnach wirkt sich eine Minimierung der HD-Intervalldauer t_{HD} bei einer Maximierung der Dauer t_{RD} positiv auf die Qualität der Werkstückstirnfläche aus. Ein Erklärungsansatz ist, dass innerhalb des HD-Intervalls t_{HD} ein mehrfacher Bruch sehr kurzer Späne eintritt. Die Problematik des Spanbeschusses tritt somit für den Zeitraum t_{HD} analog zur kontinuierlichen HD-KSS-Zufuhr ein. Dieser Effekt wird durch die Minimierung der Dauer t_{HD} unterbunden. Mit der Einstellung des kritischen Minimalwerts t_{HD} = 50 ms geht gemäß den Ergebnissen der Systemanalyse zusätzliche eine Minderung der erzielten maximalen Strahlrückstoßkraft F_{Zmax} im Zeitintervall HD einher, siehe hierzu Kapitel 4.2.2 und Bild 4.10. Die Maximierung der Dauer des Zeitintervalls RD hat weiterhin zur Folge, dass die HD-Phase innerhalb des Versuchs seltener Eintritt und die Wahrscheinlichkeit der Spankollision somit sinkt. Gemäß den Ergebnissen der strömungstechnischen Analyse des Systems, Bild 4.10 und Bild 4.12, nimmt bei t_{HD} = 70 ms mit Zunahme der Dauer des RD-Intervalls zusätzlich der Betrag der maximal erzielten Strahlrückstoßkraft F_{Zmax} sowie die Dauer der Krafteinwirkung mit $F_Z \geq 75$ % bzw. $F_Z \geq 100$ % des Referenzwertes der kontinuierlichen HD-KSS-Zufuhr F_{ZHD} ab.

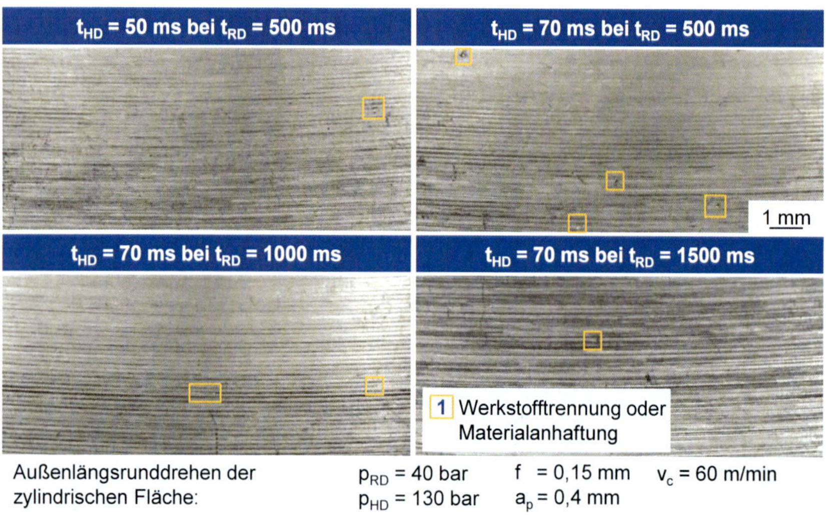

Bild 5.15: Einfluss der Zeitintervalle t_{HD} und t_{RD} auf Anomalien der Stirnfläche nach [SPLE20, S. 65 ff.]

Influence of the durations t_{HD} and t_{RD} on surface anomalies on the front face according to [SPLE20, p. 65 ff.]

Die Ergebnisse der taktilen Untersuchung der Oberflächentopografien sind in Bild 5.16 zu sehen. Die Aufnahmen bestätigen die Annahme, dass es sich bei den sichtbaren Veränderungen der Oberfläche zumeist um Materialanhaftungen handelt. Es sind sowohl Vertiefungen und Spitzen bzw. Anhaftungen im Rillenprofil als auch Kombinationen der beiden Phänomene sichtbar. Bei Letzteren kann es sich um eine Deformation der Oberfläche in Folge der Spankollision und einen daraus resultierenden Materialaufwurf handeln. Weiterhin stützen die Topografien die Schlussfolgerung, dass die Reduktion der Dauer des Zeitintervalls HD sowie die Verlängerung des Zeitintervalls RD zu einer Abnahme der Anzahl der Anomalien führen. Gegenüber der Anzahl wird die Ausprägung der Oberflächenanomalien deutlich geringer durch die Parameter der P-KSS-Zufuhr beeinflusst. Bei der Interpretation der Abbildung ist zu beachten, dass die Messwerte zur besseren Erkennung überproportional erhöht dargestellt werden.

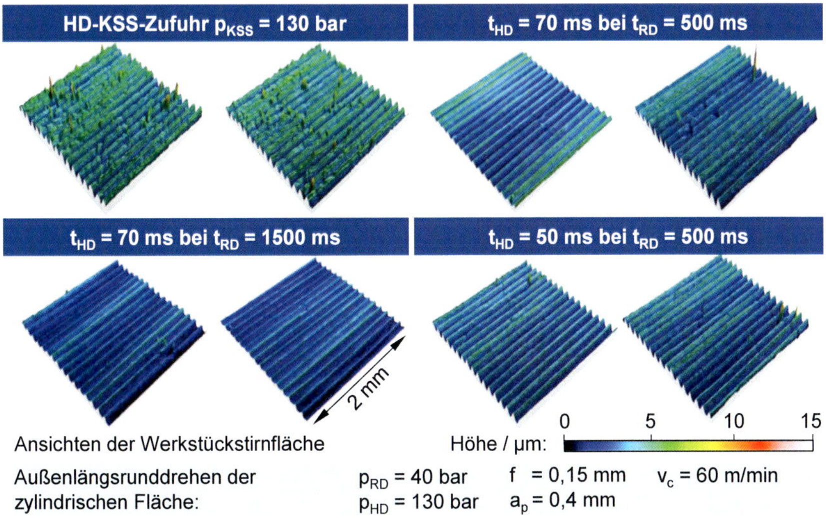

Bild 5.16: Oberflächentopografien bei variierten Intervalldauern t_{HD} und t_{RD} nach [SPLE21]

Surface topographies with different durations t_{HD} and t_{RD} according to [SPLE21]

Zur Analyse der Ausprägung der Anomalien und der Entstehungsmechanismen wurden einzelne Werkstücke rasterelektronenmikroskopisch analysiert. In Bild 5.17 ist die Stirnfläche nach Anwendung der HD-KSS-Zufuhr gezeigt. Übereinstimmend mit den bereits diskutierten Aufnahmen weist die Oberfläche eine Vielzahl von Anomalien auf, welche zumeist als Materialanhaftung erscheinen. Bildausschnitt I zeigt eine Materialanhaftung, welche keine sichtbaren Bruchflächen aufweist. Das Erscheinungsbild der Randfläche der Anhaftung in Bildausschnitt II ähnelt hingegen der typischen Optik von Bruchflächen. Cayli beschrieb in dieser Form ausgeprägte Bereiche als Bruchfläche des anhaftenden Spans [CAYL17, S.121]. In Kombination mit den anhand der Oberflächentopografien detektierten Phänomenen, ist ebenfalls eine Deformation der Oberfläche in Verbindung mit einer Spananhaftung oder einem Materialaufwurf denkbar.

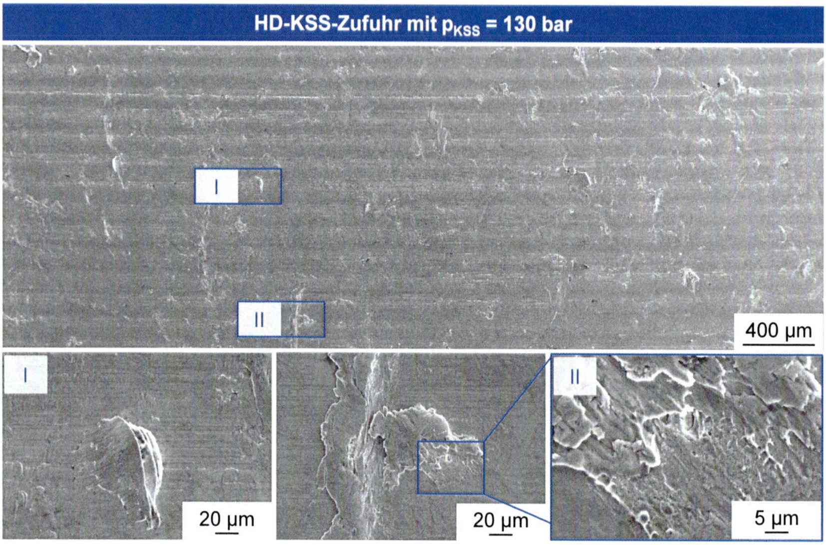

Bild 5.17: REM-Aufnahmen der Stirnfläche nach Anwendung der HD-KSS-Zufuhr
SEM images of the workpiece face after application of HP CF supply

Die in Bild 5.18 gezeigte Oberfläche, welche nach Anwendung der P-KSS-Zufuhr resultierte, weist eine wesentlich geringere Anzahl von Anomalien auf. Die Eigenschaften der Anhaftung in Bildausschnitt I ähneln den bei HD-KSS-Zufuhr entstandenen Anhaftungen.

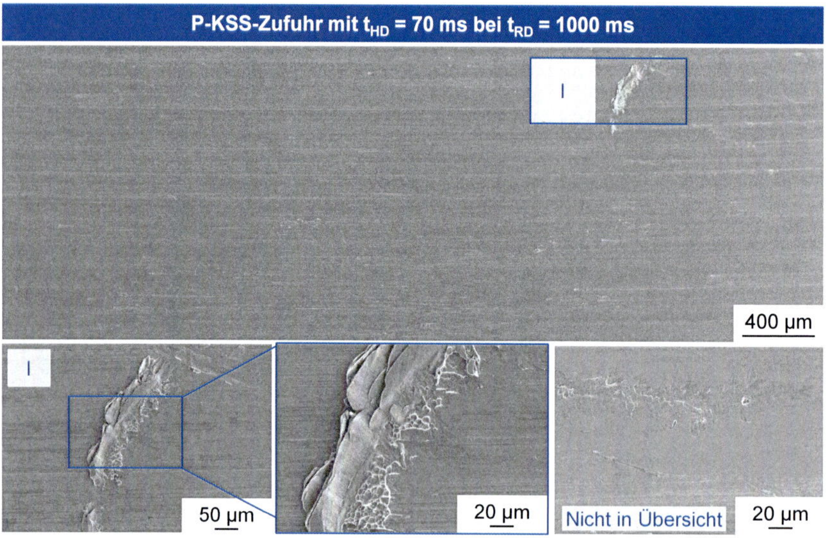

Bild 5.18: REM-Aufnahmen der Stirnfläche nach Anwendung der P-KSS-Zufuhr
SEM images of the workpiece face after application of pulsating CF supply

Sowohl die lamellenartige Schichtung als auch die Bruchfläche wurden ebenso in Bild 5.17 detektiert. Es ist daher anzunehmen, dass die zur Anomalie führende Spankollision im Zeitintervall HD eintrat. Die im Übersichtsbild als Verfärbungen sichtbaren Veränderungen sowie die Oberflächenanomalie im nicht nummerierten Bildausschnitt sind vermutlich als „Spuren des Spankontakts" zu kategorisieren und demnach den dunkel erscheinenden Linien in den lichtmikroskopischen Aufnahmen zuzuordnen, siehe hierzu Bild 5.15.

Die Ergebnisse der Zerspanuntersuchungen zeigen, dass die auftretenden Anomalien der Werkstückstirnfläche aufgrund von Spankollision durch die Anwendung der P-KSS-Zufuhr gegenüber der HD-KSS-Zufuhr minimiert werden können. Mit steigender Dauer der RD-Phase t_{RD} und sinkender Dauer der HD-Phase t_{HD} nahm die Anzahl der Oberflächenanomalien ab, bis nahezu schadensfreie Oberflächen erzielt wurden. Die Anzahl der Anomalien korreliert somit mit der Gesamtdauer der HD-Phasen im Versuch. Ein eindeutiger Einfluss der Bedingungen der P-KSS-Zufuhr auf die Art der auftretenden Anomalien konnte nicht festgestellt werden.

5.1.4 Einfluss der P-KSS-Zufuhr auf den Werkzeugverschleiß

Influence of the P CF Supply on the Tool Wear

Die HD-KSS-Zufuhr ermöglicht unter geeigneten Prozessbedingungen signifikante Steigerungen von Werkzeugstandzeiten oder Schnittparametern bei der Bearbeitung schwer zerspanbarer Werkstoffe gegenüber einer KÜK. Die bekannten zugrundeliegenden Mechanismen wurden in Kapitel 2.2 erläutert. Der Einfluss einer P-KSS-Zufuhr auf die Entwicklung des Werkzeugverschleißes ist bisher nicht bekannt. Zur Analyse der Auswirkungen der P-KSS-Zufuhrparameter auf den Werkzeugverschleiß unter den in dieser Arbeit vorliegenden Versuchsbedingungen erfolgten die nachfolgend erläuterten Zerspanuntersuchungen. Diese wurden beim Außenlängsrunddrehen unter kontinuierlicher HD-KSS-Zufuhr mit unterschiedlichen Zufuhrdrücken und bei P-KSS-Zufuhr unter Variation der Dauer der Phasen RD und HD durchgeführt.

Gemäß Kapitel 2.1.4 und 2.2.2 waren sowohl Freiflächen- als auch Kerbverschleiß als dominierende Verschleißformen zu erwarten. Im Diagramm in Bild 5.19 ist daher die Zunahme der Verschleißmarkenbreite VB sowie des Kerbverschleißes VB_N auf der Nebenfreifläche mit fortschreitendem Standweg dokumentiert. Als Abbruchkriterium der Verschleißversuche galt eine Verschleißmarkenbreite VB > 150 µm oder das Erreichen des abgewickelten Drehwegs von l_c = 1000 m. Gegenüber der konventionellen Überflutungskühlung KÜK wurde durch die gerichtete KSS-Zufuhr unter allen untersuchten Bedingungen mindestens eine Verdoppelung des Standwegs erzielt. Nach einem Standweg von l_c = 500 m wiesen alle Schneidplatten, welche bei P- und HD-KSS-Zufuhr eingesetzt wurden, eine Verschleißmarkenbreite im Bereich von 70 µm ≤ VB ≤ 90 µm auf. Die hinsichtlich des Werkzeugverschleißes besten Ergebnisse wurden bei kontinuierlicher HD-KSS-Zufuhr mit einem Druck von p_{KSS} = 110 bar erzielt. Bei p_{KSS} = 200 bar wurde ein ebenso geringer Freiflächenverschleiß VB erzielt, während der Kerbverschleiß VB_N deutlich stärker ausgeprägt war als bei p_{KSS} = 110 bar. Nach einer abgewickelten Drehlänge von l_c = 1000 m lag die

Verschleißmarkenbreite bei P-KSS-Zufuhr etwas höher als beim Einsatz der kontinuierlichen HD-KSS-Zufuhr. Aufgrund des fortgeschrittenen Kerbverschleißes in Kombination mit Erreichen von VB = 150 µm wurde der Versuch mit P-KSS-Zufuhr bei t_{HD} = 50 ms und t_{RD} = 1000 ms nach l_c = 750 m abgebrochen. Die Ausprägung des Kerbverschleißes lag bei P- und HD-KSS-Zufuhr in vergleichbaren Wertebereichen.

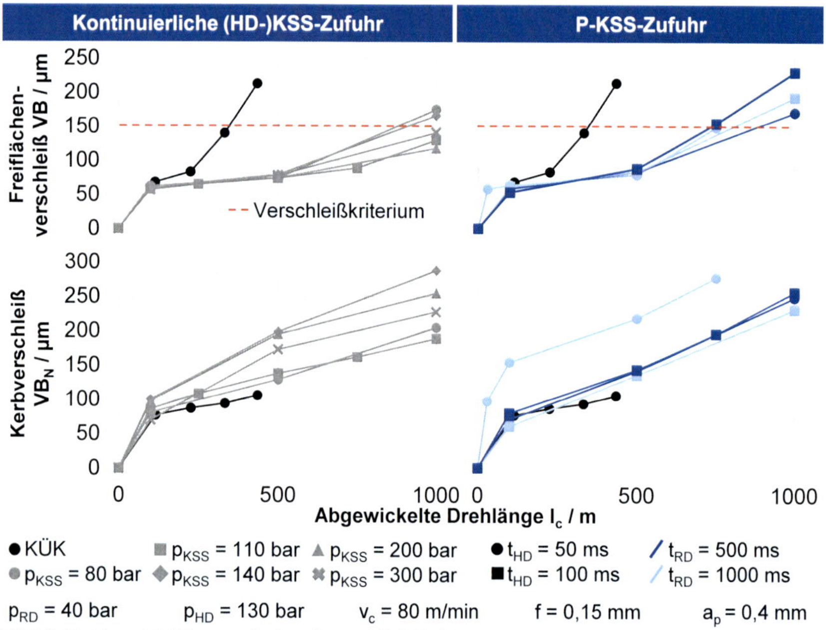

Bild 5.19: Verschleißkurven bei variierter KSS-Zufuhrstrategie

Tool wear graphs at varied CF supply strategies

Dies ist ebenfalls deutlich in der lichtmikroskopischen Aufnahme der Nebenfreifläche der WSP in Bild 5.20 zu erkennen. Die Ergebnisse der Untersuchungen bei kontinuierlicher HD-KSS-Zufuhr stimmen mit den Erkenntnissen verschiedener bekannter Forschungsarbeiten überein. Wie in Kapitel 2.2.2 beschrieben, ergaben diese, dass insbesondere bei der Schlichtbearbeitung von Inconel 718 eine Standwegsteigerung durch eine gerichtete HD-KSS-Zufuhr nur unter eingeschränkten Bedingungen erzielbar ist [EZUG05; SHAR08; KLOC11a; SANG13, S. 90 ff.].

Bei Überschreiten eines von den Stellgrößen des Zerspanprozesses abhängigen kritischen Zufuhrdrucks wurde keine weitere Reduktion des Freiflächenverschleißes VB, jedoch eine verstärkte Ausprägung des für die Bearbeitung von Inconel 718 typischen Kerbverschleißes VB_N festgestellt. Ein möglicher Erklärungsansatz ist, dass im Schlichtbereich der Anteil des thermisch induzierten Verschleißes nicht ausreichend groß ist, um eine Verschleißreduktion durch Temperatursenkung zu erzielen [SHAR08].

Weiterhin wird die abrasive Wirkung der in Inconel 718 enthaltenen harten Partikel durch die Temperaturminderung am Werkzeug kaum verringert. Die Konzentration der Belastung der Schneide durch die verkleinerte Kontaktfläche zwischen Span und Spanfläche führt zusätzlich zu einer Verstärkung der abrasiven Verschleißformen [KLOC11a; SANG13, S. 90 ff.].

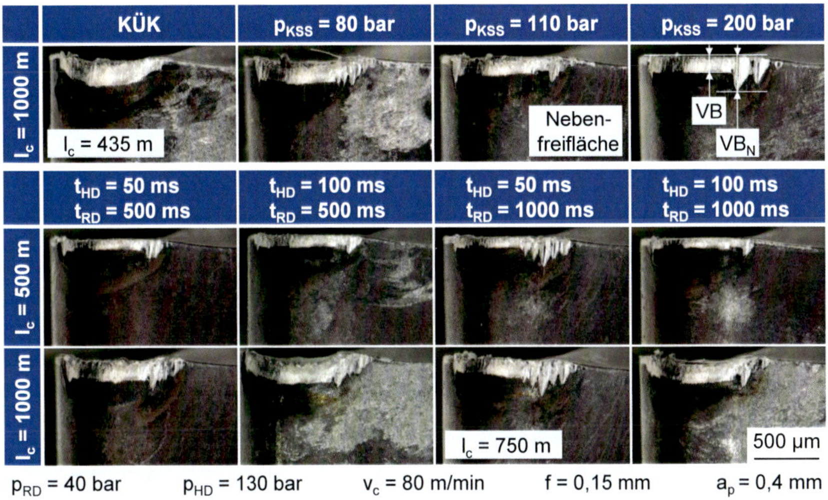

Bild 5.20: Verschleißformen bei variierter KSS-Zufuhrstrategie
Tool wear at varied CF supply strategies

Bei P-KSS-Zufuhr entstand Freiflächen- und Kerbverschleiß, welcher ähnlich zur HD-KSS-Zufuhr bei p_{KSS} = 80 bar ausgeprägt war. Der gegenüber der HD-KSS-Zufuhr leicht vergrößerte Freiflächenverschleiß VB bei allen Untersuchungen mit P-KSS-Zufuhr kann auf eine verminderte Kühlung und Schmierung der Zerspanzone im Zeitintervall RD zurückgeführt werden.

Ein weiterer Erklärungsansatz für den bei P-KSS-Zufuhr gegenüber der HD-KSS-Zufuhr leicht erhöhten Werkzeugverschleiß ist der im Zeitintervall RD ausbleibende Spanbruch. Bei den angewendeten Schnittparametern resultieren hingegen unter kontinuierlicher HD-KSS-Zufuhr ab p_{KSS} = 80 bar kurze Späne. Durch den regelmäßigen Spanbruch kann der KSS-Strahl ungehindert in die Zerspanzone vordringen und die Kühlung der Zerspanzone wird stark verbessert [LIUH23, S. 10]. Das gezielte Unterbinden des Spanbruchs im Zeitintervall t_{RD} bei P-KSS-Zufuhr vermindert zusätzlich zur ohnehin reduzierten KSS-Zufuhr den Kühleffekt in der Zerspanzone. Analysen der Werkzeugtemperatur beim Drehen mit P-KSS-Zufuhr sind in Kapitel 5.2.2 zu finden.

Durch den Einsatz der P-KSS-Zufuhr wird der Werkzeugverschleiß gegenüber der KÜK deutlich reduziert. Gegenüber einer prozessangepassten HD-KSS-Zufuhr sind bei Einsatz der P-KSS-Zufuhr etwas reduzierte Werkzeugstandzeiten aufgrund des tendenziell verstärkten Freiflächenverschleißes zu erwarten. Ein eindeutiger Einfluss der Intervalldauern t_{RD} und t_{HD} auf die Entwicklung des Werkzeugverschleißes konnte nicht festgestellt werden.

5.2 Analyse identifizierter Einflussgrößen

Analysis of Identified Influencing Factors

In Kapitel 5.1 erfolgte die Analyse des Einflusses der Stellgrößen der P-KSS-Zufuhr auf die Zielgrößen Spanform, Qualität der Werkstückstirnfläche und Werkzeugverschleiß sowie die Erklärung zugrundeliegender Wirkmechanismen. Die Wirksamkeit der P-KSS-Zufuhr hinsichtlich der gezielten Einstellung von Spanlängen wurde mit Hilfe der Vermessung aller Spanlängen aus Zerspanuntersuchungen bewertet. Es wurde bisher kein eindeutiger Zusammenhang zwischen der Wirksamkeit der P-KSS-Zufuhr zur Einstellung einer bestimmten Spanlänge und der resultierenden Häufigkeit von Anomalien der Stirnfläche identifiziert. Somit wurde die Spanform als Einflussgröße bisher nicht hinreichend untersucht. Weiterhin ist nicht bekannt, inwiefern der wechselnde KSS-Volumenstrom und -Druck die Temperatur in der Zerspanzone beeinflussen. Die Einflussgrößen „Spanform“ und die werkzeugseitige „Temperatur in der Zerspanzone“ wurden daher experimentell analysiert. Die Resultate werden in den Kapiteln 5.2.1 und 5.2.2 vorgestellt und diskutiert.

5.2.1 Ursächliche Spanformen für Oberflächenanomalien bei P-KSS-Zufuhr

Causal Chip Lengths for Surface Anomalies during P CF Supply

In Kapitel 5.1.1 wurde die Wirksamkeit der P-KSS-Zufuhr hinsichtlich der gezielten Einstellung der Spanlänge unter Variation der Stellgrößen der P-KSS-Zufuhr analysiert. Bei einer Dauer des Intervalls mit reduziertem KSS-Zufuhrdruck von t_{RD} = 500 ms in Kombination mit einer HD-Phase von t_{HD} = 100 ms befand sich gegenüber den weiteren untersuchten Einstellungen der größte Anteil der Späne in einem Modalwertbereich mit nahezu gleicher Spanlänge, siehe hierzu Bild 5.2. Die geringste Anzahl von Anomalien der Stirnfläche wurde hingegen bei Einstellung einer längeren Phase des reduzierten Drucks von t_{RD} = 1500 ms und dem kritischen Minimalwert von t_{HD} = 50 ms erzielt.

Basierend auf den Forschungsarbeiten von Cayli [CAYL17; CAYL18b] ist bekannt, dass die Qualität der Werkstückstirnfläche beim Drehen mit HD-KSS-Zufuhr mit der Spanform bzw. Spanlänge in Zusammenhang steht. Für die Entstehung von Oberflächenanomalien sind insbesondere sehr kleine Späne mit $l_s \leq 20$ mm ursächlich, siehe Kapitel 2.2.4. Eigene Voruntersuchungen ergaben jedoch, dass diese Späne und Spansegmente bei der Entnahme am Ende des Zerspanversuchs nicht zuverlässig in der Werkzeugmaschine gefunden werden [SPLE21, S. 2192; SPLE20, S. 43].

Wie in Bild 5.1 in Kapitel 5.1.1 beispielhaft gezeigt, entsteht bei Anwendung der P-KSS-Zufuhr eine von den Stellgrößen der P-KSS-Zufuhr abhängige, charakteristische Verteilung der Spanlängen. Der im dargestellten Beispiel größte Anteil der Späne weist eine gleichbleibende Länge auf, welche durch die zeitlich äquidistant wiederholte HD-Phase erzeugt wird. Ein kleinerer Anteil Späne besitzt aufgrund stochastischer Spanbruchereignisse eine reduzierte Länge. Der dritte Teil der Späne besteht nur aus einzelnen Helixwindungen oder deren Segmenten. Späne mit Längen im Bereich zwischen 20 mm $\leq l_s \leq$ 40 mm treten nur sehr vereinzelt auf. Weiterhin ist es basierend auf den Ergebnissen von CAYLI möglich, dass Späne in diesem Längenbereich ebenfalls Anomalien verursachen. Es ist daher davon auszugehen, dass der Anteil der zerspanten Masse, welcher in Spänen mit Längen $l_s \leq 40$ mm resultiert, mit der Häufigkeit von Anomalien der Stirnfläche korreliert.

In Voruntersuchungen zu dieser Arbeit betrug der Anteil dieser kurzen Späne mit $l_s \leq 40$ mm bis zu 20 % der berechneten zerspanten Gesamtmasse [SPLE21, S. 2192 f.; SPLE20, S. 43 ff.]. Für ausgewählte KSS-Zufuhrbedingungen und Zerspanungsparameter konnte die Korrelation mit der Qualität der Werkstückstirnfläche bereits gezeigt werden [SPLE21, S. 2195]. Der eingeführte Kennwert h_{40}, welcher den prozentualen Anteil der Späne mit Längen $l_s \geq 40$ mm an der errechneten zerspanten Gesamtmasse beschreibt, wurde daher in den im Folgenden diskutierten Experimenten angewendet.

Die Ergebnisse der Zerspanuntersuchungen unter Variation der Zeitintervalle t_{HD} und t_{RD} bei zwei unterschiedlichen Schnittgeschwindigkeiten sind in Bild 5.21 dargestellt. Die Säulen im Diagramm zeigen jeweils den Mittelwert aus vier Zerspanuntersuchungen sowie den minimalen und maximalen dokumentierten Wert h_{40}. Der größte Wert h_{40} wurde unabhängig von der Dauer des Intervalls des reduzierten Drucks t_{RD} unter Anwendung des geringsten HD-Zeitraums t_{HD} = 50 ms (hellblaue Säulen) erzielt. Besonders deutlich ist der Zusammenhang zwischen der Dauer des HD-Zeitintervalls und dem Anteil der Späne mit Längen $l_s \geq 40$ mm bei t_{RD} = 500 ms zu erkennen. Mit zunehmender Dauer des Zeitintervalls t_{HD} sank der Wert h_{40}. Bei t_{HD} = 100 ms resultierte mit h_{40} = 74 % der geringste prozentuale Anteil an der Gesamtmasse innerhalb der Versuchsreihe. Bei gesteigerter Dauer des Zeitintervalls RD zu t_{RD} = 750 ms wurde unter t_{HD} = 70 ms mit h_{40} = 86 % und t_{HD} = 100 ms mit h_{40} = 84 % ein nahezu gleicher Wert erzielt. Ähnlich gering war der Unterschied zwischen den Einstellwerten t_{HD} = 50 ms und t_{HD} = 70 ms bei der höchsten untersuchten Länge des Intervalls mit reduziertem KSS-Zufuhrdruck t_{RD} = 1000 ms.

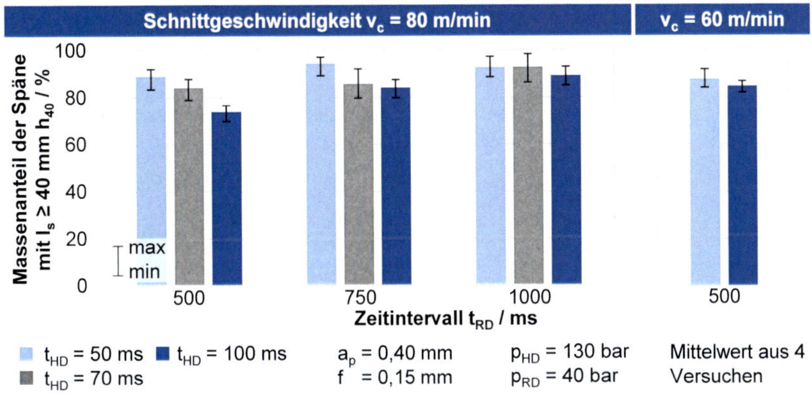

Bild 5.21: Einfluss der Dauer der Zeitintervalle t_{HD} und t_{RD} auf den Kennwert h_{40}
Influence of the durations t_{HD} and t_{RD} on the value h_{40}

Der identifizierte Einfluss der Dauer der HD-Phase t_{HD} auf den Kennwert h_{40} führt zu dem Rückschluss, dass innerhalb des Hochdruckimpulses einige sehr kurze Späne entstehen. Umso länger die HD-Phase andauert, welche kurzzeitig zu mit der kontinuierlichen HD-KSS-Zufuhr übereinstimmenden Bedingungen führt, desto mehr sehr kurze Späne entstehen. Gleichzeitig nimmt die Wahrscheinlichkeit von Kollisionen mit der Werkstückoberfläche und der daraus folgenden Entstehung von Anomalien zu. Die tendenzielle Zunahme des Werts h_{40} mit steigender Dauer des RD-Intervalls ist darauf zurückzuführen, dass in der Folge innerhalb eines Versuches mit einem bestimmten zerspanten Volumen eine geringere Anzahl von HD-Pulsen erzeugt wird. Dementsprechend sinkt die Gesamtdauer der HD-Phase innerhalb des Experiments.

Weiterhin wurde in Abschnitt 4.2.2 bei der Analyse des strömungstechnischen Systemverhaltens gezeigt, dass die Dauer der Zeitintervalle HD und RD die in der Zerspanzone während des HD-Intervalls resultierende Kraft des KSS-Strahls F_s beeinflusst. Insbesondere bei der Einstellung des identifizierten kritischen Minimalwerts t_{HD} = 50 ms weicht die während des HD-Pulses einwirkende Strahlrückstoßkraft in Betrag und Wirkdauer deutlich reduziert vom Einstellwert ab. Infolgedessen steigt die Wahrscheinlichkeit, dass in dieser Phase lediglich ein einzelner Spanbruch herbeigeführt wird.

Die Reduktion der Schnittgeschwindigkeit von v_c = 80 m/min zu v_c = 60 m/min führte bei t_{RD} = 500 ms und t_{HD} = 100 ms zu einer Steigerung des Kennwertes h_{40} von h_{40} = 74 % auf h_{40} = 85 %, siehe rechtes Diagramm in Bild 5.21. Dies ist darauf zurückzuführen, dass durch die reduzierte Schnitt- und damit ebenfalls verringerte Spanablaufgeschwindigkeit innerhalb des HD-Intervalls weniger Späne entstehen. Weiterhin wurde, wie in Kapitel 4.2.3 erläutert, unter den vorliegenden Versuchsbedingungen eine grundsätzlich mit der Schnittgeschwindigkeit steigende Neigung zum Spanbruch festgestellt.

In Kapitel 4.2.3 wurde der Einfluss der Stellgrößen der P-KSS-Zufuhr auf die Art und Anzahl der Anomalien der Stirnfläche unter den gleichen Schnittbedingungen wie in den zuvor beschriebenen Untersuchungen dieses Kapitels, vgl. Bild 5.21, analysiert. Hohe Qualitäten der Stirnfläche wurden durch reduzierte Dauern der HD-Phase bei langen Intervallen mit reduzierter KSS-Zufuhr erzielt. Diese Bedingungen führten ebenfalls zum Erreichen maximaler Werte des Kennwerts h_{40}. Der Anteil der Späne mit Spanlängen $l_s \geq 40$ mm an der zerspanten Gesamtmasse korreliert somit mit der Qualität der Stirnfläche.

Zusätzlich wurde der Einfluss des Spanungsquerschnitts auf den Kennwert h_{40} analysiert. Die Ergebnisse der Experimente sind in Bild 5.22 gezeigt. Die Untersuchungen wurden bei konstanten P-KSS-Parametern von t_{HD} = 100 ms und t_{RD} = 500 ms durchgeführt. Der Anteil des stochastischen Spanbruchs ist in diesem Parameterbereich gemäß Kapitel 5.1.1 geringer als bei längeren Phasen RD. Die Ergebnisse der Variation der Schnitttiefe bei einem Vorschub von f = 0,15 mm sind im Diagramm in Bild 5.22 links gezeigt.

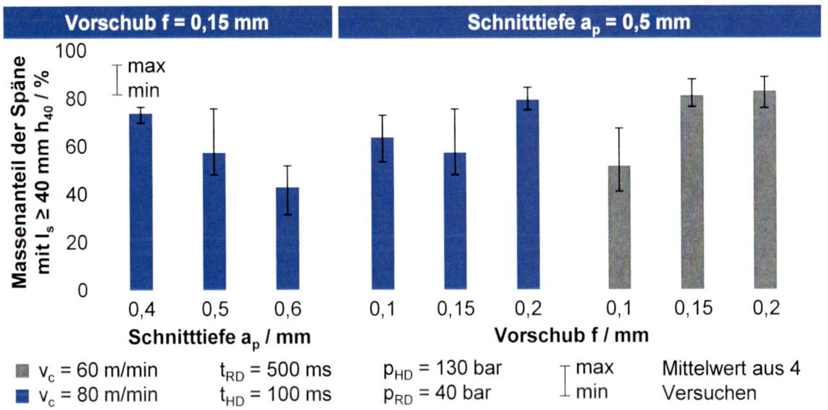

Bild 5.22: Einfluss der Schnitttiefe und des Vorschubs auf den Kennwert h_{40}
Influence of depth of cut and feed on the value h_{40}

In den Abschnitten 4.2.3 und 5.1.1 wurde bereits diskutiert, inwiefern sich die Schnitttiefe a_p und der Vorschub f auf den Spanbruch unter HD- und P-KSS-Zufuhr auswirken. Mit zunehmender Schnitttiefe a_p steigt die Spanbreite b_{ch} und somit die Kontaktfläche zwischen Span und KSS-Strahl an. In der Folge wirkt ein größerer Anteil der Strahlrückstoßkraft F_s auf den Span ein. Dementsprechend sank der Anteil h_{40} mit zunehmender Schnitttiefe. Ebenfalls wies der Kennwert h_{40} bei a_p = 0,5 mm und a_p = 0,6 mm gegenüber dem initialen Wert a_p = 0,4 mm eine größere Streubreite auf. Ein Erklärungsansatz ist es, dass die große Kontaktfläche nur dann wirksam ist, wenn der KSS-Strahl näherungsweise orthogonal auf den Spanrücken auftrifft.

Es folgte die Variation des Vorschubs f bei den Schnittgeschwindigkeiten v_c = 80 m/min und v_c = 60 m/min. Der geringste Vorschub f = 0,1 mm führte bei beiden Schnittgeschwindigkeiten zu einer gegenüber den weiteren Versuchen großen Streubreite des Kennwerts h_{40}, welche wie folgt zu erklären ist. Der geringe Vorschub f führt zu einer geringen Spandicke h_{ch}. Die Späne weisen aus diesem Grund eine hohe elastische Verformbarkeit auf, welche den Bruch durch die einwirkende Kraft des KSS-Strahls erschwert. Der kleine Spanquerschnitt führt dementgegen dazu, dass weniger Kraft für die Verformung des Spans erforderlich ist. Zum Bruch führende Kollisionen des ablaufenden Spans, beispielsweise mit dem Schneideinsatz, können daher auch bei einer geringen Kontaktfläche zwischen Span und KSS-Strahl ausgelöst werden. Bei der höheren untersuchten Schnittgeschwindigkeit ist der Wert h_{40} bei f = 0,15 mm geringer als bei f = 0,10 mm. Bei v_c = 60 m/min hingegen liegen Mittelwert und Streubreite von h_{40} im Bereich des beim höchsten Vorschub f = 0,2 mm ermittelten Wert. Aufgrund der Steigerung des Vorschubs von f = 0,10 mm auf f = 0,15 mm nimmt die elastische Verformbarkeit des Spans ab, jedoch ist mehr Kraft notwendig, um eine Verformung herbeizuführen. Durch die in Folge der Variation der Schnittgeschwindigkeit geänderten Bedingungen der Spanbildung ändert sich der dominierende Effekt hier bei gleichbleibenden Eingriffsbedingungen. Der höchste angewandte Vorschub f = 0,2 mm resultierte für beide Schnittgeschwindigkeiten übereinstimmend im höchsten Kennwert h_{40} der Versuchsreihe. Ein Erklärungsansatz ist, dass die gegenüber den geringeren Vorschüben erhöhte erforderliche Strahlrückstoßkraft zur Verformung des Spans bis zum Bruch lediglich für einen kurzen Zeitraum innerhalb des Intervalls t_{HD} erzielt wird. Infolgedessen entsteht eine reduzierte Anzahl kritischer kurzer Späne.

5.2.2 Werkzeugtemperatur bei der P-KSS-Zufuhr

Tool Temperature during P CF Supply

Die Wirkprinzipien der gerichteten HD-KSS-Zufuhr basieren auf der mechanischen, thermischen und tribologischen Strahlwirkung in der Zerspanzone, vgl. Kapitel 2.2.1 [SANG13, S. 17]. Die im Fokus dieser Arbeit stehende Spanbildung, insbesondere hinsichtlich der Phasen Spanformung und -bruch, wird dominant durch die mechanische Strahlwirkung beeinflusst. Für die Verschleißentwicklung bei Einsatz von Hartmetallwerkzeugen hingegen ist die Temperatur in der Zerspanzone bzw. in der Schneidplatte ein zentraler Einflussfaktor. Bisher wurden die Auswirkungen einer P-KSS-Zufuhr auf diese Temperaturen nicht systematisch untersucht.

Die Messung der Werkzeugtemperatur erfolgte mittels eines Zwei-Farben-Pyrometers. Das Messgerät „FIRE“ (Fibre-optic ratio pyrometer), auch Verhältnisstrahl-Pyrometer genannt, wurde am Lehrstuhl für Wärme- und Stoffübertragung der RWTH Aachen University zur Temperaturmessung an metallischen Oberflächen entwickelt [MUELL04]. Zum Ermitteln von Temperaturen in der Zerspanzone ist das Messgerät durch die Anwendung in zahlreichen Forschungsarbeiten etabliert, wie beispielsweise in [HOPP03; ESSI10; KLOC11a; KLOC12; SANG13; AUGS18; LIUH21].

Die Messung erfolgt anhand der emittierten Infrarotstrahlung der Oberfläche. Die Temperatur wird dabei basierend auf dem Verhältnis zweier Wellenlängen ermittelt. Auf diese Weise können absolute Temperaturen ohne Kenntnis des Emissionsgrades der Oberflächen detektiert werden. In Bild 5.23 ist der Versuchsaufbau mit dem Messgerät dargestellt.

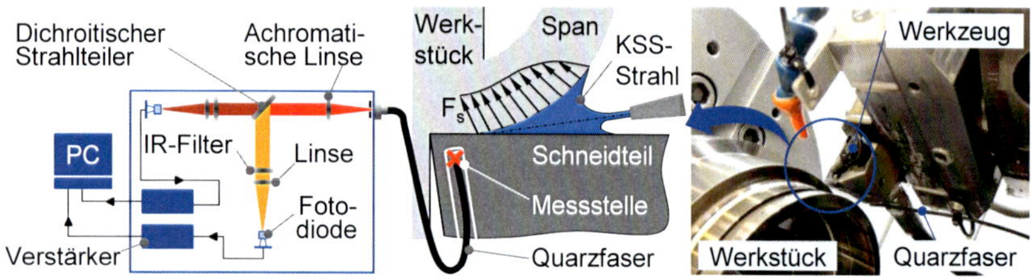

Bild 5.23: Temperaturmessung mit einem Zwei-Farben-Pyrometer [MUEL04, S. 39]
Temperature measurement using a ratio pyrometer [MUEL04, S. 39]

Aufgrund der schlechten Zugänglichkeit der Zerspanzone wird die Infrarotstrahlung mit Hilfe einer flexiblen, lichtleitenden Quarzfaser zum Pyrometer geleitet. Die Strahlung wird mittels einer achromatischen Linse gerichtet und durch den dichroitischen Strahlteiler geteilt, welcher bestimmte Wellenlängen transmittiert bzw. reflektiert. Die Strahlung wird schließlich mittels Quarzglaslinsen auf die als Detektoren fungierenden

Fotodioden fokussiert. Durch die Anwendung von Verstärkungsfaktoren sind Temperaturen in einem Bereich von 250 °C ≤ T ≤ 1200 °C messbar. Weiterhin zeichnet sich das Zwei-Farben-Pyrometer durch das sehr hohe zeitliche Auflösungsvermögen von 2 µs aus [MUEL04]. Durch diese Charakteristika eignet sich die Messmethode für den Einsatz unter Schlichtbedingungen bei P-KSS-Zufuhr in dieser Arbeit. Da die Temperatur im Schneidteil mit zunehmendem Abstand von der Zerspanzone mit hohem Gradienten abnimmt, nimmt die Positionierung der Quarzfaser einen nicht zu vernachlässigenden Einfluss auf das Ergebnis der Messung. Weiterhin ist zu beachten, dass eine Benetzung der Faser mit KSS, bzw. ein KSS-Film zwischen der Quarzfaser und der emittierenden Oberfläche zur Behinderung der Übertragung der Infrarotstrahlung führt [SANG13, S. 85]. Für die Temperaturmessung erfolgte daher die Präparation von zwei Schneidplatten mit einer erodierten Grundlochbohrung, wie in Bild 5.24 gezeigt ist.

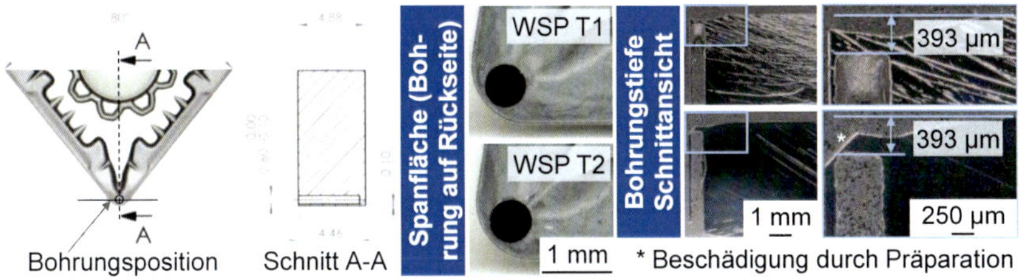

Bild 5.24: Präparation von Schneidplatten für die Temperaturmessung
Preparation of cutting inserts for temperature measurement

Die Bohrung wurde in möglichst geringem Abstand zu der Kontaktzone zwischen Schneidplatte und Werkstück bzw. Span und somit zur Schneidenecke und Spanfläche positioniert. Da die Bohrungstiefe beim Erodieren eine gewisse Unsicherheit aufweist, werden Messungen, welche mit unterschiedlichen Schneidplatten durchgeführt wurden, in Forschungsarbeiten üblicherweise nicht gegenübergestellt [SANG13, S. 85]. Daher erfolgte eine Prüfung der Bohrungsposition nach Abschluss der Zerspanuntersuchungen durch das Auftrennen der Schneidplatten und die Analyse des Schliffbilds. Die Bohrungstiefe und Positionierung stimmten in WSP T1 und T2 sehr genau überein, sodass der Einfluss der Bohrungseigenschaften bei der Auswertung der Temperaturmessungen im Folgenden vernachlässigt und ein Mittelwert aus beiden Messungen ausgewertet werden konnte.

In vergangenen Forschungsarbeiten wurde nachgewiesen, dass die Temperatur in der Zerspanzone beim Drehen mit gerichteter HD-KSS-Zufuhr mit zunehmendem KSS-Zufuhrdruck und entsprechend proportional ansteigendem Volumenstrom sinkt. Die Ausprägung der Temperaturdifferenz war dabei von den Schnittbedingungen und dem zerspanten Werkstoff abhängig [KLOC11a, S. 58 ff.; KLOC12, S. 297; SANG13, S. 87; LIUH23, S. 10]. Klocke et al. führten werkzeugseitige Temperaturmessungen beim Außenlängsrunddrehen von Inconel 718 mit präparierten Hartmetall-WSP mit einem Zwei-Farben-Pyrometer, ähnlich zu den Untersuchungen in dieser Arbeit, durch. Die größte Temperaturdifferenz von ΔT = 855°C - 731°C = 124°C detektierten Klocke et al. durch die Änderung der KSS-Zufuhrstrategie von konventioneller KSS-Zufuhr per Gelenkschlauch bei p_{KSS} = 6 bar (Q = 12 l/min) zu gerichteter HD-KSS-Zufuhr bei

p_{KSS} = 70 bar (Q = 16 l/min). Unter den angewandten Bedingungen (a_p = 1 mm, f = 0,2 mm, v_c = 60 m/min) wurde durch eine Steigerung des KSS-Drucks auf p_{KSS} = 150 bar eine weitere Temperaturreduktion von ΔT = 61°C erzielt. Die erneute Verdoppelung des KSS-Zufuhrdrucks auf p_{KSS} = 300 bar hatte lediglich noch eine Temperaturreduktion von ΔT = 20°C zur Folge [KLOC11a, S. 58].

Die große Temperaturdifferenz durch den Einsatz der gerichteten Zufuhr ist neben dem besseren Vordringen des KSS-Strahls in die Zerspanzone durch den Bruch kurzer Späne zu erklären. LIU ET AL. zeigten beim Einstechen in Stahl AISI-1045 mit spanflächenseitiger HD-KSS-Zufuhr, dass die Werkzeugtemperatur mit zunehmendem KSS-Zufuhrdruck sank. Die größte Temperaturdifferenz wurde erzielt, sobald durch die Drucksteigerung Spanbruch erzielt wurde. In der Folge trat eine Verdoppelung des Konvektionskoeffizienten und somit der konvektiven Kühlung ein [LIUH 23, S. 10].

Zur Identifikation des Einflusses der KSS-Zufuhrstrategie auf die Werkzeugtemperatur wurden mit WSP T1 und T2 jeweils Zerspanuntersuchungen unter verschiedenen KSS-Zufuhrbedingungen durchgeführt. Aufgrund des geringen Spanungsquerschnitts waren unter den in dieser Arbeit genutzten Schnittbedingungen geringere Absoluttemperaturen als bei den beschriebenen Untersuchungen von KLOCKE ET AL. zu erwarten [KLOC11a].

In Bild 5.25 sind beispielhaft Ausschnitte aus den Messergebnissen bei Anwendung der kontinuierlichen HD-KSS-Zufuhr und bei P-KSS-Zufuhr dargestellt. Bei kontinuierlicher HD-KSS-Zufuhr stellt sich eine stationäre Temperatur um einen Mittelwert von T = 330 °C ein. Gegenüber der Messung bei P-KSS-Zufuhr weisen die Messwerte eine etwas größere Streuung auf. Ein Erklärungsansatz ist der Bruch kurzer Späne in geringen Zeitabständen.

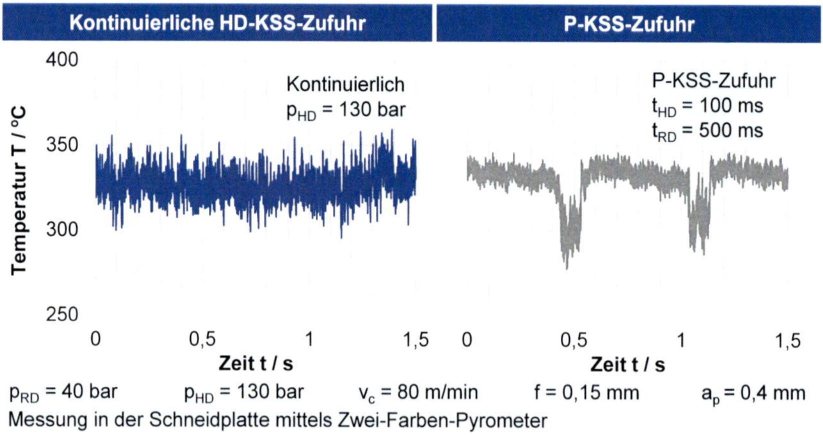

Bild 5.25: Verlauf der Werkzeugtemperatur bei HD- und P-KSS-Zufuhr
Temperature in cutting insert at high-pressure and pulsating CF supply

Im Temperaturverlauf bei P-KSS-Zufuhr sind die Zeitintervalle HD und RD eindeutig zu unterscheiden, Bild 5.25. Im Zeitintervall des reduzierten Drucks stellt sich für die Dauer t_{RD} = 500 ms eine leicht erhöhte stationäre Temperatur mit einem Mittelwert von T = 335 °C ein. Über die Dauer des HD-Zeitintervalls t_{HD} = 100 ms resultiert ein Temperaturminimum. Dies kann durch den Bruch des im Intervall RD entstandenen langen Spans in Kombination mit dem schlagartig ansteigenden KSS-Druck und Volumenstrom erklärt werden. Zusätzlich tritt der zuvor beschriebene Effekt der gesteigerten Kühlung durch hochfrequenten regelmäßigen Spanbruch ein.

Mit den präparierten WSP T1 und T2 wurden jeweils sechs Experimente bei Variation der KSS-Zufuhrstrategie durchgeführt. Um den Einfluss des Werkzeugverschleißes zu minimieren, erfolgte ein Initialschnitt vor der ersten Messung. Der Freiflächenverschleiß nahm über die Versuchsreihen um ΔVB < 10 µm zu, sodass der Einfluss auf die Temperatur als vernachlässigbar gering einzustufen ist.

Im Diagramm in Bild 5.26 sind jeweils der Mittelwert der Temperatur, der Mittelwert der Temperatur in der Phase des reduzierten Drucks RD und der Mittelwert der Temperatur in der HD-Phase dargestellt. Für die kontinuierliche Zufuhr entfallen letztere und es ist ausschließlich der Mittelwert der Temperatur über die Messdauer von t = 5 s mit den WSP T1 und T2 abzulesen. Die Fehlerindikatoren zeigen jeweils den maximalen und minimalen Mittelwert aus den Messungen mit beiden präparierten Schneidplatten WSP T1 und T2 an. Anhand der Messung bei kontinuierlicher KSS-Zufuhr mit p_{KSS} = 130 bar ist zu erkennen, dass die Abweichung zwischen den Messwerten durch die Positionierung der Bohrung in der Schneidplatte weniger als ΔT = 15 °C betrug.

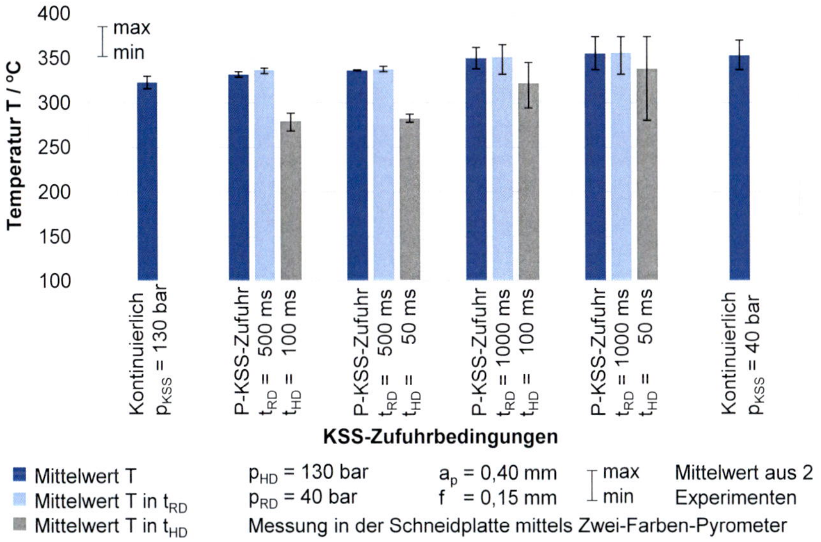

Bild 5.26: Werkzeugtemperatur bei Variation der KSS-Zufuhrstrategie

Temperature in cutting insert at varied CF supply strategies

Ausgehend von kontinuierlicher HD-KSS-Zufuhr bei p_{KSS} = 130 bar wurde der zeitliche Anteil der Phase mit reduziertem Druck mit jedem Versuch gesteigert. Die mittlere Temperatur (dunkelblaue Säulen) stieg mit zunehmender Dauer t_{RD} tendenziell an. Bei Anwendung der kürzeren Dauer der Phase RD mit t_{RD} = 500 ms resultierte eine gegenüber der kontinuierlichen Zufuhr mit p_{KSS} = 130 bar um weniger als $\Delta T \leq 10$ °C gesteigerte mittlere Temperatur. Die Steigerung der Länge des Zeitintervalls RD zu t_{RD} = 1000 ms führte zu einer tendenziellen Zunahme der mittleren Temperatur, sodass der Wert im Bereich der kontinuierlichen Zufuhr bei p_{KSS} = 40 bar lag.

Eine Ursache ist die geringere Anzahl von HD-Phasen innerhalb des Experiments, sodass weniger Minima in den Mittelwert eingehen. Zudem lag mit t_{RD} = 1000 ms in beiden Phasen HD und RD eine höhere mittlere Temperatur sowie eine größere Spannweite der Mittelwerte gegenüber den Experimenten mit kürzerer RD-Phase t_{RD} = 500 ms vor. Dies kann auf die kürzere Phase des Einwirkens des HD-Strahls im Verhältnis zur Phase RD und die daraus folgende geringere Abkühlung der Schneidplatte zurückgeführt werden. Weiterhin ist auf Basis der Analysen hinsichtlich der Wirkung der Stellgrößen der P-KSS-Zufuhr auf den Spanbruch in Kapitel 5.1.1 bekannt, dass bei einer Einstellung t_{RD} = 1000 ms stochastische Spanbrüche außerhalb des HD-Intervalls auftreten. Somit war ein tieferes Vordringen des KSS-Strahls in der Phase des reduzierten Drucks in die durch den Spanbruch zugängliche Zerspanzone möglich. Die Temperaturdifferenz zwischen den Zeitintervallen RD und HD war in der Folge weniger ausgeprägt. Weiterhin wurde im HD-Intervall bei Einstellung des kritischen Minimums von t_{HD} = 50 ms nicht zuverlässig reproduzierbar ein Temperaturminimum herbeigeführt, wie an der Spannweite der Werte von T in t_{HD} (graue Säulen) zu erkennen ist.

Der Einfluss der Pulsation der KSS-Zufuhr auf die Werkzeugtemperatur ist gemäß den Messergebnissen gering. In der HD-Phase der P-KSS-Zufuhr resultieren kurzzeitig Temperaturminima. Gegenüber der kontinuierlichen HD-KSS-Zufuhr bei p_{KSS} = 130 bar wurde keine nennenswerte Steigerung der durchschnittlichen Temperatur des Zerspanprozesses durch die P-KSS-Zufuhr festgestellt. Bei dem kleinsten untersuchten Verhältnis der HD- zur RD-Phase mit t_{HD} = 50 ms bei t_{RD} = 1000 ms nahm die mittlere Temperatur lediglich um ΔT = 30 °C zu, wobei es sich um die maximale Steigerung gegenüber der kontinuierlichen HD-KSS-Zufuhr handelte.

5.3 Zusammenfassung des fünften Kapitels

Summary of the Fifth Chapter

Die wichtigsten Erkenntnisse bezüglich der Ursache-Wirkungszusammenhänge zwischen den Stell-, Einfluss- und Zielgrößen beim Drehen und damit einhergehend die Beantwortung der Forschungsfrage 2 sind nachfolgend zusammengefasst dargestellt:

- Sowohl bei der kontinuierlichen als auch bei der P-KSS-Zufuhr resultieren Häufigkeitsverteilungen unterschiedlicher Spanlängen l_s innerhalb eines Versuchs. Durch die P-KSS-Zufuhr kann eine signifikante Steigerung der Häufigkeit von bestimmten Spanlängen erzielt werden. Im Wesentlichen wird die Spanlänge l_s durch die Dauer der RD-Phase unter Berücksichtigung der Spanablaufgeschwindigkeit bestimmt. Für einen sicheren Spanbruch muss eine ausreichende Dauer der HD-Phase eingestellt werden. Voraussetzung für beide Effekte ist die Anwendung von für die Prozessparameter geeigneten Zufuhrdrücken in den Phasen HD und RD.
- Durch die Anwendung der P-KSS-Zufuhr konnten die auftretenden Anomalien der Werkstückstirnfläche aufgrund von Spankollision gegenüber der HD-KSS-Zufuhr stark reduziert werden. Mit steigender Dauer der RD-Phase t_{RD} und reduzierter Dauer der HD-Phase t_{HD} nahm die Anzahl der Oberflächenanomalien ab, bis nahezu schädigungsfreie Oberflächen bei ungehinderter Spanabfuhr erzielt wurden.
- Durch den Einsatz der P-KSS-Zufuhr wurde der Werkzeugverschleiß gegenüber der KÜK deutlich reduziert. Gegenüber einer prozessangepassten HD-KSS-Zufuhr resultierten durch die P-KSS-Zufuhr leicht reduzierte Werkzeugstandzeiten durch tendenziell verstärkten Freiflächenverschleiß. Ein eindeutiger Einfluss der Intervalldauern t_{RD} und t_{HD} auf die Verschleißentwicklung wurde nicht festgestellt.
- Bei P-KSS-Zufuhr resultieren bis zu 25 % der zerspanten Masse in Spänen mit geringer Länge $l_s < 40$ mm. Insbesondere Späne sehr geringer Längen verursachen bei Kollision mit der Werkstückstirnfläche Anomalien. Dementsprechend korrelierte der eingeführte Kennwert h_{40}, welcher den Anteil der zerspanten Masse mit Spanlängen $l_s \geq 40$ mm beschreibt, mit der Qualität der Stirnfläche. Der Kennwert h_{40} stieg mit zunehmender Dauer t_{RD} der Phase RD und sank mit steigender Dauer der HD-Phase t_{HD}.
- Die gemessene mittlere werkzeugseitige Temperatur wurde durch die P-KSS-Zufuhr gegenüber der HD-KSS-Zufuhr lediglich in geringem Maße beeinflusst. Bei dem kleinsten untersuchten Verhältnis der HD- zur RD-Phase mit $t_{HD} = 50$ ms bei $t_{RD} = 1000$ ms wies die mittlere Temperatur gegenüber der HD-KSS-Zufuhr mit $\Delta T = 30$ °C die größte Differenz auf. Im HD-Zeitintervall resultieren kurze Temperaturminima. Aufgrund der Ergebnisse kann geschlossen werden, dass keine mit der Temperatur verbundene, kritische Beeinflussung der Zerspanbarkeitskriterien in Folge der Anwendung der P-KSS-Zufuhr zu erwarten ist.

6 Gestaltungsmodell für die P-KSS-Zufuhr

Design Model for Pulsating Cutting Fluid Supply

Ziel des vorliegenden Kapitels ist die Beantwortung der Forschungsfrage 3:

„Wie können die Erkenntnisse aus FF1 und FF2 in ein Gestaltungsmodell für das Schlichtdrehen von Inconel 718 mit P-KSS-Zufuhr überführt werden?"

Die Ursache-Wirkungszusammenhänge zwischen den Stell-, Einfluss- und Zielgrößen beim Schlichtdrehen von Inconel 718 mit P-KSS-Zufuhr werden in einem regelbasierten, anwendungsbezogenen Gestaltungsmodell abgebildet. Zu diesem Zweck erfolgt die Zusammenführung der Erkenntnisse aus den bisherigen Kapiteln. Die Vorgehensweise bei der Modellentwicklung entspricht der Methodik des „Vernetzten Denkens und Handelns" [PROB91; ULRIH95; VEST99; HONE08].

Das Modell besteht aus zwei Teilen. Im ersten Teil in Kapitel 6.1 erfolgt gemäß der Methodik die Erfassung der Problemstellung, die Definition des Systems und die Analyse der Wirkbeziehungen seiner Elemente. Hierzu werden die Stell-, Einfluss- und Zielgrößen der pulsierenden KSS-Zufuhr in einem Netzwerkplan sowie einer Intensitäts-Beziehungsmatrix in Relation gesetzt. Der zweite Teil des Modells in Kapitel 6.2 adressiert die Anwendung der P-KSS-Zufuhr im Zerspanprozess. Aus den Erkenntnissen der Kapitel 2,4,5 und 6.1 werden wissensbasiert Aktivitätsdiagramme und Empfehlungen für die Gestaltung des Schlichtdrehprozesses mit P-KSS-Zufuhr für die Praxis abgeleitet. Dies entspricht der gewählten Methodik des „Vernetzten Denkens und Handelns", welche die Problemlösung mit der Identifizierung von Lenkungsmöglichkeiten und der Entwicklung von Maßnahmen abschließt.

6.1 Analyse der Ursache-Wirkungszusammenhänge

Analysis of the Cause-and-effect Relationships

Grundsätzlich bestehen Systeme aus Elementen, welche eine dynamische Ganzheit bilden. Sie spannen durch ihre Beziehungen ein komplexes Netzwerk auf [ULRIH95, S.49]. Das Zusammenwirken der Elemente in diesem Netzwerk ergibt das Systemverhalten [ULRIH95, S. 36]. Da die Verbindungen komplex sind und Rückkopplungen bzw. Kreuzkorrelationen aufweisen können, sind lineare Kausalketten nicht geeignet, um die Wirkbeziehungen zwischen den Elementen abzubilden. Dies trifft ebenso auf das Beziehungsnetz zwischen den Stell-, Einfluss- und Zielgrößen des Systems des Drehprozesses unter P-KSS-Zufuhr zu. Zur Modellierung des Systems wurde daher die Methodik des „Vernetzten Denkens und Handelns" und des „ganzheitlichen Problemlösens" nach ULRICH, PROBST und GOMEZ angewandt. Die Eignung der Methode zur Modellierung von Zerspanprozessen wurde mehrfach in Dissertationen gezeigt [SANG13; LUNG19; LAKN21].

Die Grundvoraussetzungen für die ganzheitliche Problemlösung und somit der erste Teil der Methodik des „Vernetzten Denkens und Handelns" sind das Bestimmen der Ziele und die Modellierung der Problemsituation, welche die Festlegung der Systemgrenzen erhält [PROB91, S. 9]. Die Zielsetzung des Modells ist die Zusammenführung und vereinfachte Darstellung der Ursache-Wirkbeziehungen bei Anwendung der P-KSS-Zufuhr sowie die Ableitung von Gestaltungsrichtlinien zum Erzielen anforderungsgerechter Oberflächen bei sicherer Spanabfuhr. In Kapitel 4.1 wurden die zur Realisierung der P-KSS-Zufuhr an einer Drehmaschine erforderlichen Teilsysteme dargestellt, Bild 4.1. Das Teilsystem „Zerspanzone“ steht im Mittelpunkt des Modells. Die Teilsysteme „Werkzeugmaschine und Hochdruckaggregat mit Peripherie“, „Pulsventileinheit“ und „Werkzeughalter mit HD-KSS-Zufuhr“ werden im Modell in Form von aus dem Systemverhalten resultierenden Größen, wie den Eigenschaften des KSS-Strahls, berücksichtigt. Diese bilden Eingangsgrößen in das modellierte System. Das Teilsystem „Werkstückoberfläche“ stellt die übergeordnete Zielgröße dar und ist somit als Ausgangsgröße einzuordnen. Die Stell-, Einfluss- und Zielgrößen des Drehprozesses mit P-KSS-Zufuhr sind in Bild 4.5 in Kapitel 4.2 aufgeführt. Weitere zur Modellbildung eingeführte Größen werden auf den folgenden Seiten erläutert.

6.1.1 Netzwerkplan des Systems P-KSS-Zufuhr

Net Map of the System P CF Supply

Nach der Problem-, System- und Zieldefinition sieht der zweite Teil der Methodik des „Vernetzten Denkens und Handelns“ die Analyse der Wirkungsverläufe vor. Für die Modellierung des vorliegenden komplexen Systems wurde in Anlehnung an ULRICH, PROBST und GOMEZ ein Netzwerkplan entwickelt [PROB91, S.11; ULRIH95, S. 136]. Dieser ist in Bild 6.1 dargestellt.

Die Beziehungen zwischen den Stell-, Einfluss- und Zielgrößen sind im Netzwerkplan in Form von Pfeilen dargestellt. Es werden gleichgerichtete und entgegengesetzte Wirkbeziehungen unterschieden. Eine gleichgerichtete Wirkung liegt vor, wenn die Zunahme (Abnahme) einer Größe zur Zunahme (Abnahme) der beeinflussten Größe führt. Eine entgegengerichtete Wirkung besteht, wenn die Änderung der Größe zu einer gegenläufigen Reaktion der anderen Größe führt. [ULRIH95, S.44]

Ergänzend zu den in den Kapiteln 4 und 5 dieser Arbeit ermittelten Wirkzusammenhängen, erfolgte die Integration allgemein bekannter Mechanismen in das Netzwerk. Hierzu gehören beispielsweise die Auswirkungen der Schnittparameter auf den Spanquerschnitt und die strömungsmechanischen Zusammenhänge zwischen Fluidgeschwindigkeit, Volumenstrom und Strahlrückstoßkraft, vgl. Kapitel 4.2.1. Weiterhin untersuchten SANGERMANN und CAYLI Ursache-Wirkungsmechanismen der kontinuierlichen HD-KSS-Zufuhr hinsichtlich der Spanbildung und der Entstehung von Oberflächenanomalien beim Drehen [SANG13, CAYL17]. Relevante, auf die jeweiligen Phasen HD und RD der P-KSS-Zufuhr übertragbare Zusammenhänge wurden in den Netzwerkplan aufgenommen. Dazu zählen beispielsweise die Wirkbeziehungen zwischen dem Spankrümmungsradius und den mit dieser Größe verbundenen Systemelementen nach SANGERMANN [SANG13, S.137]. Die in den Netzplan integrierten, von CAYLI analysierten Ursachen für die Entstehung von Oberflächenanomalien durch Spankollision werden nachfolgend erläutert.

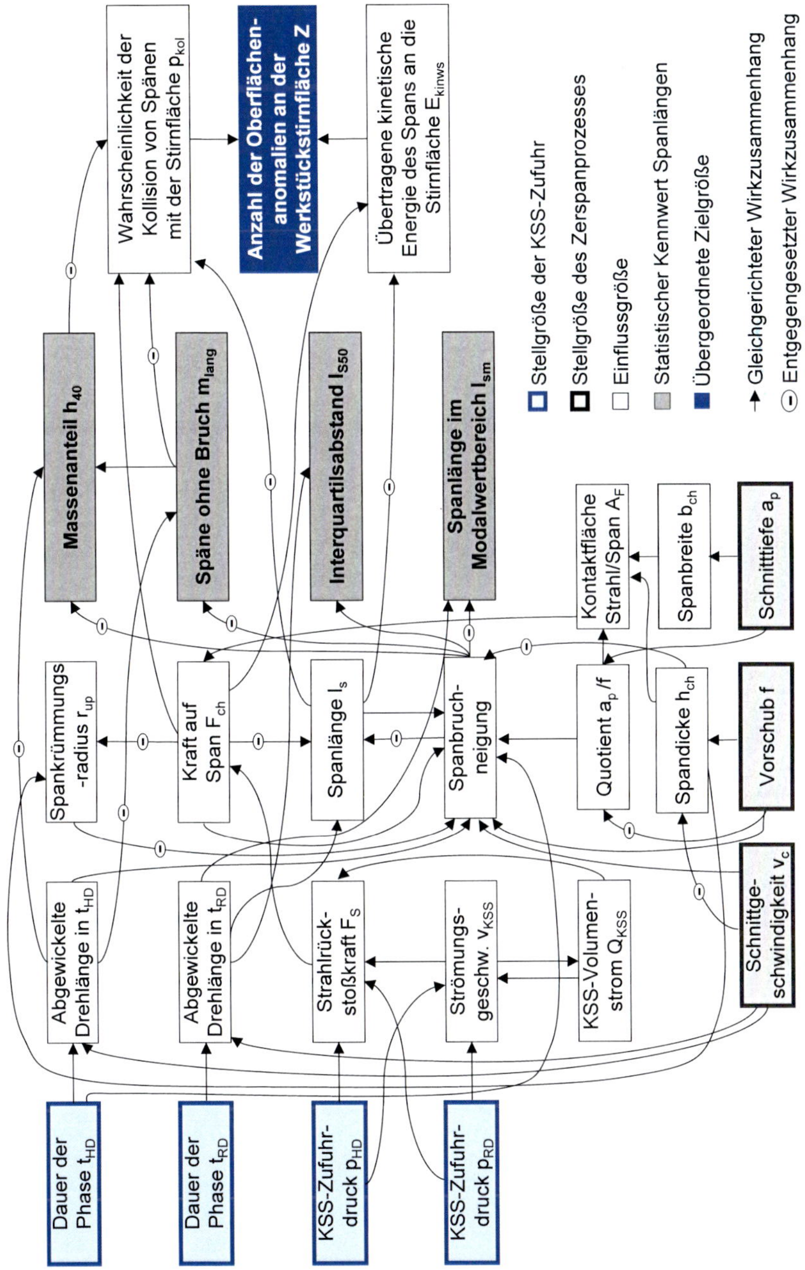

Bild 6.1: Netzwerkplan des Systems Schlichtdrehen mit P-KSS-Zufuhr
Net map of the system finish turning with pulsating cutting fluid supply

Das Auftreten der Oberflächenanomalien durch Spankollision bei HD-KSS-Zufuhr wurde durch CAYLI im Wesentlichen auf zwei mit der Spanbildung und -form in direktem Zusammenhang stehende Mechanismen zurückgeführt. Einerseits befindet sich der Schwerpunkt eines sehr kurzen Spans zum Zeitpunkt des Spanbruchs zentral im ausgerichteten KSS-Strahl. In der Folge wird der Span mit dem KSS-Strahl in Richtung der Werkstückoberflächen beschleunigt und die Wahrscheinlichkeit einer Kollision steigt. Ein längerer Span hingegen fällt in Richtung des Maschinenbetts, da sein Schwerpunkt deutlich Außerhalb des Strahls lokalisiert ist. [CAYL17, S. 128]

Andererseits ist die Umwandlung der kinetischen Energie des kollidierenden Spans im Moment des Aufpralls auf der Werkstückoberfläche ausschlaggebend für die Entstehung von Oberflächenveränderungen. CAYLI definierte die Energie des Systems Span-Oberfläche im Moment vor dem Aufprall, unter der Annahme eines kurzzeitig stehenden Werkstücks, wie folgt [CAYL17, S. 109]:

$$E_{total,0} = E_{Chip,kin,0} \tag{6.1}$$

Nach dem Aufprall setzt sich die Gesamtenergie aus der kinetischen Energie des Spans, der Deformationsenergie des Spans und der Deformationsenergie des Werkstücks zusammen, wie in Gleichung 6.2 abzulesen ist.

$$E_{total,1} = E_{chip,kin,1} + E_{chip,deformation,1} + E_{workpiece,deformation,1} \tag{6.2}$$

Umso größer der Teil der kinetischen Energie des Spans ist, welcher in die Deformation des Spans übergeht, desto weniger Energie wird in die Werkstückoberfläche eingebracht. Ein längerer, mehrfach gewundener Wendelspan verformt sich beim Aufprall deutlich stärker elastisch als ein sehr kurzer Span (SF3). Damit sinkt die Wahrscheinlichkeit einer plastischen Deformation der Werkstückoberfläche und des Auftretens einer Anomalie mit zunehmender Länge des kollidierenden Spans. [CAYL17, S. 115]

Basierend auf den beschriebenen Erkenntnissen von CAYLI und den in Kapitel 5 dieser Arbeit empirisch ermittelten Zusammenhängen werden die Ursachen für die Entstehung von Oberflächenanomalien im entwickelten Modell in zwei zentralen Einflussfaktoren zusammengefasst, siehe Bild 6.1. Beide stehen in direkter Verbindung mit der übergeordneten Zielgröße, der Anzahl unzulässiger Anomalien der Stirnfläche Z. Grundvoraussetzung für die Entstehung einer Anomalie der Oberfläche durch Spankollision ist das Auftreffen des Spans. Die Wahrscheinlichkeit p_{kol} für dieses Ereignis ist der erste identifizierte Einflussfaktor und hängt insbesondere von der statistischen Verteilung der unter P-KSS-Zufuhr auftretenden Spanformen ab. Der zweite Haupteinflussfaktor ist die kinetische Energie E_{kinws}, welche beim Auftreffen des Spans zur Deformation der Oberfläche zur Verfügung steht. Diese wird, wie beschrieben, insbesondere durch die Eigenschaften des Spans und des KSS-Strahls beeinflusst.

Im Netzwerkplan sind weiterhin Kennwerte zu finden, welche zur Beschreibung der aus dem Prozess resultierenden Späne dienen. Spanbildung und -bruch wurden bereits in Kapitel 4 als zentrale Einflussgrößen für das System identifiziert, Bild 4.5. Wie anhand der empirischen Untersuchungen in Kapitel 5 gezeigt werden konnte, hat die statistische Verteilung der Spanlänge während eines Schnittvorgangs einen erheblichen Einfluss auf die Wahrscheinlichkeit der Spankollision p_{Kol} und infolgedessen auf die Entstehung von Anomalien. Mittels der nachfolgend erläuterten Kennwerte ist es möglich die Verteilung der Spanlänge l_s in der Gesamtheit der Späne aus einem Schnittvorgang zu beschreiben. Sie dienen als Grundlage für die Bewertung der Wahrscheinlichkeit einer Spankollision mit der Werkstückoberfläche p_{Kol} und die behinderungsfreie Spanabfuhr. Letztere stellt die notwendige Bedingung für einen technologisch sinnvollen Einsatz der P-KSS-Zufuhr dar. Es wurden die folgenden Kennwerte ermittelt und in den Netzwerkplan integriert:

- *Massenanteil h_{40}:* Der Kennwert adressiert den Massenanteil der Späne die eine Länge $l_s \geq 40$ mm aufweisen an der im Drehprozess insgesamt zerspanten Masse. Die übrige Masse entspricht der Masse sehr kurzer Späne und Spansegmente. Mit sinkendem Wert h_{40} steigt somit die Wahrscheinlichkeit von Kollisionen der Späne mit der Werkstückstirnfläche. Empirische Untersuchungen hinsichtlich des Kennwerts sind in Kapitel 5.2.1 zu finden.

- *Späne ohne Bruch m_{lang}:* Der Kennwert beschreibt die Masse der verbleibenden sehr langen Späne. Diese Späne können die Spanabfuhr behindern. Die Wahrscheinlichkeit des Auftretens von Oberflächenanomalien sinkt jedoch mit Anstieg dieses Kennwerts.

- *Spanlänge im Modalwertbereich l_{sm}:* Der Modalwertbereich beschreibt den Spanlängenbereich, der durch den HD-Puls eingestellt wird, siehe Kapitel 5.1.1. Er stellt ein wichtiges Kriterium für den kontrollierten Spanbruch und die behinderungsfreie Spanabfuhr dar.

- *Interquartilsabstand l_{s50}:* Der Interquartilsabstand definiert den Wertebereich in dem 50 % der der Messwerte der Spanlänge liegen, vgl. Bild 5.4. Umso kleiner der Interquartilsabstand ist, desto höher ist die Wirksamkeit der P-KSS-Zufuhr hinsichtlich der Einstellung der Spanlänge einzuschätzen.

Neben der statistischen Verteilung der Spanform sind bei der Anwendung der P-KSS-Zufuhr die Bedingungen des Zusammentreffens von Span und KSS-Strahl für den Spanbruch und somit für die Wahrscheinlichkeit und die Auswirkungen einer Spankollision mit der Werkstückstirnfläche von Bedeutung. Zur Abbildung dieses Zusammenhangs wurden folgende Kenngrößen eingeführt und in das Modell integriert:

- *Kontaktfläche Strahl-Span A_F:* Gemäß den strömungsmechanischen Zusammenhängen, welche in Kapitel 4.2.1 erläutert wurden, ist die Kontaktfläche zwischen Span und KSS-Strahl ausschlaggebend für die auf den Span wirkende Kraft F_{ch}. Die Kontaktfläche bestimmt den Anteil der Strahlrückstoßkraft F_s, welcher zur Verformung des Spans beiträgt. Gemäß den Ergebnissen der durchgeführten Zerspanuntersuchungen ist zu vermuten, dass die Kontaktfläche insbesondere durch die Spanungsbreite beeinflusst wird. Es wird angenommen, dass die Kontaktfläche weiterhin durch die Orientierung des Spans im KSS-Strahl in Folge des Spanungsquerschnitts, der resultierenden Charakteristika des Spanablaufs und den geometrischen Eigenschaften des Spans, wie beispielsweise dem Spanablaufwinkel v und dem Aufwärts- und Seitwärtskrümmungsradius r_u und r_s, definiert wird.

- *Kraft auf Span F_{ch}:* In Anlehnung an die Arbeiten von CAYLI beschreibt diese Größe den Anteil der Strahlrückstoßkraft F_s, welcher vermutlich auf den ablaufenden Span einwirkt [CAYL17, S. 126]. Dieser ist im Besonderen von den Eigenschaften des KSS-Strahls und der Kontaktfläche A_F abhängig.

Die qualitative Analyse der Wirkungsflüsse im Netzwerkplan zeigt, dass mit Bezug auf die Entstehung von Oberflächenanomalien die Wirkungen in zwei Hauptfaktoren zusammenlaufen. Dies ist zum einen die beim Aufprall an die Werkstückoberfläche übertragene kinetische Energie nach CAYLI. Zum anderen ist die Wahrscheinlichkeit des Eintretens der Kollision ausschlaggebend. Diese hängt insbesondere von der statistischen Verteilung der Spanlängen ab, welche in Kapitel 5 dieser Arbeit empirisch untersucht wurde. Beide Hauptfaktoren für die Oberflächenanomalien werden weiterhin von den Eigenschaften des einzelnen Spans und des auftreffenden KSS-Strahls beeinflusst.

6.1.2 Intensitäts-Beziehungsmatrix des Systems P-KSS-Zufuhr

Intensity Relationship Matrix for P CF Supply

Zur Bewertung der Intensität der im Netzwerkplan visualisierten Beziehungen erfolgt in Anlehnung an ULRICH, PROBST und GOMEZ die Entwicklung einer Intensitäts-Beziehungsmatrix [PROB91, S.11; ULRIH95, S. 136]. Diese ist in Bild 6.2 gezeigt. Die Intensitäten stellen keine mathematisch-quantitativen, sondern qualitativ intuitiv ermittelte Werte dar [PROB91, S.13]. In der Matrix ist jeweils die Wirkungsintensität der Größe in der Zeile auf die in der Spalte aufgeführte Größe abzulesen. Die Klassifizierung der Intensität erfolgt wie nachfolgend erläutert in vier Stufen von „0" bis „3" [PROB91, S.13; VEST99, S.197].

Die in Bild 6.1 dargestellten Wirkzusammenhänge zeigen die vielfältigen Wechselbeziehungen zwischen den Stellgrößen, signifikanten Kenngrößen und der übergeordneten Zielgröße eine schädigungsfreie Oberfläche bei sicherem Spanbruch zu erzeugen. Es wurden nur direkte Wirkungsbeziehungen dargestellt, obwohl die Gesamtkomplexität des Systems durch Rückkopplungen und Nichtlinearitäten beeinflusst wird. Durch die im Netzwerkplan ebenfalls angegebenen Wirkungsrichtungen liegt eine originäre Abbildung des Systems P-KSS-Zufuhr vor.

Abzulesen ist der Einfluss der Größe in der Zeile auf die Größe in der Spalte.			Σ Aktiv	a_p/f	v_{KSS}	Q_{KSS}	F_S	F_{ch}	l_{cHD}	l_{cRD}	h_{ch}	b_{ch}	r_u	A_F	l_s	B	l_{sM}	l_{s50}	m_{lang}	h_{40}	E_{kinws}	p_{Kol}	VB	T	Z
Σ Passiv				**4**	**6**	**6**	**6**	**5**	**4**	**4**	**3**	**2**	**4**	**7**	**8**	**21**	**5**	**5**	**4**	**4**	**4**	**5**	**9**	**5**	**4**
P-KSS-Zufuhr	Dauer der Phase HD	t_{HD}	**4**	0	0	0	0	0	**2**	0	0	0	0	0	0	**2**	0	0	0	0	0	0	0	0	0
	Dauer der Phase RD	t_{RD}	**4**	0	0	0	0	0	0	**2**	0	0	0	0	0	0	0	0	0	0	0	0	**1**	**1**	0
	Druck der Phase HD	p_{HD}	**4**	0	**2**	**2**	0	0	0	0	0	0	0	0	0	0	0	0	0	0	0	0	0	0	0
	Druck der Phase RD	p_{RD}	**4**	0	**2**	**2**	0	0	0	0	0	0	0	0	0	0	0	0	0	0	0	0	0	0	0
Drehprozess	Schnittgeschwindigk.	v_c	**10**	0	0	0	0	0	**2**	**2**	**1**	0	0	0	0	**1**	0	0	0	0	0	0	**2**	**2**	0
	Schnitttiefe	a_p	**6**	**2**	0	0	0	0	0	0	0	**2**	0	0	0	0	0	0	0	0	0	0	**1**	**1**	0
	Vorschub	f	**4**	**2**	0	0	0	0	0	0	**2**	0	0	0	0	0	0	0	0	0	0	0	0	0	0
	Verhältnis a_p/f	a_p/f	**5**		0	0	0	0	0	0	0	0	0	**2**	0	**3**	0	0	0	0	0	0	0	0	0
KSS-Strahl	Strömungsgeschw.	v_{KSS}	**4**	0		**2**	**2**	0	0	0	0	0	0	0	0	0	0	0	0	0	0	0	0	0	0
	Volumenstrom	Q_{KSS}	**4**	0	**2**		**2**	0	0	0	0	0	0	0	0	0	0	0	0	0	0	0	0	0	0
	Strahlrückstoßkraft	Fs	**2**	0	0	0		**2**	0	0	0	0	0	0	0	0	0	0	0	0	0	0	0	0	0
	Kraft auf Span	F_{ch}	**12**	0	0	0	0		0	0	0	0	**2**	0	**3**	**3**	0	0	0	0	**2**	**2**	0	0	0
Spanbildung	Drehlänge l_c in t_{HD}	l_{cHD}	**5**	0	0	0	0	0		0	0	0	0	0	0	**2**	0	0	**2**	**1**	0	0	0	0	0
	Drehlänge l_c in t_{RD}	l_{cRD}	**6**	0	0	0	0	0	0		0	0	0	0	**2**	0	**2**	**2**	0	0	0	0	0	0	0
	Spandicke	h_{ch}	**6**	0	0	0	0	0	0	0		0	**2**	**2**	0	**2**	0	0	0	0	0	0	0	0	0
	Spanbreite	b_{ch}	**5**	0	0	0	0	0	0	0	0		0	**3**	0	**2**	0	0	0	0	0	0	0	0	0
	Spankrümmungsrad.	r_u	**3**	0	0	0	0	0	0	0	0	0		0	0	**3**	0	0	0	0	0	0	0	0	0
	Kontaktfl. Strahl/Span	A_F	**3**	0	0	0	0	**3**	0	0	0	0	0		0	0	0	0	0	0	0	0	0	0	0
	Spanlänge	l_s	**8**	0	0	0	0	0	0	0	0	0	0	0		**2**	0	0	0	0	**2**	**2**	**1**	**1**	0
	Spanbruchneigung	B	**9**	0	0	0	0	0	0	0	0	0	0	0	**2**		**1**	**2**	**2**	**2**	0	0	0	0	0
Stat. Spanform	Modalwertbereich	l_{sM}	**0**	0	0	0	0	0	0	0	0	0	0	0	0	0		0	0	0	0	0	0	0	0
	Interquartilsabstand	l_{s50}	**0**	0	0	0	0	0	0	0	0	0	0	0	0	0	0		0	0	0	0	0	0	0
	Späne ohne Bruch	m_{lang}	**2**	0	0	0	0	0	0	0	0	0	0	0	0	0	0	0		**1**	0	**1**	0	0	0
	Massenanteil h_{40}	h_{40}	**2**	0	0	0	0	0	0	0	0	0	0	0	0	0	0	0	0		0	0	**2**	0	0
Kollision	Kin. Energie Werkst.	E_{kinws}	**2**	0	0	0	0	0	0	0	0	0	0	0	0	0	0	0	0	0		0	0	0	**2**
	Wahrscheinlichkeit	p_{kol}	**2**	0	0	0	0	0	0	0	0	0	0	0	0	0	0	0	0	0	0		0	0	**2**
	Oberflächenanom.	Z	**0**	0	0	0	0	0	0	0	0	0	0	0	0	0	0	0	0	0	0	0		0	0
WZ	WZ-Verschleiß	VB	**4**	0	0	0	0	0	0	0	0	0	0	0	**1**	**1**	**1**	**1**	0	0	0	0	0		0
	Mittl. WZ-Temperatur	T	**2**	0	0	0	0	0	0	0	0	0	0	0	0	0	0	0	0	0	0	0	**2**	0	

<u>Intensität des Wirkzusammenhangs</u>
0: Kein / vernachlässigbarer Einfluss
1: Geringer Einfluss
2: Proportionaler Einfluss
3: Überproportionaler Einfluss

<u>Identifikation des Wirkzusammenhangs</u>
☐ (blau) Empirisch untersuchter / aus empirischer Untersuchung erkenntnisbasiert abgeleiteter Zusammenhang
☐ Nach Stand der Erkenntnisse bekannter / aus bekannten Wirkungen abgeleiteter Zusammenhang

Bild 6.2: Intensitäts-Beziehungsmatrix der P-KSS-Zufuhr
Intensity relationship matrix for pulsating cutting fluid supply

Die Wirkungsintensität „0“ bedeutet, dass keine oder eine in nicht relevanter Intensität vorliegende direkte Wirkverbindung zwischen den Größen besteht. Eine „1“ beschreibt eine geringe Intensität, bei der die erste Größe sehr stark verändert werden muss, damit die zweite Größe eine geringe Veränderung erfährt. Eine mittlere Intensität der Beziehung, gleichbedeutend mit einem etwa proportionalen Zusammenhang, wird durch eine „2“ gekennzeichnet. Ein überproportionaler Zusammenhang, bei dem eine geringe Änderung der ersten Größe eine starke Veränderung der zweiten Größe auslöst, ist mit „3“ gekennzeichnet. [VEST99, S.197]

Die Farbe gibt zusätzlich Informationen über die Art der vorangegangenen Identifikation des Wirkzusammenhangs an. In blau gekennzeichnet sind Ursache-Wirkungszusammenhänge, welche in eigenen empirischen Untersuchungen ermittelt oder aus den Versuchsergebnissen wissensbasiert gefolgert wurden. Grau hinterlegt sind die Eintragungen, welche allgemein bekannte oder bereits von CAYLI oder SANGERMANN untersuchte Wirkbeziehungen und entsprechende Schlussfolgerungen abbilden.

Da kein eindeutiger Einfluss der Größen Werkzeugverschleiß und Werkzeugtemperatur auf die übergeordnete Zielgröße identifiziert wurde, sind sie im Netzplan zur besseren Übersicht nicht enthalten. In der Matrix wurden sie hinzugefügt. Die Wirkbeziehungen des Werkzeugverschleißes basieren auf den Erkenntnissen aus Kapitel 5.1.4 und allgemein bekannten Zusammenhängen sowie [SPLE20, S. 51].

Anhand der gebildeten Zeilen- und Spaltensummen kann bestimmt werden, wie stark eine Größe andere Größen beeinflusst. Es werden aktive, reaktive, kritische und träge bzw. puffernde Elemente unterschieden. Aktive Elemente beeinflussen das System stark, während sie selbst von wenigen Elementen beeinflusst werden. Dies trifft beispielsweise für die auf den Span wirkende Kraft des KSS-Strahls F_{ch} zu. Reaktive Elemente weisen hohe Passivsummen bei geringen Aktivsummen auf. Dies trifft näherungsweise auf die Spanbruchneigung B im analysierten System zu. Da bei der Größe B eine mittlere Aktivsumme vorliegt, kann diese ebenso als tendenziell kritisch-reaktiv eingeordnet werden. Die Spanbruchneigung B stellt somit wie erwartet eine zentrale Größe im System dar. Die Stellgrößen der P-KSS-Zufuhr sowie die eingeführten statistischen Kennwerte der Spanlängenverteilung erscheinen gemäß der Aktiv- und Passivsummen als träge Elemente, welche nur in geringem Maß auf das System einwirken und ebenso nur wenig beeinflussbar sind. Dies ist darauf zurückzuführen, dass in der Matrix zur Vermeidung doppelter Wertungen lediglich direkte Wirkungsbeziehungen berücksichtigt werden. Im Netzwerkplan sind diese durch einen Pfeil verbunden.

Die Intensitäts-Beziehungsmatrix ermöglicht somit eine Bewertung der direkten Wirkbeziehungen von Elementen und ihrer Bedeutung für das Gesamtsystem. Die Matrix bietet jedoch keine Informationen zur wissensbasierten Prozessgestaltung, da die Wirkbeziehungen zwischen den lenkbaren Stellgrößen und den Zielgrößen nicht ablesbar sind. Zur Anwendung der generierten Erkenntnisse über die Ursache-Wirkungszusammenhänge bei der P-KSS-Zufuhr in der Praxis sind daher im nächsten Kapitel Gestaltungsrichtlinien in Form von Aktivitätsplänen zu finden.

6.2 Aktivitätsdiagramme und Gestaltungsrichtlinien

Activity Diagrams and Design Guidelines

Nach der umfassenden Analyse der Ursache-Wirkbeziehungen im Schlichtdrehprozess unter pulsierender KSS-Zufuhr folgt in diesem Kapitel die Ableitung anwendungsbezogener, regelbasierter Gestaltungsrichtlinien. Ziel ist es, dem Anwender eine erkenntnisbasierte, systematische Vorgehensweise zur Erfüllung der Zielgrößen mittels Anpassung der Stellgrößen der P-KSS-Zufuhr zu ermöglichen. Für eine technologisch sinnvolle Auslegung der P-KSS-Zufuhr ist der Spanbruch bzw. die behinderungsfreie Spanabfuhr die notwendige Bedingung. Die von unzulässigen Anomalien freie Oberfläche stellt die hinreichende Bedingung dar.

Das Modell ist auf das Schlichtdrehen von Inconel 718 unter pulsierender KSS-Zufuhr bezogen. Auf Basis der Ergebnisse zusätzlicher Zerspanuntersuchungen ist eine qualitative Übertragbarkeit der Gestaltungshinweise auf abweichende Werkstoffe, Schneidstoffe und Schnittparameter zu erwarten. Experimentelle Untersuchungen zur Drehbearbeitung der Titanlegierung TiAl6V4 unter P-KSS-Zufuhr wurden in Vorarbeiten durchgeführt [SPLE20]. Die angegebenen Zahlenwerte in den Aktivitätsdiagrammen stellen Richtwerte dar und sind dem Prozess in der Praxis anzupassen.

Die Darstellung der Abläufe erfolgt in Anlehnung an aus der Softwareentwicklung bekannte Aktivitätsdiagramme. Die rechteckigen Felder enthalten Aktivitäten, welche durch Transitionen in Form von Pfeilen mit oder ohne Bedingungen verbunden werden. Mündet ein Pfeil in eine Entscheidungsraute wird der Ablauf entlang des Pfeils mit der zutreffenden Bedingung fortgeführt. [HENN08, S. 102]

Mittels Entscheidungsrauten und rückführenden Ablaufpfeilen werden Schleifen generiert, die eine iterative Anpassung der Stellgröße ermöglichen. Sie erfüllen die Funktion von while-Schleifen. Diese werden wiederholt ausgeführt, solange die zugehörige Bedingung wahr ist [DOER20, S. 45]. Zur Zuordnung von Parametern zur Durchlaufanzahl der Schleife, wird in den Aktivitätsdiagrammen die Variable „i" verwendet.

Die Gestaltung der P-KSS-Zufuhr beginnt mit der anforderungsgerechten Auswahl der Kühlschmierstrategie. Das zugehörige Aktivitätsdiagramm ist in Bild 6.3 zu sehen. In dieser Arbeit wurde die P-KSS-Zufuhr für den Versuchsbetrieb durch ein Ventil vor einem HD-Aggregat realisiert. In der industriellen Praxis könnte die Pulsation jedoch bei niedrigem KSS-Zufuhrdruck durch nachgerüstete Ventiltechnik erzeugt werden und somit ein HD-Aggregat zum Zweck des Spanbruchs ersetzen. Hierzu werden aktuell bereits Forschungsarbeiten am IFAS und MTI der RWTH Aachen University durchgeführt. Somit kann die P-KSS-Zufuhr mit unterschiedlichen Zielsetzungen angewendet werden. Neben der Vermeidung von Oberflächenanomalien bei gleichzeitiger behinderungsfreier Spanabfuhr ermöglicht die KSS-Strategie das Herbeiführen von Spanbruch ohne den Einsatz eines HD-Aggregats. Für letzteren Fall mit dominierender ökonomisch oder ökologisch motivierter Zielsetzung können die Aktivitätspläne angewendet und auf die Werkstückoberfläche bezogene Entscheidungen und Aktivitäten übersprungen werden.

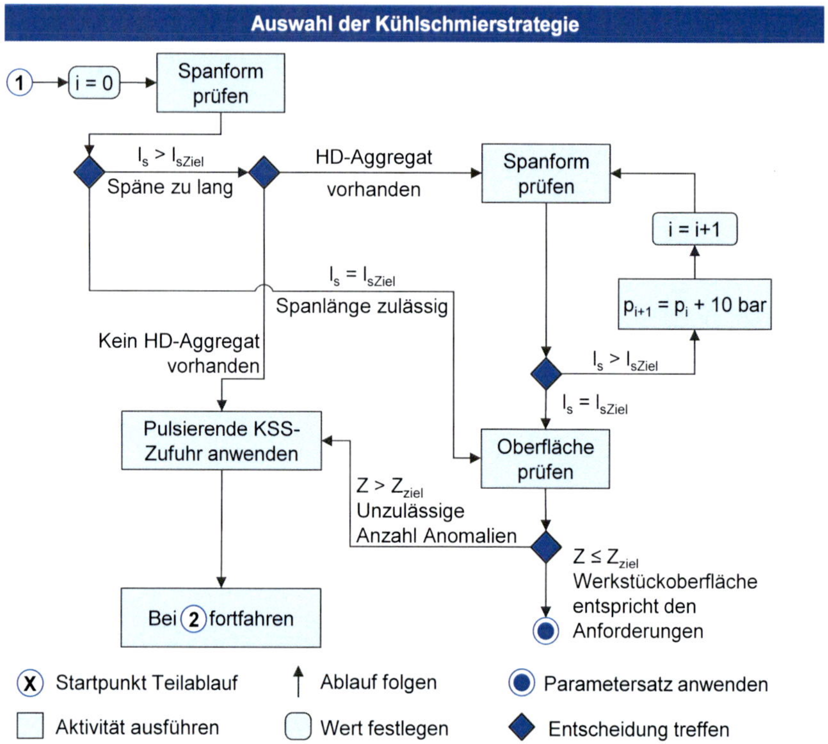

Bild 6.3: Aktivitätsdiagramm zur Auswahl der Kühlschmierstrategie
Activity diagram to select the cutting fluid supply strategy

Die folgenden Gestaltungsrichtlinien beziehen sich auf eine Anwendung der P-KSS-Zufuhr, bei der der Spanbruch die notwendige und eine den Anforderungen des Anwendungsfalls entsprechende, schädigungsfreie Oberfläche die hinreichende Bedingung darstellt. Da eine Variation der Prozessparameter in der industriellen Praxis zumeist nicht erwünscht ist, beschränken sich alle Aktivitäten auf die Stellgrößen der P-KSS-Zufuhr.

1. Gemäß dem Aktivitätsdiagramm in Bild 6.3 ist zu Beginn der Auslegung der P-KSS-Zufuhr die Auswahl der Kühlschmierstrategie zu treffen. Ist bereits ein HD-Aggregat vorhanden und Spanbruch ohne unzulässige Anomalien der Werkstückoberfläche erzielbar, ist eine Anwendung der P-KSS-Zufuhr nicht notwendig. Hinsichtlich ökonomischer und ökologischer Ziele kann ein Einsatz der P-KSS-Zufuhr trotzdem sinnvoll sein und in Betracht gezogen werden.

Nach der Auswahl der Kühlschmierstrategie erfolgt das Ermitteln der Startwerte für die KSS-Zufuhrdrücke der P-KSS-Zufuhr. Als Kriterium dienen hierbei als Basis für die notwendige Bedingung der behinderungsfreien Spanabfuhr die resultierenden Spanformen. Das Aktivitätsdiagramm ist in Bild 6.4 gezeigt.

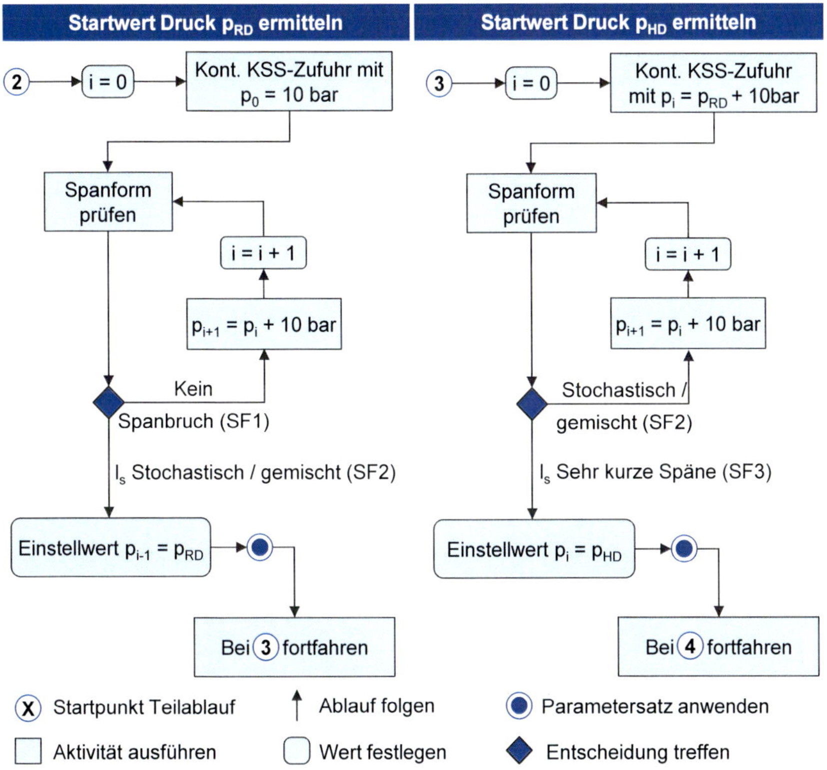

Bild 6.4: Aktivitätsdiagramm zum Ermitteln der Startwerte für den KSS-Zufuhrdruck
Activity diagram to determine starting values for the cutting fluid supply pressure

Das Bestimmen der Startwerte der Drücke p_{HD} und p_{RD} kann bereits vor der Anschaffung von Anlagentechnik für die P-KSS-Zufuhr durchgeführt werden. Somit kann diese für den Anwendungsfall passend ausgelegt werden. Folgende Vorgehensweise wird für die Ermittlung der Startwerte empfohlen:

2. Entsprechend der Funktionsweise der P-KSS-Zufuhr ist der Startwert für den Zufuhrdruck p_{RD} so auszuwählen, dass die Kraft des KSS-Strahls keinen Spanbruch verursacht. Im Hinblick auf die Kühlschmierung der Zerspanzone in der Phase RD ist es jedoch sinnvoll den Zufuhrdruck p_{RD} so hoch wie unter dieser Bedingung möglich einzustellen.

3. Der Zufuhrdruck p_{HD} ist zunächst so einzustellen, dass bei kontinuierlicher Zufuhr sehr kurze Späne (SF3) entstehen. Auf diese Weise wird sichergestellt, dass der Span bei P-KSS-Zufuhr trotz der kurzen Dauer des Zeitintervalls HD bricht.

Im nächsten Schritt folgt die erste Anwendung der P-KSS-Zufuhr. Aufgrund des von der Anlagentechnik abhängigen Systemverhaltens können Anpassungen der Drücke hinsichtlich der Spanform erforderlich sein. Das zugehörige Aktivitätsdiagramm ist in Bild 6.5 zu sehen.

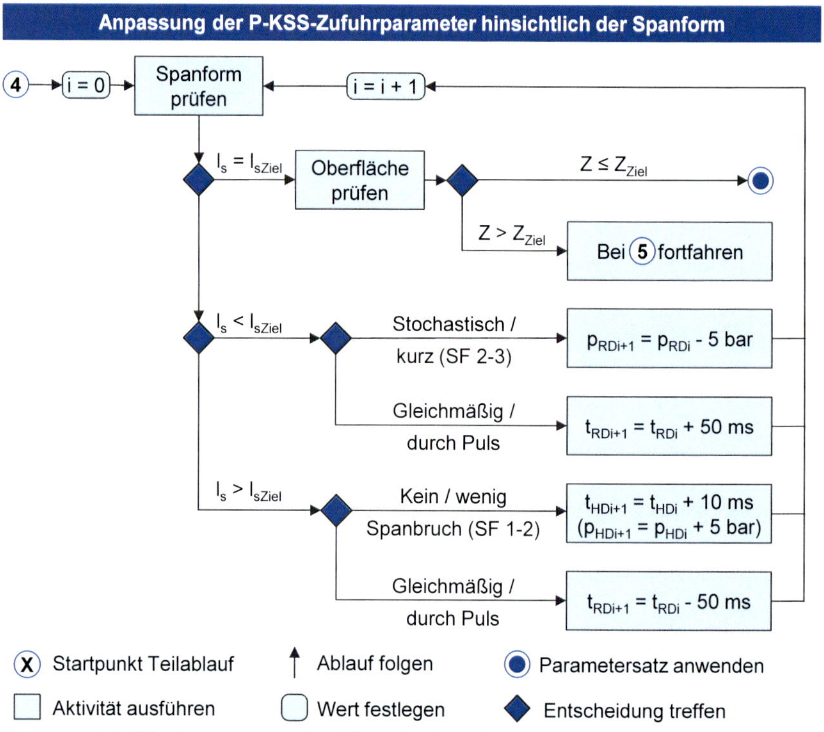

Bild 6.5: Aktivitätsdiagramm zur Einstellung der Spanlänge
Activity diagram to adjust the chip length

Weiterhin ist eine erste Definition der Dauer der Zeitintervalle notwendig, um die P-KSS-Zufuhr zu nutzen. In einem den Untersuchungen dieser Arbeit entsprechenden Schnittgeschwindigkeitsbereich von etwa 50 m/min $\leq v_c \leq$ 100 m/min sollte für die Dauer der Phase RD ein Richtwert in der Größenordnung von $t_{RD} \geq$ 500 ms, für das Zeitintervall HD maximal $t_{HD} \leq$ 100 ms gewählt werden. Bei der Anwendung höherer Schnittgeschwindigkeiten sind die Startwerte zur Schnittgeschwindigkeit etwa proportional zu verkürzen. Folgende Gestaltungsrichtlinien gelten bei der Anpassung der P-KSS-Zufuhrparameter.

4. Nach Inbetriebnahme der Anlagentechnik zur Realisierung der P-KSS-Zufuhr ist die aus dem Drehprozess resultierende Spanform zu prüfen. Wird eine überwiegende Menge kurz gebrochener oder sehr langer Späne festgestellt, ist der kontrollierte Spanbruch durch den HD-Puls nicht gegeben und eine Anpassung der Zeiten oder Druckwerte gemäß dem Aktivitätsdiagramm in Bild 6.5 vorzunehmen.

5. Ergibt die Prüfung der Spanform eine dominierend gleichmäßige Spanlänge l_s deutet dies auf eine gute Wirksamkeit der P-KSS-Zufuhr hin. Die Länge l_{sm} kann über die Dauer des Zeitintervalls t_{RD} proportional an die Anforderungen des Anwendungsfalls angepasst werden.

Die Ersteinstellung des Zufuhrdrucks p_{HD} mit dem Zielkriterium sehr kurze Späne (SF3) zu erzielen, birgt das Risiko von unerwünschtem vielfachen Spanbruch im Intervall HD. Es verbleibt demnach ein kurzer Zeitraum, in dem ein mit der kontinuierlichen HD-KSS-Zufuhr vergleichbar hohes Risiko für die Entstehung von Oberflächenanomalien durch Spankollision herrscht. Im letzten Schritt ist daher die Optimierung der P-KSS-Parameter hinsichtlich der hinreichenden Bedingung, einer den Anforderungen entsprechenden Oberfläche, für einen sinnvollen Einsatz der P-KSS-Zufuhr durchzuführen. Der zugehörige Aktivitätsdiagramm ist in Bild 6.6 zu finden.

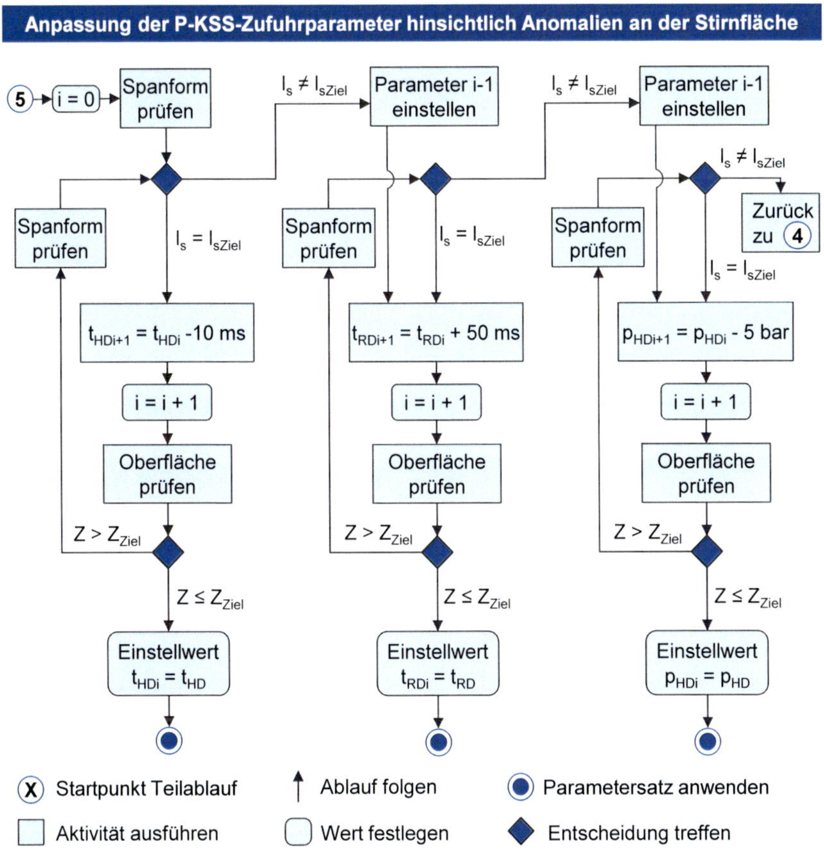

Bild 6.6: Aktivitätsdiagramm zur Parameteranpassung hinsichtlich der Oberfläche
Activity diagram to adapt parameters regarding the workpiece surface

Für das Erzielen einer anforderungsgerechten unbeschädigten Oberfläche sind folgende Gestaltungsrichtlinien zu beachten:

6. Zur Minimierung verbleibender Schädigungen der Stirnfläche ist die Anzahl sehr kurzer, unter hohem KSS-Druck entstehender Späne zu reduzieren. Dies kann durch eine zeitliche Verkürzung des Zeitintervalls HD mittels Reduktion des Werts t_{HD}, durch eine verlängerte Dauer t_{RD} der Phase RD oder durch eine Reduktion des Zufuhrdrucks p_{HD} realisiert werden.
7. In der Praxis ist eine Variation der Ventilschaltzeiten systemtechnisch meist einfacher zu realisieren als eine Modifikation der Zufuhrdrücke. Unter der Bedingung einer weiterhin den Anforderungen entsprechenden Spanform sind daher zunächst die Dauern der Zeitintervalle anzupassen.
8. Abschließend ist eine Reduktion des KSS-Zufuhrdrucks p_{HD} möglich, um die Anzahl der Spanbrüche im Zeitintervall t_{HD} zu vermindern. Zusätzlich werden die gebrochenen Späne durch den geringeren KSS-Druck weniger stark beschleunigt und die Wahrscheinlichkeit der Kollision sowie die kinetische Energie des Spans beim Aufprall werden beschränkt. Die Wahrscheinlichkeit, dass Späne in der HD-Phase nicht brechen, steigt hingegen an.
9. Ist durch die beschriebenen Maßnahmen keine anforderungsgerechte Werkstückoberfläche erzielbar, sollte einmalig zum Startpunkt 4 des Aktivitätsdiagramms in Bild 6.5 zurückgekehrt werden. Wenn möglich, sind vom ersten Durchgang abweichende Einstellwerte der Stellgrößen zu wählen, um erneut bei Startpunkt 5 fortzufahren.
10. Führt keine der beschriebenen Maßnahmen zur gleichzeitigen Erfüllung der notwendigen und hinreichenden Bedingung, ist das Zufuhrsystem hinsichtlich der Ausrichtung des KSS-Strahls, der Funktion der Anlagentechnik sowie einer möglichen Anpassung der Schnittparameter zu prüfen.

6.3 Zusammenfassung des sechsten Kapitels

Summary of the Sixth Chapter

Die wichtigsten Erkenntnisse aus der Entwicklung des regelbasierten, anwendungsbezogenen Gestaltungsmodells für die P-KSS-Zufuhr und somit die Beantwortung der dritten Forschungsfrage sind im Folgenden zusammenfassend dargestellt:

- Nach der Methodik des „Vernetzten Denkens und Handelns“ wurde ein zweiteiliges Gestaltungsmodell entwickelt. Der erste Teil beinhaltet die Analyse der Wirkbeziehungen der Elemente des Systems P-KSS-Zufuhr. Der zweite Teil enthält wissensbasierte Gestaltungsrichtlinien in Verbindung mit Aktivitätsdiagrammen zur Auslegung und Anwendung der P-KSS-Zufuhr.
- Anhand eines Netzwerkplans wurden zwei dominierende Ursachen für die verbleibende Entstehung von Anomalien der Werkstückstirnfläche unter P-KSS-Zufuhr identifiziert. Dies ist zum einen die beim Aufprall an die Werkstückoberfläche übertragene kinetische Energie nach CAYLI [CAYL17]. Zum anderen ist die Wahrscheinlichkeit des Eintretens des Kollisionsereignisses ausschlaggebend. Diese hängt insbesondere von der statistischen Verteilung der resultierenden Spanlängen ab, welche in Kapitel 5 dieser Arbeit empirisch untersucht wurde. Beide Hauptursachen werden weiterhin von den Eigenschaften des einzelnen Spans und des auftreffenden KSS-Strahls beeinflusst.
- Die Ergebnisse der Aktiv- und Passivsummen der Intensitäts-Beziehungsmatrix bestätigen die zentrale reaktive Rolle der Spanbruchneigung B für das Gesamtsystem P-KSS-Zufuhr. Die höchste Aktivität weist die auf den Span wirkende Kraft des KSS-Strahls F_{ch} auf. Somit beeinflusst diese besonders viele Einflussgrößen.
- Da in Netzwerkplan und Matrix nur direkte Wirkbeziehungen abzulesen sind, ist die Verbindung zwischen den Stell- und Zielgrößen der P-KSS-Zufuhr für den Anwender nicht ersichtlich. Daher wurden für Prozessgestaltung der Anwendung der P-KSS-Zufuhr Aktivitätsdiagramme erstellt.
- Die Gestaltung der P-KSS-Zufuhr basiert auf einer notwendigen und einer hinreichenden Bedingung. Der Spanbruch und damit das Erzielen einer sicheren Spanabfuhr stellen die notwendige Bedingung für den technologisch sinnvollen Einsatz der P-KSS-Zufuhr dar. Die hinreichende Bedingung ist die schadensfreie, bzw. den Anforderungen des Anwendungsfalls entsprechende Oberfläche.
- Die Startwerte für die Prozessauslegung werden bei kontinuierlicher KSS-Zufuhr ermittelt. Gemäß dem Funktionsprinzip der KSS-Zufuhrstrategie darf in der Phase RD kein Spanbruch durch den KSS-Strahl mit Druck p_{RD} verursacht werden, während dies im Zeitintervall HD mit Zufuhrdruck p_{HD} sichergestellt sein muss.
- Die Optimierung durch Anpassung der P-KSS-Zufuhrparameter erfolgt zunächst hinsichtlich der notwendigen Bedingung Spanform und abschließend mit der hinreichenden Bedingung der anforderungsgerechten Oberfläche als Kriterium. Initial erfolgt die in der Praxis zumeist gut umsetzbare Variation der Dauer der Zeitintervalle vor der Anpassung der Zufuhrdrücke.

7 Bewertung der P-KSS-Zufuhr in Fallbeispielen

Evaluation of the Pulsating Cutting Fluid Supply in Case Studies

Ziel des siebten Kapitels ist die Beantwortung der vierten Forschungsfrage:

„Welche technologischen, ökonomischen und ökologischen Vorteile gegenüber konventionellen Kühlschmierstrategien ergeben sich durch den Einsatz der P-KSS-Zufuhr in einem Anwendungsfall?“

Hierzu werden in Kapitel 7.1 anhand einer Auswahl relevanter Forschungsarbeiten Faktoren und Methodiken zur Bewertung der Nachhaltigkeit von Zerspanprozessen mit unterschiedlichen KSS-Zufuhrstrategien beschrieben. Zur Einschätzung technologischer, ökonomischer und ökologischer Charakteristika der P-KSS-Zufuhr gegenüber der KÜK und der kontinuierlichen HD-KSS-Zufuhr wurde in dieser Arbeit eine Fallstudie durchgeführt. Die Beschreibung der Methodik, die Untersuchungsergebnisse sowie die Bewertung der Anwendungsfälle erfolgt in Kapitel 7.2. Eine Zusammenfassung der Inhalte des Kapitels ist in Kapitel 7.3 zu finden.

7.1 Nachhaltigkeit von KSS-Zufuhrstrategien

Sustainability of Cutting Fluid Supply Strategies

Das grundlegende Kriterium und zugleich Bedingung für den Einsatz einer Technologie im industriellen Umfeld ist die technische Machbarkeit und die Erfüllung technologischer Anforderungen an das Prozessergebnis bzw. das Produkt. Neben den technologischen Aspekten stellen insbesondere ökonomische Faktoren, wie Fertigungskosten, dominierende Zielsetzungen dar [SOKO01, S. 181].

Die ökonomische Bilanz eines Prozesses bildet eines der drei Kriterien zur Bewertung der Nachhaltigkeit ab. Zusammen mit der ökologischen Bilanz und der sozialen Nachhaltigkeit werden die Bereiche als „drei Säulen der Nachhaltigkeit“ bezeichnet [PUSA10a, S. 175]. Die Bereiche sind verknüpft und beeinflussen sich gegenseitig. Ein großer Bedarf an elektrischer Energie beeinflusst beispielsweise nicht nur die ökologische Bilanz eines Prozesses negativ, sondern verursacht auch gesteigerte Kosten für die benötigte elektrische Energie.

Die Nachhaltigkeit von Zerspanprozessen gewinnt zunehmend an Bedeutung bei der Prozessauslegung und Optimierung. Insbesondere die ökologische Nachhaltigkeit in der Fertigung bewegt sich durch aktuelle gesellschaftliche und politische Entwicklungen sowie die europäische Gesetzgebung in den Fokus der Prozessbewertung. Basierend auf Richtlinien der Europäischen Union sind seit dem Jahr 2017 bestimmte Unternehmen in Deutschland verpflichtet, Nachhaltigkeitsinformationen in CSR-Berichten zu veröffentlichen [IHK24]. Zum Jahr 2024 wurden die Anforderungen an die Berichte sowie der Kreis der berichtsverpflichteten Unternehmen stark erweitert [IHK24].

Die „corporate social responsibility" (CSR) ist der spezifische Beitrag, den ein Unternehmen zur Nachhaltigkeit leistet. In der Praxis werden CSR und Nachhaltigkeit häufig Synonym verwendet. Die EU beschreibt die CSR als „die Verantwortung von Unternehmen für ihre Auswirkungen auf die Gesellschaft". Unternehmensaktivitäten hinsichtlich CSR sollen die Bereiche Menschenrechte, Arbeits- und Beschäftigungspraktiken, Diversität, Ökologie, Ressourceneffizienz und Bekämpfung von Korruption adressieren [BUND24].

Zur Bewertung der ökologischen Nachhaltigkeit von Zerspanprozessen wird aktuell bevorzugt das Life Cycle Assessement (LCA) nach DIN EN ISO 14040/14044 angewendet [SHOK24, S. 501]. Die Methode wird auch als Ökobilanz oder Lebenszyklusanalyse bezeichnet und verfolgt das Ziel, die potenziellen Auswirkungen des gesamten Produktlebenszyklus auf die Umwelt zu bewerten [VDI24]. Moderne Bewertungsmethoden können eine Integration der ökonomischen Bewertung durch die Kostenbilanz (LCC) vorsehen [VOLL16, S. 261]. Ein LCA besteht aus den folgenden vier Phasen: der Festlegung des Untersuchungsrahmens und der Systemgrenzen, der Sachbilanz, einer Wirkungsabschätzung und der Auswertung [VOLL16, S. 262]. Die Sachbilanz beinhaltet die quantitative Ermittlung aller für den Produktlebenszyklus relevanten Input- und Outputströme [VDI24]. Bei der Bewertung von Zerspanprozessen erweist sich dieser Schritt oftmals als problematisch, da Informationen zu den Zusammensetzungen und Herstellrouten von beispielsweise Schneidstoffen und KSS durch die Hersteller nicht freigegeben werden [SHOK24, S. 501]. Für diese Arbeit relevante, bei der ökologischen Bilanzierung des Zerspanprozesses zu berücksichtigende Input- und Outputströme sind in Bild 7.1 dargestellt.

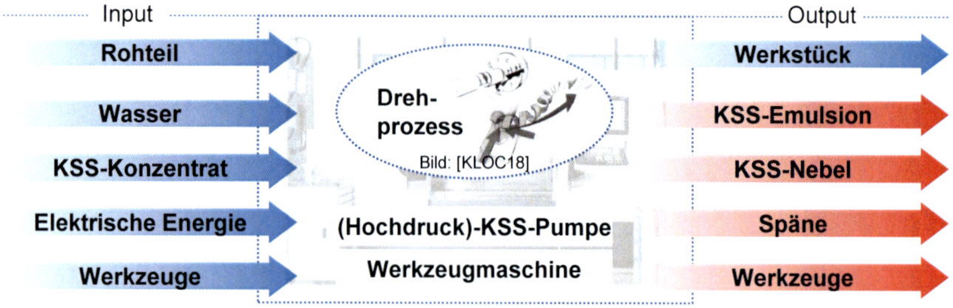

Bild 7.1: Input- und Outputströme nach [PUSA10a, S. 178; BERG21b]
Input and output flows according to [PUSA10a, p. 178; BERG21b]

Durch die Auslegung der Kühlschmierstrategie können alle dargestellten Ströme, ausgenommen Rohteil und Werkstück bzw. Produkt, beeinflusst werden. Aus diesem Grund steht die Kühlschmierung häufig im Fokus von Untersuchungen zur Bewertung und Steigerung der Nachhaltigkeit von Zerspanprozessen, insbesondere bei der Bearbeitung schwer zerspanbarer Materialien wie Nickelbasis- oder Titanlegierungen.

Dem technologischen Nutzen von Emulsionen im Zerspanprozess stehen negative Einflüsse auf die Umwelt, Gesundheitsrisiken für Maschinenbedienende sowie die Kosten für Nutzung, Pflege und Entsorgung der Emulsion gegenüber. Diese werden durch Anwendung alternativer Strategien wie der Trockenbearbeitung, der Minimalmengenschmierung oder kryogener Kühlschmiermethoden eliminiert bzw. deutlich reduziert. Die Bearbeitung schwer zerspanbarer Werkstoffe erfordert jedoch weiterhin oftmals den Einsatz von Emulsionen [SHOK12, S. 98].

Um Emulsionen beim Drehen, Fräsen und Bohren möglichst sparsam und effizient einzusetzen und somit die Nachhaltigkeit der Prozesse zu steigern, wurden zahlreiche Forschungsarbeiten durchgeführt, wie [SANG13; DOEB15; KLOC15; CAYL18a; CAYL18b; LAKN21a; LAKN21b; KELL23]. Zumeist wurden ökonomische und ökologische Aspekte von Zerspanprozessen mit Anwendung einer KÜK und Varianten der HD-KSS-Zufuhr, ähnlich Fall 1 und 2 im folgenden Kapitel 7.2, gegenübergestellt. Zusätzlich erfolgte in einigen Arbeiten die Analyse des Einflusses des Einsatzes kryogener Medien auf die Nachhaltigkeit der Zerspanprozesse [PUSA09; PUSA10a; PUSA10b; KOCH19; STER19].

Anhand der für die Fallstudie in Kapitel 7.2 bedeutenden Input- und Output-Ströme werden nachfolgend relevante Forschungsergebnisse dargestellt. Der Einfluss der KSS-Zufuhrstrategie auf den Output-Strom „Späne" wurde bereits in Kapitel 2.2.3 im Detail beleuchtet. Anschließend sind ökonomische Aspekte sowie bisher gewonnene Erkenntnisse hinsichtlich der pulsierenden KSS-Zufuhr aufgeführt.

Input-Output: Wasser, KSS-Konzentrat, Emulsion

Der Bedarf an Wasser und KSS-Konzentrat sowie die Menge der zu entsorgenden Emulsion hängt von verschiedenen Faktoren ab. Bei einem einzelnen, der Werkzeugmaschine zugeordneten KSS-Tank wird üblicherweise mit einem jährlichen Austausch der gesamten Emulsion gerechnet [STER19; LAKN21a, S. 133; LAKN21b]. Wie in Kapitel 2.2 dieser Arbeit erwähnt, sind bei Fräsprozessen, unter Anwendung der KÜK und bei HD-KSS-Zufuhr, deutlich höhere KSS-Volumenströme notwendig als beim Drehen. Dies gilt insbesondere beim Einsatz mehrreihiger Messerkopfwerkzeuge. Eine angepasste Zufuhr kann hier die Verwendung kleinerer Tanks und eine Reduktion der Wasser-, Konzentrat- und Abwassermengen bewirken [LAKN18]. Bei den in dieser Arbeit analysierten Anwendungsfällen ist der Einfluss der gegenübergestellten KSS-Strategien auf die benötigten KSS-Volumina als gering einzuschätzen und wird daher nicht in die Bewertung einbezogen.

Input: Elektrische Energie

Grundsätzlich erfordert die Zuführung von Emulsion den Betrieb von KSS-Pumpen. Abhängig von den KSS-Zufuhr- und Prozessbedingungen, der Werkzeugmaschine und der genutzten Anlagentechnik, beträgt der Energiebedarf der Anlagentechnik für die KSS-Zufuhr etwa 20 % bis > 50 % des Bedarfs des gesamten Zerspanprozesses [DENK14; DENK20; SHOK24]. Hinzu kommen kleinere Energiebedarfe durch Rücklaufpumpen und Absauganlagen [DENK20]. Bei Anwendung der HD-KSS-Zufuhr wird der stündliche Bedarf an elektrischer Energie gegenüber der KÜK in Folge des erforderlichen Betriebs eines Hochdruckaggregats gesteigert. Da durch die verbesserte Kühl- und Schmierwirkung bei der HD-KSS-Zufuhr jedoch oftmals die Anwendung höherer Schnittparameter ermöglicht wird, kann eine Reduktion der Maschinenstunden erzielt werden. Die benötigte elektrische Energie zur Durchführung eines Fertigungsschrittes wird somit letztendlich verringert [PUSA09; PUSA10a; PUSA10b; SANG13; KLOC15; LAKN18; LAKN21a; LAKN21b]. Beim Drehen von Inconel 718 identifizierte SANGERMANN eine mögliche Minderung des Energiebedarfs um ΔE_{el} = 36 % bei Einsatz der gerichteten HD-KSS-Zufuhr gegenüber der KÜK [SANG13, S. 149]. Weiterhin sind Reduktionen des Energiebedarfs durch eine prozessspezifische Anpassung der KSS-Zufuhrparameter erzielbar. Besonders bei der Schlichtbearbeitung stehen KSS-Zufuhrdrücke und Volumenströme nicht in proportionalem Zusammenhang mit der Werkzeugstandzeit. Dies wurde insbesondere für die Bearbeitung von Inconel 718 in verschiedenen Forschungsarbeiten, siehe Kapitel 2.2.2, sowie in Kapitel 5.1.4 dieser Arbeit gezeigt. DENKENA ET AL. stellten bei der Drehbearbeitung eines Duplexstahls fest, dass durch eine Reduktion des zugeführten KSS-Volumenstroms um $\Delta Q_{KSS} \approx 35$ % keine Verminderung der Standzeit eintrat. Mittels der Anwendung angepasster KSS-Volumenströme konnte der Energiebedarf um bis zu ΔE_{el} = 67 % gegenüber Prozessen mit HD-KSS-Zufuhr gesenkt werden [DENK14].

Ökonomische Bilanz

Die ökonomische Bilanz des Zerspanprozesses steht in engem Zusammenhang mit den ökologischen Aspekten. Höhere Energiebedarfe und benötigte KSS-Mengen verursachen vermehrte Kosten. Weiterhin spielen Investitionen für Anlagentechnik zur Realisierung einer HD-KSS-Zufuhr eine Rolle. Dementgegen stehen kürzere Bearbeitungszeiten gegenüber der KÜK aufgrund erhöhter Zeitspanvolumina und eine höhere Prozesssicherheit und somit die Vermeidung von Maschinenstillständen. Die HD-KSS-Zufuhr bietet ein besonders hohes ökonomisches Potential, wenn in Folge der erhöhten Standzeiten und des erzielten Spanbruchs Prozesse automatisiert und Personalkosten vermindert werden können. PUSAVEC ET AL. zeigten, dass gegenüber der KÜK beim Drehen von Inconel durch den Einsatz einer HD-KSS-Zufuhr eine Senkung der Fertigungskosten von 30 % möglich ist [PUSA10b].

Bisherige Arbeiten zur Bilanzierung der P-KSS-Zufuhr

Zur Bewertung der Nachhaltigkeit der P-KSS-Zufuhr gegenüber konventionellen Kühlschmierstrategien existieren bisher nur einzelne Forschungsarbeiten. STERLE ET AL. nahmen eine ökonomische Bewertung der P-KSS-Zufuhr beim Drehen von Inconel 718 vor, siehe Kapitel 2.3. Es wurde eine Steigerung der jährlichen Fertigungskosten von 26 % gegenüber der KÜK und eine Kostenreduktion von 5,2 % gegenüber der kontinuierlichen HD-KSS-Zufuhr identifiziert. Der Anstieg der Kosten gegenüber der KÜK wurde insbesondere auf die Investitionen hinsichtlich der Anlagentechnik zurückgeführt. Dem verringerten Bedarf an elektrischer Energie bei der P-KSS-Zufuhr gegenüber der HD-KSS-Zufuhr standen Standzeiteinbußen von etwa 30 % entgegen. In der Folge sanken die Energiekosten, die Werkzeugkosten stiegen jedoch an [STER19]. Eine mögliche Steigerung der Schnittparameter gegenüber der KÜK durch Anwendung der HD- und P-KSS-Zufuhr wurde in diese Studie nicht einbezogen. In eigenen Vorarbeiten zu dieser Arbeit wurde in Verbindung mit einer

Schnittgeschwindigkeitssteigerung eine mögliche Reduktion der Stückkosten von etwa 30 % durch Einsatz der P-KSS-Zufuhr oder der HD-KSS-Zufuhr gegenüber Anwendung der KÜK ermittelt [SPLE20, S. 70]. Als Datenbasis dienten eine detaillierte Fallstudie von PUSAVEC ET AL. zur Anwendung von KÜK und HD-KSS-Zufuhr beim Drehen von Inconel 718 sowie Ergebnisse eigener Zerspanuntersuchungen bei P-KSS-Zufuhr [PUSA10b, SPLE20]. Hinsichtlich der ökologischen Bilanz ist insbesondere der gegenüber der HD-KSS-Zufuhr verringerte Energiebedarf für die KSS-Zufuhr relevant. Abhängig von der genutzten Anlagentechnik sind durch Einsatz der P-KSS-Zufuhr Reduktionen der elektrischen Leistung der KSS-Pumpe im Bereich von 24 % $\leq \Delta E_{el} \leq$ 84 % erzielbar. Im Versuchsaufbau dieser Arbeit wurde die Pulsation durch eine Durchflussminderung vor einem leistungsstarken HD-Aggregat erzeugt und damit eine Reduktion der aufgenommenen elektrischen Leistung von 24 % $\leq \Delta E_{el}$ herbeigeführt [SPLE20, S. 27]. Durch Anwendung einer angepassten Anlagentechnik bei niedrigen Zufuhrdrücken in der Phase RD erzielte PUSAVEC eine Reduktion von ΔE_{el} = 84 % [PUSA23].

Aktuell werden am MTI und IFAS der RWTH Aachen University basierend auf den Ergebnissen dieser Arbeit Forschungsarbeiten hinsichtlich optimierter Ventiltechnik initiiert. Ziel ist die Realisierung der P-KSS-Zufuhr, während der Energiebedarf der Pumpe dauerhaft etwa dem des Zeitintervalls RD zur Herbeiführung des Drucks p_{RD} entspricht. Anschaffung und Betrieb eines HD-Aggregats sind in der Folge nicht notwendig. In der Fallstudie im folgenden Kapitel 7.2 wird diese Option durch Anwendungsfall 4 abgebildet.

7.2 Experimentell erprobte Fallbeispiele

Experimental Case Studies

Basierend auf den Vorgehensweisen des LCA und der in Kapitel 7.1 beschriebenen bekannten Forschungsarbeiten wird im Folgenden ein Prozessschritt beim Schlichtdrehen unter Anwendung unterschiedlicher Kühlschmierstrategien hinsichtlich technologischer, ökonomischer und ökologischer Faktoren bewertet. In Kapitel 7.2.1 ist die Beschreibung der Anwendungsfälle und der angewandten Methodik zu finden. Die Diskussion der Ergebnisse der Zerspanuntersuchungen und die Bewertung der Anwendungsfälle erfolgt in Kapitel 7.2.2 und 7.2.3.

7.2.1 Anwendungsfälle und Bewertungsmethodik

Use Cases and Assessment Methodology

Zur Durchführung der Fallstudie wurden in einem ersten Schritt unterschiedliche Anwendungsfälle definiert. Eine Übersicht ist in Bild 7.2 gezeigt. Die Fälle bilden einen Schlichtdrehprozess in Inconel 718 unter KÜK, HD-KSS-Zufuhr und P-KSS-Zufuhr ab. Als Betrachtungsrahmen wird ein hinsichtlich der Oberflächenschädigung durch Spankollision kritischer Prozessschritt gewählt. Die Schlichtdrehbearbeitung erfolgte daher in einem Abstand von 0,1 mm $\leq s \leq$ 11 mm zur Werkstückstirnfläche. Analog zu Kapitel 5.1.3 wurden jeweils fünf Schlichtschnitte beim Außenlängsdrehen durchgeführt um Unterschiede zwischen den Anwendungsfällen verstärkt darzustellen.

KSS-Strategie Beschreibung	Anwendungsfall 1	Anwendungsfall 2	Anwendungsfall 3	Anwendungsfall 4
Abbildung Anlagentechnik	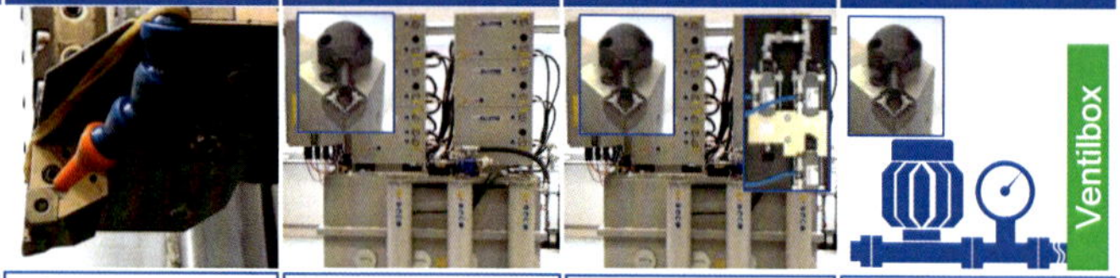			
KSS-Druck (qualitativ)	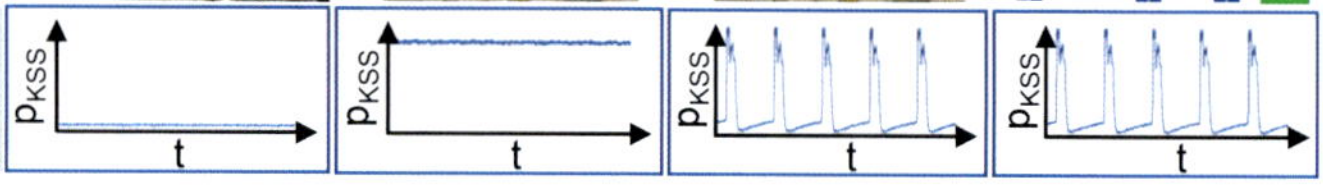			
KSS-Zufuhrstrategie	Überflutungskühlung (KÜK)	HD-KSS-Zufuhr	P-KSS-Zufuhr Prototyp	P-KSS-Zufuhr optimiert
KSS-Zufuhrbedingungen	p_{KSS} = 6 bar	p_{KSS} = 130 bar	p_{HD} = 130 bar / p_{RD} = 40 bar	
	Kontinuierlich, extern	Kontinuierlich, gerichtet	a) t_{HD} = 100 ms / t_{RD} = 1000 ms b) t_{HD} = 50 ms / t_{RD} = 1000 ms	
Anlagentechnik	Maschineninterne Pumpe	Hochdruckaggregat	Hochdruckaggregat und Ventileinheit	Maschineninterne Pumpe und Ventilbox
Vorgehensweise, abgebildeter Prozessschritt	1. Vorbereitete geschlichtete Stirnfläche 2. Schlichtdrehen der zylindrischen Fläche, fünf Wiederholungen, $t_c \approx 6{,}5$ min 3. Analyse der Stirnfläche 4. Bewertung nach weiteren Kriterien	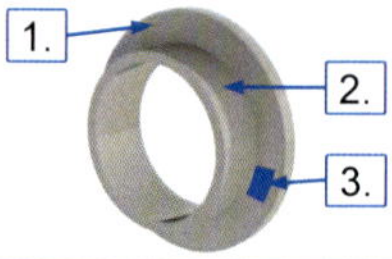		
Schnittbedingungen	v_c = 80 m/min; f = 0,15 mm; a_p = 0,4 mm			

Bild 7.2: Anwendungsfälle und Bedingungen der durchgeführten Fallstudie
Use cases and conditions of the conducted case study

Nachfolgend werden die Charakteristika der in Bild 7.2 dargestellten Anwendungsfälle 1-4 beschrieben. Die Inhalte der Erläuterungen basieren auf dem Stand der Erkenntnisse sowie den Ergebnissen dieser Arbeit. Sofern nicht anderweitig deklariert entspricht der Versuchsaufbau der Anwendungsfälle der Darstellung in Kapitel 4.1.

Anwendungsfall 1: Konventionelle Überflutungskühlung

Bei der KÜK wird der KSS bei niedrigem Druck durch einen Gelenkschlauch in die Nähe der Zerspanzone gebracht. Aufgrund des Stands der Erkenntnisse sowie den eigenen Ergebnissen in Kapitel 4 und 5 dieser Arbeit ist mit ungünstig langen Spänen zu rechnen, welche die Anwendbarkeit der KSS-Strategie einschränken. Eine regelmäßige Prozessunterbrechung zur händischen Spanentfernung ist notwendig. Gegenüber den übrigen Zufuhrstrategien ist eine deutlich verkürzte Werkzeugstandzeit zu erwarten. Vorteile der KÜK sind das minimierte Risiko tertiärer Oberflächenanomalien durch Spankollision sowie die geringen energetischen und finanziellen Aufwendungen hinsichtlich der Anlagentechnik.

Anwendungsfall 2: Hochdruck-KSS-Zufuhr
Bei der HD-KSS-Zufuhr wird der KSS mittels eines spanflächenseitigen Auslasses am Werkzeug mit hohem Druck direkt in die Zerspanzone eingebracht. Nach Stand der Forschung und den Ergebnissen dieser Arbeit entstehen sehr kurze Späne und gegenüber den weiteren Strategien ist die längste Werkzeugstandzeit zu erwarten. Im Kontrast dazu besteht ein hohes Risiko für die Entstehung von Oberflächenschädigungen durch Spankollision und es sind Investitionen für die Anschaffung und den Betrieb eines HD-Aggregats erforderlich. Die Anschaffungskosten können zu etwa 25000 € angenommen werden [LAKN18].

Anwendungsfall 3: Pulsierende KSS-Zufuhr – Prototyp
Das in Fall 3 untersuchte Szenario bildet den in dieser Arbeit genutzten Versuchsaufbau zur Realisierung der P-KSS-Zufuhr ab. Zusätzlich zum HD-Aggregat ist die Investition in eine Ventileinheit zur Erzeugung der Pulsation notwendig. Die resultierenden Späne sind gegenüber der HD-KSS-Zufuhr länger, jedoch behinderungsfrei mittels des Späneförderers transportabel. Ein händisches Entfernen von Spänen ist nicht notwendig. Das Risiko von tertiären Oberflächenschädigungen durch Spankollision wird gegenüber der HD-KSS-Zufuhr deutlich reduziert.

Anwendungsfall 4: Pulsierende KSS-Zufuhr – Optimiert
Fall 4 unterscheidet sich lediglich hinsichtlich der Anlagentechnik von Fall 3. Durch weiterführende Entwicklungen der Anlagentechnik ist es möglich, kurze HD-Pulse ohne den Betrieb eines HD-Aggregats zu erzeugen. Es entstehen somit starke Verbesserung hinsichtlich des Investitionsbedarfs und der erforderlichen elektrischen Energie. Die in Fall 3 beschriebenen technologischen Potenziale werden hierdurch nicht eingeschränkt.

In Kapitel 7.2.3 erfolgt eine integrierte Bewertung der Anwendungsfälle in den drei Bewertungsbereichen: Technologie, Ökonomie und Ökologie. Diese Vorgehensweise wurde gewählt, da technologische Aspekte sowie ökonomische und ökologische Bilanzen von Zerspanprozessen eng verknüpft sind und in Wechselwirkung stehen. Alle drei Bewertungsbereiche spielen bei der Prozessauslegung eine je nach Unternehmen und Anwendungsfall unterschiedlich gewichtete Rolle. Zur Abbildung von insbesondere ökologischen Prozessbewertungen hat sich in bisherigen Forschungsarbeiten die Erstellung einer „Environmental Performance Strategy Map" nach BENEDETTO und KLEMES in Form eines Spinnennetz-Diagrammes etabliert [BENE09; PUSA10a; LAKN21a, S. 133; KOCH19, S. 75; LAKN21b, S. 365]. Diese Darstellungsweise wird daher in Kapitel 7.2.3 zur Zusammenführung der Ergebnisse der Fallstudie angewendet.

Anhand der Fallbeschreibung, dem Stand der Erkenntnisse und den Ergebnissen der experimentellen Untersuchungen in den Kapiteln 4 und 5 dieser Arbeit, sind bereits vor Durchführung der Fallstudie ausschlaggebende Unterschiede zwischen den Anwendungsfällen identifizierbar. Die Auswirkungen der einzelnen Aspekte auf die Gesamtbilanz des Zerspanprozesses hängen stark von den in der Praxis herrschenden Bedingungen, wie beispielsweise Anforderungen an das Bauteil, angewendeten Schnittparametern, individuellen Maschinenstundensätzen, Personalkosten sowie

Folgekosten und Werkstoffmenge bei Ausschussproduktion ab. Auf eine detaillierte Beispielrechnung wird daher in dieser Arbeit verzichtet. Berechnungsbeispiele für ökonomische und ökologische Bilanzen unter HD-KSS-Zufuhr und KÜK beim Drehen sind in [PUSA10a; PUSA10b; SANG13] zu finden. Zur Abbildung der wichtigsten ökologischen, ökonomischen und technologischen Potenziale der in dieser Arbeit analysierten Kühlschmierstrategien wurden folgende Bewertungskriterien festgelegt: Zustand der Werkstückstirnfläche hinsichtlich Anomalien, sichere Spanabfuhr, Oberflächenrauheit nach Außenlängsrunddrehen, Zustand der Werkstückrandzone, Werkzeugstandzeit, Energiebedarf der Anlagentechnik zur KSS-Zufuhr sowie erforderliche Investitionen hinsichtlich der Anlagentechnik.

7.2.2 Experimentelle Untersuchung der Anwendungsfälle

Experimental Investigation of Use Cases

Zur Erstellung einer Datenbasis für die Bewertung der KSS-Zufuhrstrategien erfolgten experimentelle Zerspanuntersuchungen unter den Bedingungen der beschriebenen Anwendungsfälle 1-4. Anwendungsfall 4 unterscheidet sich von Anwendungsfall 3 lediglich durch den Einsatz einer in der Entwicklungsphase befindlichen optimierten Anlagentechnik, welcher sich im Energiebedarf widerspiegelt. Die Versuchsdurchführung erfolgte daher für Anwendungsfall 3 und 4 in nur einem Versuch mit der verfügbaren Anlagentechnik. Es wurde der Einfluss der Anwendungsfälle auf folgende, der in 7.2.1 genannten Bewertungskriterien untersucht: sichere Spanabfuhr, Zustand der Oberfläche hinsichtlich Anomalien, Oberflächenrauheit nach Außenlängsrunddrehen, Zustand der Werkstückrandzone, Werkzeugstandzeit und Energiebedarf der Anlagentechnik zur KSS-Zufuhr.

Die sichere Spanabfuhr ist ein wichtiger Faktor für die Prozesssicherheit, Grundvoraussetzung für die Automatisierung von Prozessen und notwendige Bedingung für die erfolgreiche Anwendung der P-KSS-Zufuhr. Diese Anforderung wurde in den Anwendungsfällen 2-4 erfüllt. Alle Späne konnten behinderungsfrei über den Späneförderer abgeführt werden. In Anwendungsfall 1 bildeten sich erwartungsgemäß Spannester, die nicht mehr durch den Späneförderer abzuführen waren und händisch aus dem Arbeitsraum der Maschine entfernt werden mussten.

Die übergeordnete Zielsetzung des Einsatzes der P-KSS-Zufuhr ist die Minimierung von Anomalien durch Spankollision auf der Werkstückstirnfläche. In Bild 7.3 sind Topografien der Werkstückstirnfläche nach dem Außenlängsrunddrehen unter den Bedingungen der jeweiligen Anwendungsfälle dargestellt. Analog zu Kapitel 5.1.3 erfolgte die Analyse der Oberfläche im Bereich der Werkstückschulter, so nah wie möglich an der bearbeiteten Zylinderfläche. Bei der konventionellen Überflutungskühlung, Anwendungsfall 1, ist eine schadensfreie Oberfläche zu sehen. Die HD-KSS-Zufuhr in Anwendungsfall 2 resultiert erwartungsgemäß in einer von Oberflächenanomalien bedeckten Oberfläche. Es sind unterschiedlich stark ausgeprägte Spananhaftungen sowie Anzeichen von aus der Oberfläche getrenntem Material zu sehen.

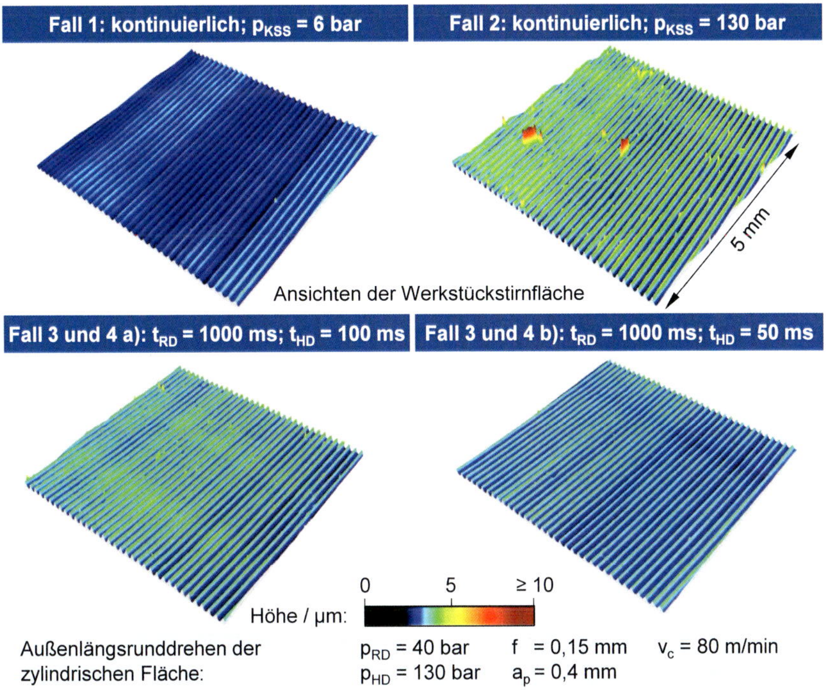

Bild 7.3: Oberflächentopografien der bearbeiteten Bauteile der Anwendungsfälle 1-4
Surface topographies of the machined workpieces of use cases 1-4

Durch Einsetzen der P-KSS-Zufuhr in der Variante a) des Anwendungsfalls 3 wurden sowohl Anzahl als auch Ausprägung der Oberflächenanomalien deutlich reduziert. Abhängig von den spezifischen Bauteilanforderungen führt der Zustand der Oberfläche jedoch in der industriellen Praxis zumindest zum Erfordernis einer außerordentlichen Prüfung des Bauteils. Weiterhin ist es möglich, dass eine kostenintensive Nachbearbeitung der Oberfläche durchgeführt werden muss.

Den in Kapitel 6.2 abgeleiteten Gestaltungsrichtlinien folgend, wurde zur Verminderung der Oberflächenschädigungen in Anwendungsfall 3 b) die Dauer des Zeitintervalls HD zu t_{HD} = 50 ms reduziert. Gemäß der Analyse des Systemverhaltens in Kapitel 4.2.2 führt dieser Einstellwert ebenso zu einer deutlichen Reduktion der im Zeitintervall HD erreichten maximalen Strahlrückstoßkraft F_Z und somit des maximalen KSS-Drucks, vgl. Bild 4.10. In der Folge wurde eine nahezu anomaliefreie Oberfläche erzielt. Es sind lediglich geringe Spuren des Spankontakts sichtbar.

Die P-KSS-Zufuhr ist insbesondere eine Technologie für den Bereich der Schlicht- und Vorschlichtbearbeitung. Daher ist sowohl der Zustand der Stirn- als auch der bearbeiteten zylindrischen Fläche für die technologische Bewertung der KSS-Zufuhrstrategie ausschlaggebend. Aus diesem Grund wurde nachfolgend die Oberflächenrauheit der zylindrischen Fläche für die verschiedenen Anwendungsfälle analysiert. Die Messung erfolgte nach Abschluss der Bearbeitung. Analog zum realen Anwendungsfall wurde die Oberflächenrauheit daher neben der KSS-Zufuhrstrategie auch durch die unterschiedlichen Verschleißzustände der verwendeten Schneidplatten beeinflusst. Anwendungsfall 1 führte zu den geringsten Oberflächenrauheiten. Gegenüber der kontinuierlichen HD-KSS-Zufuhr zeigten Fall 3/ 4 a) eine etwas gesteigerte, Fall 3/ 4 b) eine verringerte Oberflächenrauheit.

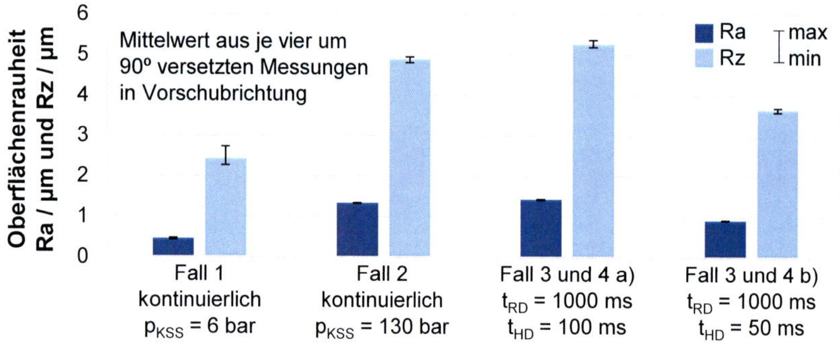

p_{RD} = 40 bar p_{HD} = 130 bar v_c = 80 m/min f = 0,15 mm a_p = 0,4 mm

Bild 7.4: Oberflächenrauheit der zylindrischen Fläche der Anwendungsfälle 1-4
Surface roughness of the cylindrical surface in use cases 1-4

Ein weiteres Hauptkriterium zur allgemeinen Bewertung von Zerspanprozessen ist die Werkzeugstandzeit. Die Ergebnisse der Verschleißuntersuchungen im Rahmen der Fallstudie sind in Bild 7.5 gezeigt. Die Werkzeugstandzeit beeinflusst ökonomische und ökologische Aspekte der Prozessbewertung.

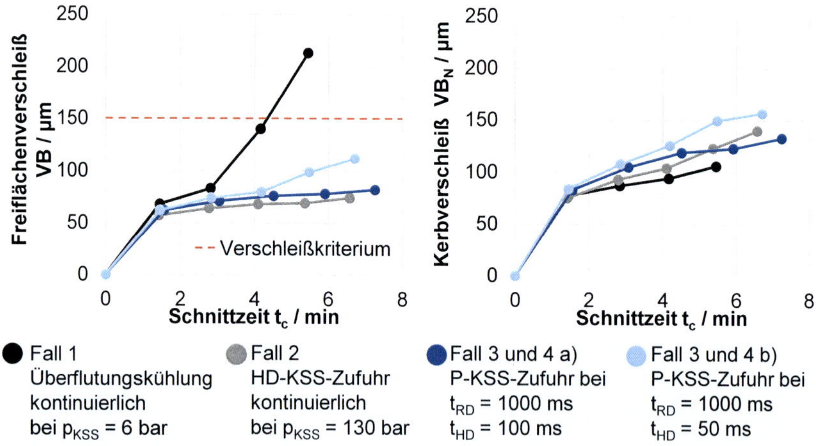

p_{RD} = 40 bar p_{HD} = 130 bar v_c = 80 m/min f = 0,15 mm a_p = 0,4 mm

Bild 7.5: Entwicklung des Werkzeugverschleißes in den Anwendungsfällen 1-4
Progression of tool wear in use cases 1-4

Kürzere Werkzeugstandzeiten führen zu einem erhöhten Bedarf an Hartmetall-Wendeschneidplatten und in der Folge zu erhöhten Werkzeugkosten. Weiterhin ist die Herstellung der Wendeschneidplatten hinsichtlich der enthaltenen Rohstoffe und der Fertigungsprozesskette ressourcenintensiv und eine vermehrte Verwendung beeinflusst die ökologische Bilanz des Prozesses negativ. Anhand der Verschleißkurven in Bild 7.5 ist zu erkennen, dass die Bauteilbearbeitung in Anwendungsfall 1 aufgrund des fortgeschrittenen Werkzeugverschleißes bereits nach dem vierten Schlichtschnitt abgebrochen werden musste. Die Fälle 2-4 wiesen einen zueinander ähnlichen Verschleißfortschritt auf. Der Freiflächen- und Kerbverschleiß im Fall 3/4 b) war gegenüber den Anwendungsfällen 2 sowie 3/4 a) vergrößert. Dies ist auf das große Verhältnis der Dauer des Zeitintervalls RD zur Dauer HD und die in der Folge hohen Zeitanteile mit reduziertem KSS-Zufuhrdruck zurückzuführen, siehe hierzu auch Kapitel 5.1.4.

Grundsätzlich zählt bei sicherheitskritischen Komponenten der Luftfahrtbranche neben der sichtbaren Oberfläche der Zustand der Werkstückrandzone zum Anforderungskollektiv an die Bauteilqualität, siehe hierzu auch Kapitel 2.2.4. Zur Bewertung der Randzone werden Gefügeschliffe präpariert und angeätzt. Entsprechend branchenüblichen Vorgaben erstellte Schliffbilder der gedrehten zylindrischen Flächen aus Anwendungsfall 1-4 nach Abschluss der Bearbeitung sind in Bild 7.6 gezeigt.

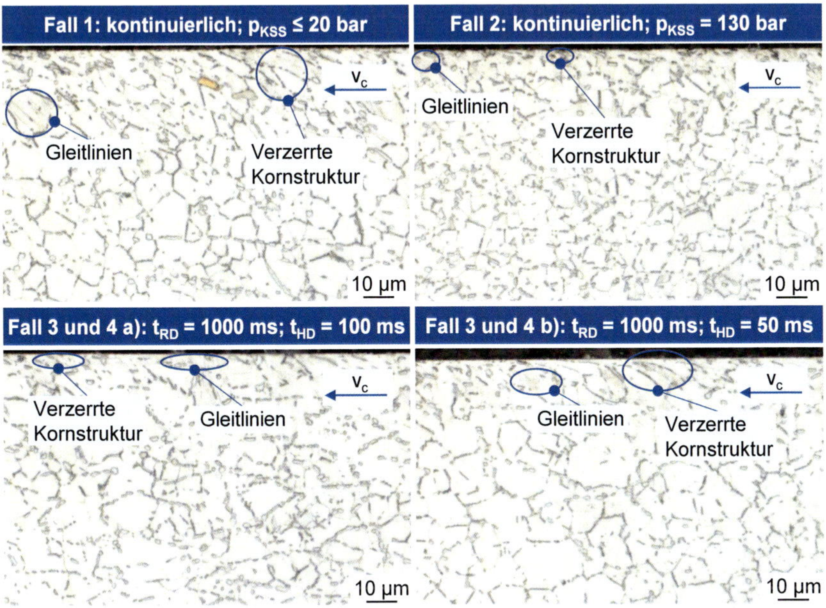

Bild 7.6: Zustand der Werkstückrandzone in den Anwendungsfällen 1-4
Condition of the workpiece rim zone in use cases 1-4

Anhand mikrostruktureller optischer Verformungsmerkmale wie Kornverzerrungen oder Gleitlinien kann die Verformungsintensität der Werkstückrandzone eingeschätzt werden. Zumeist ist in der Praxis eine zulässige Verformungstiefe des Randzonengefüges in Kombination mit dem Grad der Verformung vorgegeben. Als Bewertungskriterium können eine maximale Verformungstiefe sowie eine Auswertung einer Anzahl an lokalen Maxima dienen.

Mittels der lokalen Aufnahmen in Bild 7.6 können keine quantifizierten maximalen Verformungstiefen hinsichtlich der gesamten bearbeiteten Oberfläche bestimmt werden. Eine vergleichende Einstufung der Verformungsintensitäten der analysierten Anwendungsfälle ist jedoch möglich. In den Bildern sind jeweils Beispiele für Gleitlinien und verzerrte Korngrenzen markiert. Gemessen an der Intensität und Tiefe der Verzerrung der Korngrenzen ist zu erkennen, dass die Werkstückrandzone in Anwendungsfall 1 am stärksten deformiert wurde. In Fall 2 ist die Ausprägung und insbesondere die Tiefe der Verformung des Mikrogefüges deutlich verringert. Eine Verzerrung der Körner ist lediglich bis zu einer Tiefe von etwa 5 µm erkennbar. In Anwendungsfall 3/ 4 a) sind die Korngrenzen in der Randzone tendenziell etwas stärker und tiefer verformt als in Fall 2. Ebenso sind vermehrt Gleitlinien sichtbar. Beide Merkmale, Verzerrung der Korngrenzen und Gleitlinien, sind weiterhin in Fall 3/ 4 b) deutlicher und tiefer ausgeprägt als in Fall 3/ 4 a). Die Ergebnisse zeigen insbesondere eine Korrelation der Deformation der Randzone mit dem Verschleißzustand der eingesetzten Schneidplatten am Versuchsende. Im Hinblick auf die Werkstückrandzone beeinflusst die Werkzeugstandzeit somit neben der zuvor erwähnten ökologischen und ökonomischen Bilanz ebenso die technologische Güte der KSS-Zufuhrstrategie in Form der erzielten Bauteilqualität. Der mit Fall 2 annähernd vergleichbare Zustand der Randzone in Anwendungsfall 3/ 4 a) zeigt, dass durch die Anwendung der P-KSS-Zufuhr unter den angewandten Bedingungen keine kritische Beeinflussung der Werkstückrandzone zu erwarten ist.

Abschließend wurde zur Bestimmung des Energiebedarfs die elektrische Leistung des in den Anwendungsfällen 2 und 3 verwendeten Hochdruckaggregats bei unterschiedlichen KSS-Zufuhrparametern ermittelt, Bild 7.7. Gegenüber der kontinuierlichen HD-KSS-Zufuhr konnte der Energiebedarf in Fall 3 a) um ΔE_{el} = 22 % in Fall 3 b) um ΔE_{el} = 24 % gesenkt werden. Deutlich größere Potenziale zur Reduktion des Bedarfs an elektrischer Energie bietet die Anwendung angepasster Anlagentechnik, vgl. Kapitel 7.1. Der Energiebedarf in den Anwendungsfällen 1 und 4 wurde auf Basis eigener Vorarbeiten und veröffentlichter Forschungsarbeiten festgelegt [PUSA10b; STER19].

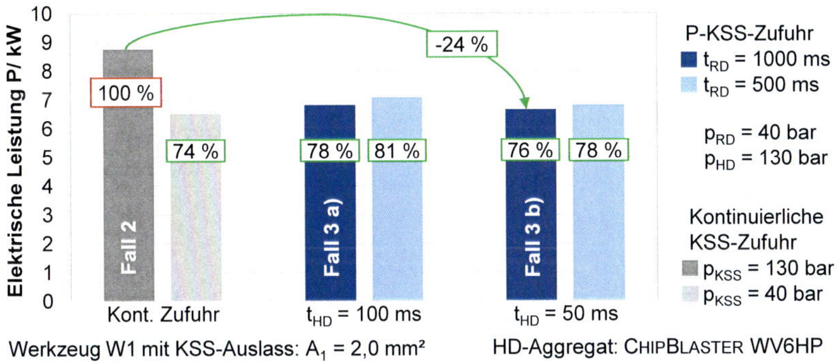

Bild 7.7: Aufgenommene elektrische Leistung des HD-Aggregats nach [SPLE20, S. 27]
Electrical power consumption of the HP-unit according to [SPLE20, p. 27]

Die qualitativen und quantitativen Ergebnisse der experimentellen Fallstudie werden im nächsten Schritt zu einer Bewertung der Kühlschmierstrategien anhand der Anwendungsfälle zusammengeführt. Auf diese Weise wird eine Gegenüberstellung der technologischen, ökonomischen und ökologischen Potenziale der Kühlschmierstrategien ermöglicht.

7.2.3 Bewertung der KSS-Zufuhrstrategien anhand der Anwendungsfälle

Evaluation of CF Supply Strategies based on Use Cases

Wie in Kapitel 7.2.1 beschrieben wurde zur Bewertung der Anwendungsfälle eine Gegenüberstellung der identifizierten ausschlaggebenden Bewertungskriterien in einer Strategiekarte in Form eines Spinnennetzdiagramms gewählt. Hierzu erfolgte eine Skalierung aller Bewertungsergebnisse in ein System, in dem 100 % den besten in der Fallstudie erzielten Wert darstellen. Auf Basis von Versuchsergebnissen qualitativ bewertete Kriterien, wie die sichere Spanabfuhr, wurden durch eine Einordnung in die Skala von 1-100% quantifiziert und in das Diagramm integriert. Quantitativ ermittelte Werte, wie die Oberflächenrauheit, wurden ebenfalls in die Skala eingegliedert. Zu diesem Zweck wurde der beste erzielte Wert mit dem Skalenwert 100 % gleichgesetzt und die Skalenwerte der übrigen Messwerte wurden dementsprechend berechnet. Für die Bewertung der Werkzeugstandzeit erfolgte eine Gegenüberstellung der Verschleißmarkenbreite der Freifläche nach t_c = 5 min für die unterschiedlichen Anwendungsfälle.

Das Diagramm ist in Bild 7.8 gezeigt. Es ist abzulesen, dass die KÜK eine hinsichtlich des Energiebedarfs und der Anlagentechnik günstige Zufuhrstrategie darstellt. Weiterhin treten in Folge der Spanform keine Anomalien durch Spankollision mit der Stirnfläche auf. Aufgrund der Spanform, dem exzessiven Werkzeugverschleiß und dem damit in Zusammenhang stehenden Zustand der Werkstückrandzone ist die Kühlschmierstrategie jedoch zur Bearbeitung von sicherheitskritischen Komponenten der Luftfahrtbranche aus Inconel 718 nicht geeignet.

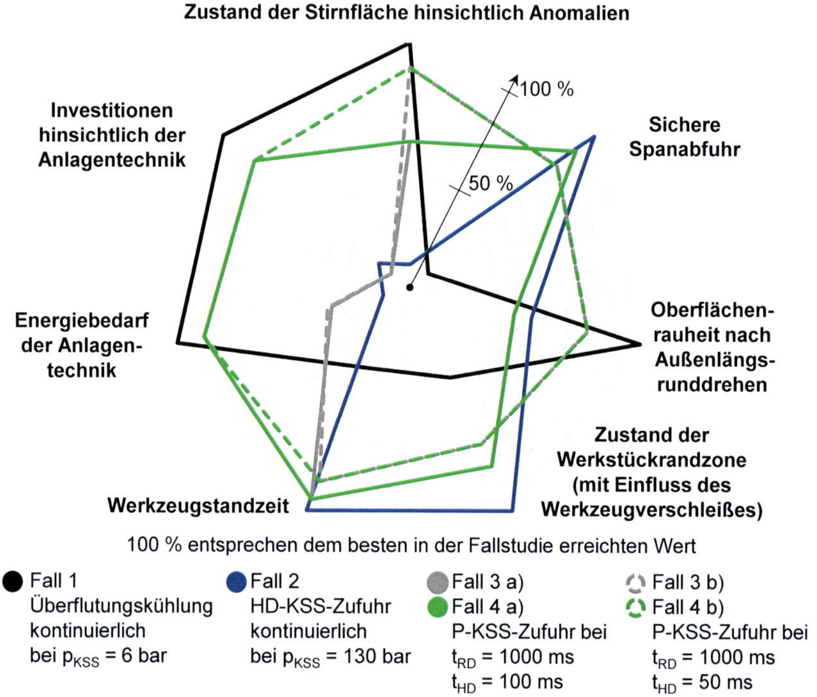

Bild 7.8: Strategiekarte der Anwendungsfälle 1-4
Strategy map of use cases 1-4

Die Vorteile der HD-KSS-Zufuhr hinsichtlich technologischer, ökonomischer und ökologischer Aspekte gegenüber der KÜK wurden bereits vielfach in Forschungsarbeiten aufgezeigt und in der industriellen Praxis bestätigt, siehe Kapitel 2.2. Neben dem hohen Investitionsbedarf und dem ressourcenintensiven Betrieb der Anlagentechnik ist der im Fokus dieser Arbeit stehende Zustand der Werkstückstirnfläche bei Einsatz der HD-KSS-Zufuhr problematisch. Aufgrund der durch Spankollision entstehenden Oberflächenanomalien kann die HD-KSS-Zufuhr bei der Schlichtbearbeitung sicherheitskritischer Komponenten kaum eingesetzt werden. Die P-KSS-Zufuhr in Fall 3 und 4 a) führt zu einer Reduktion der Oberflächenanomalien. Die Anpassung der Zufuhrparameter anhand der in Kapitel 6.2 abgeleiteten Gestaltungsrichtlinien führt zu einer nahezu Anomalie freien Stirnfläche. Es wird weiterhin eine sichere Spanabfuhr erzielt und die Werkzeugstandzeit ist gegenüber der HD-KSS-Zufuhr nur leicht reduziert. Der durch die Anlagentechnik zur KSS-Zufuhr verursachte Investitions- und Energiebedarf kann durch die Verwendung einer optimierten Anlagentechnik wie in Fall 4 deutlich reduziert werden, ohne die technologischen Vorzüge der Technologie zu mindern. Somit stellt die P-KSS-Zufuhr unter den in Fall 4 b) angewandten Bedingungen eine technologisch, ökonomisch und ökologisch sinnvolle Lösung für die Schlichtbearbeitung rotationssymmetrischer Komponenten der Luftfahrtbranche dar. Die bekannten Vorteile der HD-KSS-Zufuhr gegenüber einer KÜK bleiben bei Anwendung der

P-KSS-Zufuhr weitestgehend erhalten. Aufgrund der erzielten Minimierung der Anomalien an der Stirnfläche ist eine Anwendung der Technologie im Gegensatz zur HD-KSS-Zufuhr bei der Schlichtbearbeitung möglich. Bei Einsatz einer optimierten Ventiltechnik ist weiterhin eine deutliche Verbesserung der ökologischen und ökonomischen Bilanz des Zerspanprozesses zu erwarten, da die Anschaffung und der Betrieb eines Hochdruckaggregats nicht mehr erforderlich sind.

Aus der Möglichkeit, sicheren Spanbruch ohne die Verwendung eines Hochdruckaggregats zu erzeugen, folgen weitere Potenziale der P-KSS-Zufuhr. Für kleine Unternehmen, insbesondere bei geringen Losgrößen und einer hohen Variantenvielfalt, ist die Anschaffung eines HD-Aggregats oftmals nicht sinnvoll. Ebenso nimmt die Komplexität der Planung von Fertigungsstätten grundsätzlich durch prozessspezifische Anforderungen an die KSS-Zufuhr und das entsprechende häufig zentrale Versorgungssystem zu [BURG21]. Eine maschinenunabhängige Ventileinheit, welche bei Bedarf zum Erzielen von Spanbruch durch P-KSS-Zufuhr eingesetzt werden kann, erhöht in beiden Fällen die Flexibilität.

7.3 Zusammenfassung des siebten Kapitels

Summary of the Seventh Chapter

Nachfolgend sind die wesentlichen Erkenntnisse der Kapitel 7.1 und 7.2 und somit die Beantwortung der letzten Forschungsfrage zusammenfassend dargestellt:

- Zur integrierten Bewertung ausgewählter technologischer, ökonomischer und ökologischer Aspekte der P-KSS-Zufuhr gegenüber konventionellen KSS-Zufuhrstrategien wie der KÜK und der HD-KSS-Zufuhr wurde eine Fallstudie durchgeführt. Die Bewertung der Kühlschmierstrategien erfolgte auf Basis einer Strategiekarte in Form eines Spinnennetzdiagramms.
- Die relevanten Bewertungskriterien waren: Zustand der Werkstückstirnfläche hinsichtlich Anomalien, sichere Spanabfuhr, Oberflächenrauheit nach Außenlängsrunddrehen, Zustand der Werkstückrandzone, Werkzeugstandzeit, Energiebedarf der Anlagentechnik zur KSS-Zufuhr sowie erforderliche Investitionen hinsichtlich der Anlagentechnik
- Bei der KÜK treten in Folge des niedrigen KSS-Zufuhrdrucks und der resultierenden Spanform keine Anomalien durch Spankollision mit der Stirnfläche auf. Aufgrund der Spanform, dem exzessiven Werkzeugverschleiß und dem Zustand der Werkstückrandzone ist die Kühlschmierstrategie jedoch für den abgebildeten Prozessschritt nicht geeignet.
- Die Vorteile der HD-KSS-Zufuhr hinsichtlich technologischer, ökonomischer und ökologischer Faktoren gegenüber der KÜK wurden bereits vielfach aufgezeigt. Der Zustand der Werkstückstirnfläche bei Einsatz der HD-KSS-Zufuhr aufgrund der durch Spankollision entstehenden Oberflächenanomalien verhindert jedoch den Einsatz der Technologie bei der Schlichtbearbeitung sicherheitskritischer Komponenten.
- Durch Anwendung der P-KSS-Zufuhr wird die Schädigung der Oberfläche minimiert, während die Vorzüge der HD-KSS-Zufuhr gegenüber der KÜK weitestgehend erhalten bleiben. Die P-KSS-Zufuhr stellt daher eine technologisch, ökonomisch und ökologisch sinnvolle Lösung für die Schlichtbearbeitung rotationssymmetrischer Komponenten der Luftfahrtbranche dar.
- Durch eine optimierte Ventiltechnik ist zusätzlich eine starke Verbesserung der ökologischen und ökonomischen Bilanz des Zerspanprozesses erzielbar, da auf Anschaffung und Betrieb eines Hochdruckaggregats verzichtet werden kann.

8 Zusammenfassung und Ausblick

Bei der Schruppbearbeitung rotationssymmetrischer Triebwerkskomponenten aus schwer zerspanbaren Werkstoffen wie Nickelbasislegierungen hat sich aufgrund der komplexen Anforderungen in der industriellen Praxis die Anwendung einer HD-KSS-Zufuhr etabliert. Durch die zielgerichtete Kühlschmierung der Zerspanzone und den durch die hydrodynamische Kraft des KSS-Strahls erzielten Spanbruch wird eine prozesssichere und produktive Drehbearbeitung möglich. Beim Schlichtdrehen sicherheitskritischer Komponenten ist die HD-KSS-Zufuhr bisher jedoch nur stark eingeschränkt anwendbar. Die durch den KSS-Strahl kurzgebrochenen und beschleunigten Späne können mit Werkstückoberflächen kollidieren und unzulässige Oberflächenanomalien erzeugen. Forschungsarbeiten am Werkzeugmaschinenlabor der RWTH Aachen University zeigten, dass Teile des Spans auf der Werkstückoberfläche anhaften und diese durch die Kollision deformiert werden kann. [SANG13; CAYL17; SPLE21]

Einen Lösungsansatz bietet die bisher nicht angewendete pulsierende Zufuhr des KSS (P-KSS-Zufuhr). Ziel der Technologie ist eine gezielte Beeinflussung der Spanlänge und daraus folgend die Eliminierung von Oberflächenanomalien durch Spankollision. Die Funktionsweise der P-KSS-Zufuhr basiert auf zwei einstellbaren, sich wiederholenden Zeitintervallen mit alternierenden KSS-Zufuhrdrücken. In der Phase des reduzierten Drucks RD wird kein Spanbruch durch den auftreffenden KSS-Strahl ausgelöst. Mit Beginn des HD-Intervalls bricht der Span unter der Kraft des auftreffenden HD-KSS-Strahls.

Die zur Anwendung der P-KSS-Zufuhr relevanten wissenschaftlichen und wirtschaftlichen Forschungsfragen wurden bisher nicht beantwortet. Die Zusammenhänge zwischen den KSS-Zufuhrparametern, den Bedingungen des Zerspanprozesses, dem Spanbruch und der Entstehung von Oberflächenanomalien waren für die P-KSS-Zufuhr bisher nicht bekannt. Das Ziel dieser Arbeit war es daher, die fehlenden Erkenntnisse zur Anwendung der P-KSS-Zufuhr beim Schlichtdrehen von Nickelbasislegierungen systematisch zu erforschen, die Ergebnisse in einem regelbasierten anwendungsbezogenen Gestaltungsmodell darzustellen und daraus Anwendungshinweise abzuleiten.

Zunächst wurden die relevanten Kenngrößen des Drehprozesses unter P-KSS-Zufuhr identifiziert. Eine zentrale Kenngröße ist die Spanbildung, insbesondere die resultierende Spanlänge. Die übergeordnete Zielgröße ist die Qualität der Werkstückstirnfläche hinsichtlich des Auftretens von Anomalien durch Spankollision. Folglich stellt der kontrollierte Spanbruch die notwendige und die anforderungsgerechte Bauteiloberfläche die hinreichende Bedingung für einen erfolgreichen Einsatz der P-KSS-Zufuhr dar. Die Stellgrößen der P-KSS-Zufuhr sind die Dauer t_{HD} des Zeitintervalls mit erhöhtem KSS-Zufuhrdruck HD und die Dauer t_{RD} des Zeitintervalls mit reduziertem KSS-Zufuhrdruck RD sowie der jeweilige Zufuhrdruck p_{HD} bzw. p_{RD}. Zur Realisierung der P-KSS-Zufuhr wurde eine spezifisch entwickelte Ventileinheit in den KSS-Kreislauf der Werkzeugmaschine integriert und die Eigenschaften des Gesamtsystems wurden strömungsmechanisch analysiert. Das verwendete System und die genannten Stellgrößen waren zur gezielten Herbeiführung und Beeinflussung eines pulsierenden KSS-Freistrahls am Werkzeugaustritt geeignet. Der Wert t_{HD} = 50 ms wurde als systemabhängiges kritisches Minimum für die Intervalldauer identifiziert.

Auf dieser Basis erfolgten experimentelle Zerspanuntersuchungen zur Erforschung der Ursache-Wirkungs-Zusammenhänge zwischen den relevanten Stellgrößen der P-KSS-Zufuhr, der Spanbildung und der Oberflächenqualität. Unabhängig von der KSS-Zufuhrstrategie resultieren grundsätzlich Häufigkeitsverteilungen unterschiedlicher Spanlängen l_s innerhalb eines Versuchs. Durch die P-KSS-Zufuhr kann eine signifikante Steigerung der Häufigkeit von bestimmten Spanlängen erzielt werden. Im Wesentlichen wird die Spanlänge l_s durch die Dauer der RD-Phase in Verbindung mit der Spanablaufgeschwindigkeit bestimmt. Für einen sicheren Spanbruch ist eine ausreichende Dauer der HD-Phase erforderlich.

Durch die Anwendung der P-KSS-Zufuhr können die Anomalien der Werkstückstirnfläche aufgrund von Spankollision gegenüber der HD-KSS-Zufuhr stark reduziert werden. Mit steigender Dauer der RD-Phase t_{RD} und reduzierter Dauer der HD-Phase t_{HD} nimmt die Anzahl der Oberflächenanomalien ab, bis nahezu schädigungsfreie Oberflächen bei ungehinderter Spanabfuhr erzielt werden.

Zur Erklärung der Ursachen verbleibender Anomalien unter P-KSS-Zufuhr wurde die Spanlängenverteilung in Relation zur zerspanten Werkstoffmasse analysiert. Insbesondere Späne sehr geringer Längen verursachen bei Kollision mit der Werkstückstirnfläche Anomalien. Dementsprechend korreliert der Anteil der zerspanten Masse h_{40} mit Spanlängen $l_s \geq 40$ mm mit der Qualität der Stirnfläche. Der Kennwert sinkt mit steigender Dauer der HD-Phase t_{HD}. Die verbleibenden Oberflächenanomalien sind daher auf kurze Späne, welche in einer ungünstig ausgedehnten HD-Phase entstehen, zurückzuführen.

Durch den Einsatz der P-KSS-Zufuhr wird der Werkzeugverschleiß gegenüber der KÜK deutlich reduziert. Im Vergleich zu einer prozessangepassten HD-KSS-Zufuhr resultiert durch die P-KSS-Zufuhr tendenziell verstärkter Freiflächenverschleiß. Die mittlere werkzeugseitige Temperatur in der Zerspanzone wird durch die P-KSS-Zufuhr gegenüber der HD-KSS-Zufuhr lediglich in geringem Maße beeinflusst.

Zur Zusammenführung der gewonnenen Erkenntnisse hinsichtlich der Ursache-Wirkungszusammenhänge und Wirkmechanismen zwischen den Stell-, Einfluss-, und Zielgrößen der P-KSS-Zufuhr wurde ein zweiteiliges Gestaltungsmodell entwickelt. Der erste Teil beinhaltet die Analyse der Wirkbeziehungen der Elemente des Systems P-KSS-Zufuhr. Der zweite Teil enthält wissensbasierte Gestaltungsrichtlinien in Verbindung mit Aktivitätsdiagrammen zur Auslegung und Anwendung der P-KSS-Zufuhr. Anhand eines Netzwerkplans wurden zwei Hauptfaktoren für die verbleibende Entstehung von Anomalien der Werkstückstirnfläche unter P-KSS-Zufuhr identifiziert. Dies ist zum einen die beim Aufprall an die Werkstückoberfläche übertragene kinetische Energie nach Cayli [CAYL17]. Zum anderen ist die Wahrscheinlichkeit des Eintretens des Kollisionsereignisses ausschlaggebend. Diese hängt insbesondere von der statistischen Verteilung der resultierenden Spanlängen ab. Beide Hauptfaktoren werden weiterhin von den Eigenschaften des einzelnen Spans und des auftreffenden KSS-Strahls beeinflusst.

Abschließend erfolgte eine integrierte Bewertung technologischer, ökonomischer und ökologischer Aspekte der P-KSS-Zufuhr gegenüber konventionellen KSS-Zufuhrstrategien. Die Ergebnisse der qualitativ und quantitativ bewerteten Faktoren der Strategien wurden in einer Strategiekarte gegenübergestellt. Durch Anwendung der P-KSS-Zufuhr wird die Schädigung der Oberfläche minimiert, während die Vorzüge der HD-KSS-Zufuhr gegenüber der KÜK weitestgehend erhalten bleiben. Die P-KSS-Zufuhr stellt daher eine technologisch, ökonomisch und ökologisch sinnvolle Lösung für die Schlichtbearbeitung rotationssymmetrischer Komponenten der Luftfahrtbranche dar. Die Forschungshypothese der vorliegenden Arbeit wurde somit verifiziert:

„Die pulsierende KSS-Zufuhr ermöglicht eine gezielte Beeinflussung des Spanbruchs, sodass Oberflächenanomalien am Werkstück vermieden und die bekannten Potenziale der kontinuierlichen HD-KSS-Zufuhr für das Schlichtdrehen schwer zerspanbarer Werkstoffe nutzbar werden."

Die Ergebnisse der Untersuchungen in der vorliegenden Arbeit zeigen, dass zur gezielten Einstellung der Spanlänge mit P-KSS-Zufuhr für die HD-Phase ein Zufuhrdruck p_{HD} geeignet ist, welcher bei kontinuierlicher HD-KSS-Zufuhr zu sehr kurz brechenden Spänen führt. Aus den Versuchsergebnissen ist jedoch weiterhin zu schließen, dass ein Span, welcher im Zeitintervall RD bereits an Länge und Gewicht gewonnen hat, ebenso unter einer geringeren Kraft des KSS-Strahls bricht. Durch die Reduktion des Zufuhrdrucks in der HD-Phase nimmt die Wirksamkeit der P-KSS-Zufuhr zur gezielten Einstellung der Spanlänge ab, sicherer Spanbruch kann jedoch erzielt werden. Anhand dieser Erkenntnisse sind zukünftige Forschungsarbeiten auf eine Minimierung der Dauer und des KSS-Zufuhrdrucks der Hochdruck-Phase zu fokussieren. Dies trägt zur Verbesserung der ökologischen und ökonomischen Bilanz und zur weiteren Senkung der Wahrscheinlichkeit von Oberflächenanomalien bei.

Der für den Spanbruch benötigte KSS-Zufuhrdruck variiert in Abhängigkeit von den Schnittparametern, dem genutzten Werkzeug und dem zerspanten Werkstoff. Die aus diesen Bedingungen resultierende Orientierung des Spanquerschnitts zum KSS-Strahl und somit die Kontaktfläche zwischen Strahl und Span spielt eine wichtige Rolle für das Eintreten des Spanbruchs. Nicht veröffentlichte Ergebnisse stichprobenartig erfolgter Zerspanversuche deuten darauf hin, dass die in dieser Arbeit identifizierten Ursache-Wirkungszusammenhänge qualitativ auf abweichende Werkstoffe, Schneidstoffe und Prozessbedingungen übertragbar sind. Insbesondere wurden erste experimentelle Untersuchungen mit P-KSS-Zufuhr an einer Nickelbasislegierung mit Whisker-Keramikschneidplatten sowie an einem Lagerstahl und einer Titanlegierung mit HM-WSP durchgeführt. Zukünftig sind allerdings weiterführende Forschungsarbeiten erforderlich. Schwerpunkt sollte hierbei ebenfalls die Ermittlung minimaler KSS-Zufuhrdrücke sein. Hierzu könnten gekoppelte FEM-CFD-Simulationen beispielsweise aufbauend auf Arbeiten von Liu wie einen Lösungsansatz bieten [LIUH21].

Ein weiterer Ansatz für zukünftige Forschungsarbeiten ist die Optimierung der eingesetzten Ventiltechnik, mit dem Ziel die P-KSS-Zufuhr ohne den Betrieb eines HD-Aggregats zu realisieren. Somit ist eine zusätzliche starke Verbesserung der ökologischen und ökonomischen Bilanz des Zerspanprozesses erreichbar und neue Potenziale der Technologie entstehen. Forschungsarbeiten hinsichtlich der Entwicklung und des Einsatzes geeigneter Ventiltechnik wurden am IFAS und MTI der RWTH Aachen University bereits initiiert. Für kleine Unternehmen, insbesondere bei geringen Losgrößen und einer hohen Variantenvielfalt, ist die Anschaffung eines HD-Aggregats oftmals nicht sinnvoll. Durch die P-KSS-Zufuhr eröffnet sich die Möglichkeit, sicheren Spanbruch unter Verwendung der maschineninternen KSS-Zufuhrpumpe zu erzielen. Ebenso erhöht eine maschinenunabhängige Ventileinheit, welche bei Bedarf zum Herbeiführen von sicherem Spanbruch eingesetzt werden kann, die zunehmend geforderte Flexibilität in der Fertigung.

Summary and Outlook

The complex requirements of industrial applications have led to the establishment of the use of a directional high-pressure cutting fluid (HP CF) supply for roughing rotationally symmetrical engine components made from difficult-to-machine materials such as nickel-based alloys. The targeted cooling and lubrication of the cutting zone, as well as the chip breakage achieved through the hydrodynamic force of the CF jet enable reliable and productive turning processes. However, the use of HP CF supply for finish turning of safety-critical components has been very limited. The short-broken chips are accelerated by the CF jet and can collide with the workpiece surfaces, causing unacceptable surface anomalies. Research at the Machine Tool Laboratory of RWTH Aachen University has shown that parts of the chip adhere to the workpiece surface and it can be deformed by the collision. [SANG13; CAYL17; SPLE21].

The pulsating CF (P CF) supply, which has not been used before, offers a solution. The technology aims to control chip length and thus eliminate surface anomalies caused by chip collision. The function of the P CF supply is based on two adjustable, repeating time intervals with alternating CF supply pressures. During the reduced pressure phase, the impinging CF jet does not induce chip breakage. At the start of the HP interval, the chip breaks under the force of the CF jet.

However, the scientific and economic research questions relevant to the application of P CF supply have not yet been answered. The cause-and-effect relationships between CF supply parameters, cutting conditions, chip breakage and surface anomaly formation were not known for P CF supply. This work therefore aimed to systematically investigate the knowledge gap in the application of P CF supply in finish turning of nickel-based alloys, to present the results in a rule-based, application-related design model and to derive design guidelines for industrial applications.

Firstly, the relevant parameters of the turning process with P CF supply were identified. A key parameter is chip formation, particularly the resulting chip length. The superior target parameter is the quality of the workpiece face, specifically the occurrence of anomalies due to chip collision. Consequently, controlled chip breakage is the necessary condition for the successful use of the P CF supply, while a component surface that meets the requirements is the sufficient condition. The control variables of the P CF supply are the duration of the time interval with increased CF supply pressure t_{HD} and the duration of the time interval with reduced CF supply pressure t_{RD} as well as the respective supply pressure p_{HD} or p_{RD}. To implement the P CF supply, a specially developed valve unit was integrated into the CF circuit of the machine tool and the characteristics of the system were analyzed from a fluid mechanics point of view. The system used and the control variables mentioned were suitable for inducing and adjusting a pulsating jet at the tool outlet. The value t_{HD} = 50 ms was identified as the system-dependent critical minimum for the interval duration.

On this basis, experimental machining tests were carried out to investigate the cause-and-effect relationships between the relevant control variables of CF supply, chip formation and surface quality. Regardless of the CF supply strategy, distributions of different chip lengths l_s are obtained within a test. Significant increases in the frequency of certain chip lengths can be achieved with the P CF supply. Generally, the chip length l_s is determined by the duration of the phase with reduced CF supply pressure in conjunction with the chip flow velocity. A sufficient duration of the HP phase is required for reliable chip breaking. Further investigations, not included in this thesis, using whisker ceramic inserts in Inconel 718, as well as machining of a bearing steel and a titanium alloy with indexable carbide inserts, have shown that the identified correlations can be qualitatively transferred to different materials and process conditions.

By using P CF supply, the surface anomalies caused by chip collisions can be significantly reduced compared to HP CF supply. As the duration of the phase with reduced CF supply pressure t_{RD} increases and the duration of the HP phase t_{HP} decreases, the number of surface anomalies decreases until almost anomaly-free surfaces are achieved with unhindered chip evacuation. The P CF supply parameters, which are highly effective in adjusting chip length, do not produce the greatest reduction in surface anomalies. To explain the causes of the remaining anomalies under P CF supply, the chip length distribution was analyzed in relation to the mass of material machined. In particular, very short chips cause anomalies when they collide with the face of the workpiece. Accordingly, the proportion of the machined mass h_{40} with chip lengths $l_s \geq$ 40 mm correlates with the quality of the face. The characteristic value decreases as the HP phase duration t_{HD} increases. Therefore, the remaining surface anomalies are due to short, highly accelerated chips, which are produced in an unfavourable extended HP phase.

The use of P CF supply significantly reduces tool wear compared to flood cooling. However, compared to a process-adapted HP CF supply, the P CF supply tends to increase flank wear. The average tool temperature in the cutting zone is only slightly influenced by the P CF supply compared to the HP CF supply.

A two-part design model was developed to summarise the findings regarding the cause-and-effect relationships and mechanisms of action between the control, influence and target variables of the P CF supply. The first part contains the analysis of the interactions between the elements of the P CF supply system. The second part contains knowledge-based design guidelines in conjunction with activity diagrams for the design and application of the P CF supply. Using a network diagram, two main factors were identified for the residual development of surface anomalies under P CF supply. Firstly, the kinetic energy transferred to the workpiece surface during the impact, as determined by CAYLI. Secondly, the probability of the collision occurring is decisive. This depends particularly on the statistical distribution of the resulting chip lengths. Both main factors are also influenced by the properties of the individual chip and the impinging CF jet.

Finally, an integrated assessment was carried out to compare the technological, economic and environmental aspects of P CF supply with those of conventional CF supply strategies. The results were compared in a strategy map. The P CF supply minimizes the damage to the surface, while the advantages of the HP CF supply over the flood cooling are largely maintained. The P CF supply therefore represents a technologically, economically and ecologically meaningful solution for the finishing of rotationally symmetric components in the aerospace industry. The research hypothesis of the present work has been verified:

The pulsating cutting fluid supply enables the targeted influencing of chip breaking, so that surface anomalies on the workpiece are avoided and the known potentials of the continuous HP CF supply can be used for finish turning of difficult-to-cut materials.

The results of this work show that a CF supply pressure, which leads to very short breaking chips with continuous HP CF supply is suitable for the HP Phase in P CF supply to achieve the targeted adjustment of the chip length. However, it can also be concluded from the test results that chips that have already increased in length and weight during the time interval with reduced pressure break under a lower force from the CF jet. By reducing the supply pressure in the HP phase, the effectiveness of the P CF supply for targeted adjustment of the chip length decreases, but reliable chip breakage can still be achieved. Based on these findings, future research work should focus on minimizing the duration and supply pressure of the high-pressure phase. This would help to improve the ecological and economic balance and further reduce the probability of surface anomalies.

The CF supply pressure required for chip breaking depends on the cutting parameters, the tool used, and the material being machined. The position of the chip cross-section relative to the CF jet resulting from these conditions and thus the contact surface between the jet and the chip plays an important role in the occurrence of chip breakage. Unpublished results of sample machining tests indicate that the cause-effect relationships identified in this work are qualitatively transferable to different materials, cutting materials and process conditions. In particular, initial experimental investigations with P CF supply were carried out on a nickel-based alloy with whisker reinforced ceramic cutting inserts as well as on a bearing steel and a titanium alloy with carbide inserts. However, further research is required in the future. The focus here should also be on determining minimum CF supply pressures. Coupled FEM-CFD simulations based on the work of LIU, for example, could offer a solution [LIUH21].

Another approach for future research work is to optimize the valve technology used to realize the P CF supply without operating an HP unit. In this way, an additional significant improvement in the ecological and economic balance of the machining process can be achieved and new potential of the technology can evolve. Research into the development and use of suitable valve technology has already been initiated at IFAS and MTI at RWTH Aachen University. For small companies, especially those with small batch sizes and a high number of variants, the purchase of an HP unit is often impractical. The P CF supply technology opens up the possibility of achieving reliable chip breaking using the internal CF pump of the machine tool. An independent valve unit, which can be used to achieve safe chip breaking on any lathe if required, additionally increases the flexibility in production.

9 Literaturverzeichnis

References

[ALTI00] Altintas, Y.: Manufacturing automation - Metal cutting mechanics, machine tool vibrations, and CNC design. 1.Aufl. Cambridge: Cambridge Univ. Press, 2000

[ALAG21] Alagan, N. T.; Zeman, P.; Mara, V.; Beno, T.; Wretland, A.: High-pressure flank cooling and chip morphology in turning Alloy 718. In: CIRP Journal of Manufacturing Science and Technology. 35. Jg., 2021, S. 659-674

[ANVA17] Anvari: Failure of Nickel-based super alloy (ME3) in aerospace gas turbine engines. In: Journal of Chemical Engineering and Materials Science. 8. Jg., 2017, Nr. 6, S. 46-65

[ARUN00] Arunachalam, R.; Mannan, M. A.: Machinability of Nickel-based Super Alloys. In: Machining Science and Technology. 4. Jg., 2000, Nr. 1, S. 127-168

[ASTA97] Astakhov, V. P.; Shvets, S. V.; Osman, M.O.M.: Chip structure classification based on mechanics of its formation. In: Journal of Materials Processing Technology. 71. Jg., 1997, Nr. 2, S. 247-257

[AUGS18] Augspurger, T.: Thermal Analysis of the Milling Process. Dissertation, RWTH Aachen. Hrsg.: Apprimus Verlag. Wissenschaftsverlag des Instituts für Industriekommunikation und Fachmedien an der RWTH Aachen. Aachen, 2018

[AYED16] Ayed, Y.; Robert, C.; Germain, G.; Ammar, A.: Development of a numerical model for the understanding of the chip formation in high-pressure water-jet assisted machining. In: Finite Elements in Analysis and Design. 108. Jg., 2016, S. 1-8

[BART21a] Bartolomeis, A. de; Newman, S.; Biermann, D.; Shokrani, A.: State-of-The-Art Cooling and Lubrication for Machining Inconel 718. In: Journal of Manufacturing Science and Engineering. 143. Jg., 2021, Nr. 5, Artikel 050801

[BART21b] Bartolomeis, A. de; Newman, S.; Jawahir, I.S.; Biermann, D.; Shokrani, A.: Future research directions in the machining of Inconel 718. In: Journal of Materials Processing Technology. 2021, Nr. 297, Artikel 117260

[BENE09] Benedetto, L.; Klemes, J.: The Environmental Performance Strategy Map: an integrated LCA approach to support the strategic decision-making process. In: Journal of Cleaner Production. Nr. 17, 2009, S. 900-906

[BERG18] Bergs, T.; Döbbeler, B.; Splettstoesser, A.: Hochdruckkühlung – produktiv und sicher: Mit pulsierender Kühlschmierstoffzufuhr zur gewünschten Spanlänge. In: Maschinen, Anlagen, Verfahren: mav. 62. Jg., 2018, Bd. 10, S. 92-94

[BERG19a] Bergs, T.; Splettstoesser, A.; Schraknepper, D.: Pulsating high-pressure cutting fluid supply for chip control in finish turning of Inconel 718. In: MM Science Journal. 2019, Nr. 4, S. 3200-3205

[BERG19b] Bergs, T.; Pušavec, F.; Koch, M.; Grguraš, D.; Döbbeler, B.; Klocke, F.: Investigation of the Solubility of Liquid CO2 and Liquid Oil to Realize an Internal Single Channel Supply in Milling of Ti6Al4V. In: Procedia Manufacturing. 2019, Nr. 33, S. 200-207

[BERG19c] Bergs, T.; Splettstoesser, A.; Schraknepper, D.: Pulsierende KSS-Zufuhr unter erhöhten Drücken beim Schlichtdrehen schwer zerspanbarer Werkstoffe. In: Bergs, T. (Hrsg.): 6. Aachener Kühlschmierstoff-Tagung. 1. Auflage. Aachen: Apprimus Verlag, 2019

[BERG21a] Bergs, T.; Abouridouane, M.; Meurer, M.; Peng, B.: Digital image correlation analysis and modelling of the strain rate in metal cutting. In: CIRP Annals. 70. Jg., 2021, Nr.1, S. 45-48

[BERG21b] Bergs, T.; Grünebaum, T.; Fricke, K.; Barth, S.; Ganser, P.: Life cycle assessment for milling of Ti- and Ni-based alloy aero engine components. In: Procedia CIRP. Nr. 98, S. 625-630

[BERM12] Bermingham, M. J.; Palanisamy, S.; Kent, D.; Dargusch, M. S.: A comparison of cryogenic and high pressure emulsion cooling technologies on tool life and chip morphology in Ti–6Al–4V cutting. In: Journal of Materials Processing Technology. 212. Jg., 2012, Nr. 4, S. 752–765

[BORM67] Borman J.W. et al.: Drilling Method and Apparatus. Patent Specification, US 3 342 086 A, 1967

[BRAH09] Braham-Bouchnak, T.; Germain, G.; Robert, P.; Lebrun, J. L.; Auger, S.: High Pressure Water Jet Assisted Machining of Duplex Steel: Machinability and Tool Life. In: 12th Cirp Conference on Modelling of Machining Operations. Donostia-San Sebastian, Spain, 7.-8. Mai 2009, S. 803–809

[BUCH17] Buchkremer, S.: Predictive tool and process design for efficient chip control in metal cutting. Dissertation. RWTH Aachen. Hrsg.: Apprimus Verlag. Wissenschaftsverlag des Instituts für Industriekommunikation und Fachmedien an der RWTH Aachen. Aachen, 2017

[BUND24] Bundesministerium für Arbeit und Soziales: Nachhaltigkeit und CSR. https://www.csr-in-deutschland.de/DE/CSR-Allgemein/CSR-Grundlagen/Historie/historie.html, 30.11.2024

[BURG21] Burggräf, P.; Bergs, T.; Dannapfel, M.; Korff, A.; Esfahani, M.; Splettstoesser, A.; Steinlein, J.: Achieving parametric transparency in model-based factory planning. In: Prod. Eng. Res. Devel. Nr. 15, 2021, S. 57-67

[CAYL17] Cayli, T.: Surface Anomalies in Turning of Difficult-to-Cut Materials with High-Pressure Coolant Supply. Dissertation. RWTH Aachen. Hrsg.: Apprimus Verlag. Wissenschaftsverlag des Instituts für Industriekommunikation und Fachmedien an der RWTH Aachen. Aachen, 2017

[CAYL18a] Cayli, T.; Klocke, F.; Döbbeler, B.: Increasing Energy Efficiency in Turning of Aerospace Materials with High-Pressure Coolant Supply. In: Procedia Manufacturing. 21. Jg., 2018, S. 405–412

[CAYL18b] Cayli, T.; Döbbeler, B.; Klocke, F.: Schlussbericht zum IGF-Vorhaben Nr. 18634 N/1 Thema: Oberflächen und Randzonenbeeinflussung sowie Ressourceneffizienz beim Einsatz der Hochdruck-Kühlschmierstoff-Zufuhr – OraKühl. Berichtszeitraum: 01.02.2015-31.10.2017, 2018

[CICA19] Cica, D.; Kramar, D.: Multi-objective optimization of high-pressure jet-assisted turning of Inconel 718. In: The International Journal of Advanced Manufacturing Technology. 105. Jg., 2019, Bd. 11, S. 4731–4745

[CORD14] Cordes, S.; Hübner, F.; Schaarschmidt, T.: Next Generation High Performance Cutting by Use of Carbon Dioxide as Cryogenics. In: Procedia CIRP. 14. Jg., 2014, S. 401-405

[CORR05] Corran, R.: MANHIRP - Integrating Process Controls with Manufacturing to Produce High Integrity Rotating Parts for Modern Gas Turbines. (Reihe: RISC Fatigue), 19.01.2005

[CRAF99] Crafoord, R.; Kaminski, J.; Lagerberg, S.; Ljungkrona, O.; Wretland, A.: Chip control in tube turning using a high-pressure water jet. In: Proceeding of the Institution of Mechanical Engineers. 213 Jg., Part B, S. 761-767

[CHOI01] Choi, J.P.; Lee, S.J.: Efficient Chip Breaker Design by Predicting the Chip Breaking Performance. In: International Journal of Advanced Manufacturing Technology. 17. Jg., 2001, Nr.7, S. 489-497

[CHOU98] Choudhury, I. A.; El-Baradie, M. A.: Machinability of nickel-base super alloys: a general review. In: Journal of Materials Processing Technology. 77. Jg., Nr.1-3, S. 278-284, 1998

[CLOS05] Clos, R.; Lorenz, H.; Schreppel, U.; Veit, P.: Verformungslokalisierung und Spanbildung in Inconel 718. In: Tönshoff, H.K.; Hollmann, F. (Hrsg.): Hochgeschwindigkeitsspanen. WILEY-VCH Verlag, Weinheim, 2005

[COLW54] Colwell, L.V.: Predicting the Angle of Chip Flow for Single-Point Tools. In: Transaction of the ASME. 76. Jg., 1995, S. 199-202

[ÇOLA12] Çolak, O.: Investigation on Machining Performance of Inconel 718 under High Pressure Cooling Conditions. In: Strojniški vestnik – Journal of Mechanical Engineering. 58. Jg., 2012, Nr. 11, S. 683-690

[COUR09] Courbon, C.; Kramar, D.; Krajnik, P.; Pusavec, F.; Rech, J.; Kopac, J.: Investigation of machining performance in high-pressure jet assisted turning of Inconel 718. An experimental study. In: International Journal of Machine Tools and Manufacture. 49. Jg., 2009, Bd. 14, S. 1114-1125

[COUR11] Courbon, C.; Sajn, V.; Kramar, D.; Rech, J.; Kosel, F.; Kopac, J.: Investigation of machining performance in high pressure jet assisted turning of Inconel 718. A numerical model. In: Journal of Materials Processing Technology. 211. Jg., 2011, Bd. 11, S. 1834–1851

[DAHL02] Dahlman, P.: A comparison of temperature reduction in high-pressure jet-assisted turning using high pressure versus high flowrate. Göteborg, 2002

[DECH80] Dechiffre, L.: Lubrication in Cutting - Critical Review and Experiments with Restircted Contact Tools. In: ASLE Transactions. 24. Jg., 1980, Nr. 3, S. 340–344

[DENK11] Denkena, B.; Tönshoff, H. K.: Spanen. Grundlagen. Wiesbaden: Springer Fachmedien (VDI-Buch), 2011

[DENK14] Denkena, B.; Helmecke P.; Hülsenmeyer, L.: Energy Efficient machining with optimized coolant lubrication flow rates. In: Procedia CIRP. 2014, Nr. 24, S. 25-31

[DENK20] Denkena, B.; Abele, E.; Brecher, C.; Dittrich, M.-A.; Kara, S.; Mori, M.: Energy Efficient Machine Tools. In: CIRP Annals. 69. Jg., 2020, Bd. 2, S. 646-667

[DENK22] Denkena, B.; Krödel, A.; Ellersiek, L.: Influence of metal working fluid on chip formation and mechanical loads in orthogonal cutting. In: The International Journal of Advanced Manufacturing Technology. 118. Jg., 2022, Bd. 9-10, S. 3005–3013

[DENK23] Denkena, B.; Mori, M.; Dittrich, M.-A.; Klages, N.; Matthies, J.: Energy efficient supply of cutting fluids in machining by utilizing flow rate control. In: CIRP Annals. 72. Jg., 2023, Bd. 1, S. 349–352

[DIN09] DIN ISO 10910 (2009): Klassifizierung und Bezeichnung von ungefähren Spankontrollbereichen für Wendeschneidplatten mit Spanformern

[DINI07] Diniz, A. E.; Micaroni, R.: Influence of the direction and flow rate of the cutting fluid on tool life in turning process of AISI 1045 steel. In: International Journal of Machine Tools and Manufacture. 47. Jg., 2007, Bd. 2, S. 247-254

[DINI10] Diniz, A. E.; Micaroni, R.; Hassui, A.: Evaluating the effect of coolant pressure and flow rate on tool wear and tool life in the steel turning operation. In: The International Journal of Advanced Manufacturing Technology. 50. Jg., 2010, Bd. 9-12, S. 1125-1133

[DOEB15] Döbbeler, B.; Klocke, F.; Lung, D.: Methodology of process oriented dimensioning of cooling lubricant pressure and volume flow for increasing energy efficiency. In: Procedia CIRP. 2015, Nr. 29, S. 347-353

[DOER20] Dörn, S.: Python lernen in abgeschlossenen Lerneinheiten. Wiesbaden: Springer Vieweg, 2020

[DUDZ04] Dudzinski, D.; Devillez, A.; Moufki, A.; Larrouquère, D.; Zerrouki, V.; Vigneu, J.: A review of developments towards dry and high speed machining of Inconel 718 alloy. In: International Journal of Machine Tools & Manufacture. 44. Jg., 2004, S. 439-456

[ESSI10] Essig, C. A.: Vorhersage von Spanbruch bei der Zerspanung mit geometrisch bestimmter Schneide mit Hilfe schädigungsmechanischer Ansätze. Dissertation. RWTH Aachen. Hrsg.: Apprimus Verlag. Wissenschaftsverlag des Instituts für Industriekommunikation und Fachmedien an der RWTH Aachen. Aachen, 2010

[EZUG90] Ezugwu, E. O.; Machado, A. R.; Pashby, I. R; Wallbank, J.: The Effect of High-Pressure Coolant Supply When Machining a Heat-Resistant Nickel-Based Superalloy. In: Journal of the Society of Tribologists and Lubrication Engineers. 1990, S. 751-757

[EZUG99] Ezugwu, E. O.; Wang, Z. M.; Machado, A. R.: The machinability of nickel-base alloys: a review. In: Journal of Materials Processing Technology. 86. Jg., 1999. Nr. 1-3, S. 1-16

[EZUG04a] Ezugwu, E. O. (2004): High speed machining of aero-engine alloys. In: J. Braz. Soc. Mech. Sci. & Eng. 26. Jg., Nr. 1, S. 1-11.

[EZUG04b] Ezugwu, E. O.; Bonney, J.: Effect of high-pressure coolant supply when machining nickel-base, Inconel 718, alloy with coated carbide tools. In: Journal of Materials Processing Technology. 153-154. Jg., 2004, S. 1045–1050

[EZUG05a] Ezugwu, E. O.; Bonney, J.: Finish Machining of Nickel-Base Inconel 718 Alloy with Coated Carbide Tool under Conventional and High-Pressure Coolant Supplies. In: Tribology Transactions. 48. Jg., 2005, S. 76-81

[EZUG05b] Ezugwu, E. O.; Bonney, J.; Fadare, D. A.; Sales, W. F.: Machining of nickel-base, Inconel 718, alloy with ceramic tools under finishing conditions with various coolant supply pressures. In: Journal of Materials Processing Technology. 2005, Nr. 162-163, S. 609-614

[EZUG05c] Ezugwu, E.O.; Da Silva, R. B.; Bonney, J.; Machado, A. R.: Evaluation of the performance of CBN tools when turning Ti-6Al-4V alloy with high pressure coolant supplies. In: International Journal of Machine Tools & Manufacture. 45. Jg., 2005, S. 1009-1014

[FANG98] Fang, N.: Influence of the Geometrical Parameters of the Chip Groove on Chip Breaking Performance Using New-Style Chip Formers. In: Journal of Materials Processing Technology. 74. Jg., 1998, Nr. 1-3, S. 268-275

[FANG02] Fang, N.; Jawahir, I. S.: Analytical predictions and experimental validation of cutting force ratio, chip thickness, and chip back-flow angle in restricted contact machining using the universal slip-line model. In: International Journal of Machine Tools and Manufacture. 42. Jg., 2002, Nr. 6, S. 681–694.

[GATE98] Gatermann, H.: Reibungseinflüsse auf die Spanbildung beim Drehen. Dissertation. Technische Universität Hamburg-Harburg, 1998

[GERH23a] Gerhard, N.; Liu, H.; Splettstößer, A.; Massanés Pedró, P.; Meurer, M.; Bergs, T.: Experimental and Numerical Investigations of Grain Size Changes in the Rim Zone During Turning of DA718. In: Industrial and Cogeneration; Manufacturing Materials and Metallurgy: American Society of Mechanical Engineers. 8.Jg., 2023

[GERH23b] Gerhard, N.; Göttlich, T.; Helmig, T.; Liu, H.; Meurer, M.; Kneer, R.; Bergs, T.: Numerical investigation of cutting fluid cooling on machining-induced thermal stresses. In: Procedia CIRP. 117. Jg., 2023, S. 116-121

[GERS98] Gerschwiler, K.: Untersuchungen zum Verschleißverhalten von Cermets beim Drehen und Fräsen. Dissertation. WZL der RWTH Aachen University, 1998

[GFT03] Gesellschaft für Tribologie: Minimalmengenschmierung – Stoffe, Systeme, Verfahren der Produktionstechnik. Arbeitsblatt 8, Teil 1, August 2003

[HINT90] Hintze, W.: Modellgestützte Spanbruchbeurteilung beim Drehen. Dissertation. Technische Universität Hamburg-Harburg, 1990

[HABA06] Habak, M.; Lebrun, J.-L.; Waldmann, S.; Robert, P.; Fischer, C.: Residual stress in high pressure water jet assisted turning of austenitic stainless steel. In: Materials Science Forum. 2006, Nr. 524-525, S. 581-586

[HABE15] Haberbosch, R.: Einsatz der Hochdruck KSS-Zufuhr bei der Drehbearbeitung von Komplexen Werkstoffen in der Luftfahrt. In: Klocke, F.; Veselovac, D. (Hrsg.): Ökonomischer und ökologischer Einsatz von Kühlschmierstoffen in der Zerspanung. 4. Aachener Kühlschmierstoff-Tagung. 21. - 22. Oktober 2015. 1. Auflage. Aachen: Apprimus-Verlag, 2015

[HARD22] Hardt, M.: Modeling the material behavior under metal cutting conditions. Dissertation. RWTH Aachen. Hrsg.: Apprimus Verlag. Wissenschaftsverlag des Instituts für Industriekommunikation und Fachmedien an der RWTH Aachen. Aachen, 2022

[HENN08] Henning, K.; Gramatke, A.; Jakobs, S.: Informationsmanagement im Maschinenwesen. Aachen: Druckerei und Verlagsgruppe Mainz, 2008

[HOFF05] Hoffmeister, H.-W.; Wessels, T.: Thermomechanische Wirkmechanismen bei der Hochgeschwindigkeitszerspanung von Titan- und Nickelbasislegierungen. In: Tönshoff, H.K.; Hollmann, F. (Hrsg.): Hochgeschwindigkeitsspanen, WILEY-VCH Verlag, Weinheim, 2005

[HONE08] Honegger, J.: Vernetztes Denken und Handeln in der Praxis – Mit Netmapping und Erfolgslogik schrittweise von der Vision zur Aktion. Zürich: Versus Verlag AG, 2008

[HOPP03] Hoppe, S.: Experimental and numerical analysis of chip formation in metal cutting. Dissertation. WZL der RWTH Aachen University, 2004

[IHK24] IHK Rhein-Neckar: Nachhaltigkeitsberichterstattung Nr. 5554376 https://www.ihk.de/rhein-neckar/gruendung/finanzierung/green-finance/nachhaltigkeitsberichtserstattung-5554376, 30.11.2024

[ISCA24] Iscar Germany GmbH: Turning Lines. Url: https://www.iscar.com/Catalogs/publication-2023/english_1/TURNING_CATALOG_2023/Flipview-TURNING_CATALOG_2023/index.html, Stand: 20.05.2024

[JAEG21] Jaeger, J. P.: Wendeltiefbohren kleinster Durchmesser in schwer zerspanbare Werkstoffe mit kryogener Minimalmengenschmierung. Dissertation. TU Dortmund, 2021

[JAWA88] Jawahir, I. S.; Oxley, P. L. B.: New Developments in Chip Control Research Moving Towards Chip Breakability Predictions for Unmanned Manufacture. Predictions for unmanned Manufacture. In: Proc. Int. Conf. ASME, Manufacturing International 88, 1988, S. 311-320

[JAWA90] Jawahir, I.S.: On the Controllability of Chip Breaking Cycles and Modes of Chip Breaking in Metal Machining. In: Annals of the CIRP. 39. Jg., 1990, Nr. 1, S. 47-51

[JAWA93] Jawahir, I.S.; van Luttervelt, C.A.: Recent Developments in Chip Control – Research and Applications. In: CIRP Annals. 42. Jg., 1993, S. 659-693

[JAWA00] Jawahir, I. S.; Balaji, A. K.: Predictive Modeling and Optimization of Turning Operations with complex grooved Cutting Tools für Curled Chip Formation and Chip Breaking. In: Machining Science and Technology. 3. Jg., Nr. 4, 2000, S. 399–443.

[JAWA14] Jawahir, I. S.: Chip-forms, Chip Breakability and Chip Control. In: Laperrière, L.; Reinhart, G. (Hrsg.): CIRP Encyclopedia of Production Engineering. Berlin, Heidelberg: Springer, 2014, S. 178-194

[KAMI97] Kaminski, J.; Alvelid, B.: High-pressure Cooling of Cutting Area for Machining of Modern Materials. In: Challenges to Civil and Mechanical Engineering in 2000 and Beyond. Wroclaw, 2.-5. Juni, 1997

[KAMI00a] Kaminski, J.; Alvelid, B.: Temperature reduction in the cutting zone in water-jet assisted turning. In: Journal of Materials Processing Technology. 106. Jg., 2000, S. 68-73

[KAMI00b] Kaminski, J.; Ljungkrona, O.; Crafoord, R.; Lagerberg, S.: Control of chip flow direction in high-pressure water jet-assisted orthogonal tube turning. In: Proceedings of the Institution of Mechanical Engineers, Part B: Journal of Engineering Manufacture. 214. Jg., 2000, Nr. 7, S. 529–534

[KANE84] Kanebako et al. Schneidfluessigkeitszufuhrvorrichtung. Patent specification. DE 33 38 739A1, 1984

[KELL21] Kelliger, T.; Liu, H.; Schraknepper, D.; Bergs, T.: Investigations on the Impact of Additively Manufactured Coolant Channels and Outlet Nozzles on Free Jet and Jet Forces in High-Pressure Cutting Fluid Supply. In: SSRN Electronic Journal. 2021

[KELL23] Kelliger, T.; Meurer, M.; Bergs, T.: Effiziente KSS-Zufuhr in additiv gefertigten Fräswerkzeugen. In: maschinenbau. 3. Jg., 2023, Nr. 6, S. 8-11

[KELL24] Kelliger, T.; Meurer, M.; Bergs, T.: Performance Evaluation of Additively Manufactured and Hybrid Indexable Milling Tools in Machining of AISI4140+QT and Ti-6Al-4V. In: Journal of Engineering for Gas Turbines and Power. 146. Jg., 2024, Nr. 3

[KERN23] Kern, M.; Drazumeric, R.; Pusavec, F.: Analytical study on critical load and deformation of chip in high-pressure jet assisted machining. In: Journal of Materials Processing Technology. 2023, Nr. 316, Artikel 117944

[KHAR99] Kharkevich, A.; K. Venuvinod, Patri (1999): Basic geometric analysis of 3-D chip forms in metal cutting. In: International Journal of Machine Tools and Manufacture. 39. Jg., 1999, Nr. 5, S. 751-769.

[KHOC21] Khochtali, H.; Ayed, Y.; Zemzemi, F.; Bensalem, W.: Tool wear characteristics in rough turning of Inconel 718 with coated carbide tool under conventional and high-pressure coolant supplies. In: The International Journal of Advanced Manufacturing Technology. 114. Jg., 2021, Bd. 7-8, S. 2371-2386

[KIMJ97] Kim, J.-D.; Kweun, O.-B.: A chip-breaking system for mild steel in turning. In: International Journal of Machine Tools and Manufacture. 37. Jg., 1997, Nr. 5, S. 607-617

[KITA97] Kitagawa, T.; Kubo, A.; Maekawa, K.: Temperature and wear of cutting tools in high-speed machining of Inconel 718 and Ti-6Al-6V-2Sn. In: Wear. 40. Jg., Nr. 202, 1997, S.142-148

[KLOC08] Klocke, F.; Essig, C.: Kontrollierter Spanbruch – Schlüssel zur automatisierten Fertigung. In: ATZproduktion. 2008, Nr. 5, S. 28-32

[KLOC09] Klocke, F.; Lung, D.; Essig, C.: Chip Breakage Prediction by a Web-based Expert System. In: Proceedings of the CIRP International Conference on Burrs. Kaiserslautern, 2. und 3. April 2009, S. 107-113

[KLOC10] Klocke, F.; Lung, D.; Essig, C.; Sangermann, H.: Automatisierte Produktion – ohne Spanbruch undenkbar. In: ZWF - Zeitschrift für wirtschaftlichen Fabrikbetrieb. 2010, Nr. 105, S. 21-25

[KLOC11a] Klocke, F.; Sangermann, H.; Krämer, A.; Lung, D.: Influence of high-pressure lubricoolant supply on thermo-mechanical tool load and tool wear behavior in the turning of aerospace materials. In: Proceedings of the Institution of Mechanical Engineers. Part B: Journal of Engineering Manufacture, 2011, Nr. 225, S. 52-61

[KLOC11b] Klocke, F.; Lung, D.; Essig, C.; Abouridouane, M.: Development of a Material Damage Model for the Prediction of Chip Breakage. In: Proceedings of the 10th International Conference on Technology of Plasticity, ICTP 2011. Aachen, Germany, S. 612-617

[KLOC12] Klocke, F.; Krämer, A.; Sangermann, H.; Lung, D.: Thermo-Mechanical Tool Load during High Performance Cutting of Hard-to-cut Materials. In: Tagungsband zur 5th CIRP Conference on High Performance Cutting. Zürich, Schweiz, 04.-07. Juni 2012, S. 312-317

[KLOC14] Klocke, F.; Lung, D.; Cayli, T.; Döbbeler, B.; Sangermann, H.: Evaluation of Energy Efficiency in Cutting Aerospace Materials with High-Pressure Cooling Lubricant Supply. In: International Journal of Precision Engineering and Manufacturing. 15. Jg., 2014, Nr. 6, S.1179-1185

[KLOC15] Klocke, F.; Döbbeler, B.; Lung, D.: Energy Saving Potentials of High Pressure Lubricoolant Supply. In: Procedia CIRP. 26. Jg., 2015, S. 355-360

[KLOC16] Klocke, F.; Cayli, T.; Veselovac, D.: Increasing Productivity and Process Stability in Turning of Aerospace Materials with High Pressure Lubricoolant Supply. In: Materials Science Forum. 2016, Nr. 836-837, S. 48-55

[KLOC17] Klocke, F.; Lakner, T.; Koch, M.; Döbbeler, B.: Neue Kühlschmierstrategien steigern die Produktivität. In: WB Werkstatt+Betrieb. 150. Jg., 2017, Nr. 10

[KLOC18] Klocke, F.: Fertigungsverfahren 1 - Zerspanung mit geometrisch bestimmter Schneide. (Reihe: VDI-Buch, / Fritz Klocke; Wilfried König;). 9. Auflage. Berlin: Springer Vieweg, 2018

[KOCH19] Koch, M.; Schraknepper, D.; Bergs, T.: Schlussbericht zum IGF-Vorhaben Nr. 19122 N, Thema: Steigerung der Produktivität beim Bohren und Fräsen schwer zerspanbarer Werkstoffe durch den Einsatz einer inneren Kryo/MMA-Zufuhr - InKryo, Berichtszeitraum: 01.07.2016-30.06.2019, 2019

[KOMA86] Komanduri, T.A.; Schroeder: On Shear Instability in Machining a Nickel-Iron Base Superalloy. In: Journal of Engineering for Industry. 108. Jg., 1986, S. 93-100.

[KRAM13] Kramar, D.; Sekulić, M.; Jurkovic, Z.; Kopac, J.: The machinability of nickel-based alloys in high-pressure jet assisted (HPJA) turning. In: Metallurgy. 54. Jg., 2013, Bd. 4, S. 512-514

[KRÄM15] Krämer, A.: Gestaltungsmodell der kryogenen Prozesskühlung in der Zerspanung. Dissertation. RWTH Aachen. Hrsg.: Apprimus Verlag. Wissenschaftsverlag des Instituts für Industriekommunikation und Fachmedien an der RWTH Aachen. Aachen, 2015

[KREI73] Kreis, W.: Verschleißursachen beim Drehen von Titanwerkstoffen. Dissertation. WZL der RWTH Aachen University, 1973

[LAKN18] Lakner, T.; Peng, B.; Klocke, F.: Schlussbericht zu IGF-Vorhaben Nr. 18401 N Thema: Steigerung der Produktivität beim Fräsen durch die zielgerichtete Zufuhr des Kühlschmierstoffs mit Hochdruck – ProMill Berichtszeitraum: 01.05.2015 - 31.01.2018. 2018

[LAKN21a] Lakner, T.: High-Pressure Cutting Fluid Supply in Milling. Dissertation. RWTH Aachen. Hrsg.: Apprimus Verlag. Wissenschaftsverlag des Instituts für Industriekommunikation und Fachmedien an der RWTH Aachen. Aachen, 2021

[LAKN21b] Lakner, T.; Splettstoesser, A.; Schraknepper, D.; Bergs, T.: Economic and ecological evaluation of high-pressure cutting fluid supply in milling of Ti-6Al-4V. In: Procedia CIRP. 101. Jg., 2021, S. 362–365

[LIAO24] Liao, Z.; Schoop, J.; Saelzer, J.; Bergmann, B.; Priarone, P.; Splettstößer, A.; et al.: Review of current best-practices in machinability evaluation and understanding for improving machining performance. In: CIRP Journal of Manufacturing Science and Technology. 50. Jg., 2024, S. 151-184.

[LINDE91] Lindeke, R.; Schoenig, F.; Khan, A. K.; Haddad, J.: Machining of α-β Titanium with Ultra-High Pressure Through the Insert Lubrication/Cooling. In: Transactions of NAMRI/SME. 1981, S. 154-161

[LIUC21] Liu, C.; Wan, M.; Zhang, W.; Yang, Y.: Chip Formation Mechanism of Inconel 718: A Review of Models and Approaches. In: Chinese Journal of Mechanical Engineering. 34. Jg., 2021, Bd. 1

[LIUH21] Liu, H.; Peng, B.; Meurer, M.; Schraknepper, D.; Bergs, T.: Three-dimensional multi-physical modelling of the influence of the cutting fluid on the chip formation process. In: Procedia CIRP. 102. Jg., 2021, S. 216-221

[LIUH22] Liu, H.; Meurer, M.; Schraknepper, D.; Bergs, T.: Investigation of the cutting fluid's flow and its thermomechanical effect on the cutting zone based on fluid–structure interaction (FSI) simulation. In: The International Journal of Advanced Manufacturing Technology. 121. Jg., 2022, Nr. 1-2, S. 267-281

[LIUH23] Liu, H.; Rodrigues, L.; Meurer, M.; D.; Bergs, T.: A three-dimensional analytical model for transient tool temperature in cutting processes considering convection. In: CIRP Journal of Manufacturing Science and Technology. 43. Jg., 2023, S. 1-14

[LUNG19] Lung, S.: Erklärungsmodell für die Bearbeitung von ausferritischen Gusseisen mit Lamellengraphit. Dissertation. RWTH Aachen. Hrsg.: Apprimus Verlag. Wissenschaftsverlag des Instituts für Industriekommunikation und Fachmedien an der RWTH Aachen. Aachen, 2019

[MACH94] Machado, A. R.; Wallbank, J. (1994): The Effects of a High-Pressure Coolant Jet on Machining. In: Proceedings of the Institution of Mechanical Engineers, Part B: Journal of Engineering Manufacture. 208. Jg., 1994, Nr. 1, S. 29-38

[MAZU89] Mazurkiewicz, M.: Metal Machining With High-Pressure Water-Jet Cooling Assistance - A New Possibility. In: Journal of Engineering for Industry. 111. Jg., 1989, Nr. 7, S. 7-12

[MERC45] Merchant, M. E.: Mechanics of the Metal Cutting Process. I. Orthogonal Cutting and a Type 2 Chip. In: Journal of Applied Physics. 16. Jg., 1945, Nr. 5, S. 267-275

[META20] Metalcor GmbH: Datenblatt 2.4668 Alloy 718. URL: https://www.metalcor.de/datenblatt/105/, Stand: 10.05.2024

[MEUR20] Meurer, M.; Augspurger, T.; Tekkaya, B.; Schraknepper, D.; Lima, P.; Bergs, T.: Development of a Methodology for Strain Field Analysis during Orthogonal Cutting. In: Procedia CIRP. 87. Jg., 2020, S. 444-449.

[MOHS17] Mohsan, A. U. H.; Liu, Z.; Padhy, G. K.: A review on the progress towards improvement in surface integrity of Inconel 718 under high pressure and flood cooling conditions. In: The International Journal of Advanced Manufacturing Technology. 91. Jg., 2017, Nr. 1-4, S. 107-125

[MUEL04] Müller, B.: Thermische Analyse des Zerspanens metallischer Werkstoffe bei hohen Schnittgeschwindigkeiten. Dissertation. RWTH Aachen, 2004

[MUEL24] Müller Coax Group: coax® Datenblatt coaxial Ventil VMK-H15 URL: https://co-ax.com/de/hochdruck-ventile-coaxial/vkh15.php, Stand: 10.05.2024

[MSAO15] M'Saoubi, R., Axinte, D.; Soo, S.L.;Nobel, C.; Attia, H.; Kappmeyer, G.; Engin, S.; Sim, W.-M.: High performance cutting of advanced aerospace alloys and composite materials. In: CIRP Annals. 64. Jg., 2015, S. 557-580

[MURR22] Murrenhoff, M.: Schlussbericht zum IGF-Vorhaben Nr. 20766 N/1, Thema: Leistungssteigerung durch laserbearbeitete Hartmetallwerkzeuge, Berichtszeitraum: 01.10.2019-31.12.2021

[MÜTZ67] Mütze, H: Beitrag zur Zerspanung hochwarmfester Werkstoffe, Dissertation. WZL der RWTH Aachen University, 1967

[NAKA62] Nakayama, K.: A Study on Chip-breaker. In: Bulletin of JSME. 5. Jg., 1962, S. 142-150

[NAKA78] Nakayama, K.; Ogawa, M.: Basic Rules on the Form of Chip in Metal Cutting. In: Annals of the CIRP. 27. Jg., 1978, Nr. 1, S. 17-21

[NAKA92] Nakayama, K.; Arai, M.: Comprehensive Chip Form Classification Based on the Cutting Mechanism. In: CIRP Annals. 41. Jg., 1992, Nr. 1, S. 71-74

[NAND08] Nandy, A. K.; Paul, S.: Effect of coolant pressure, nozzle diameter, impingement angle and spot distance in high-pressure cooling with neat oil in turning Ti-6AL-4V. In: Machining Science and Technology. 12. Jg., 2008, Nr. 4, S. 445-473

[NAND09] Nandy, A. K.; Gowrishankar, M. C.; Paul, S.: Some studies on high-pressure cooling in turning of Ti-6Al-4V. In: International Journal of Machine Tools & Manufacture. 49. Jg., 2009, S. 182-198

[ODEL84] ODell, D.: Improved drilling methods and apparatus, European Patent Application, Publication Number: 0 120 599 1984

[OERT12] Oertel, H.: Prandtl - Führer durch die Strömungslehre. Wiesbaden: Springer Fachmedien Wiesbaden, 2012

[OHWO13] Oh, J. W.: Experimental Investigation and Analysis of Chip Rebonding Phenomenon in Turning Superalloys. Dissertation. The University of Michigan, 2013

[OXLE89] Oxley, P.L.B.: The Mechanics of Machining: An Analytical Approach to Assessing Machinability. In: Ellis Horwood Limited. Chichester, 1989

[PALA09] Palanisamy, S.; McDonald, S. D.; Dargusch, M. S.: Effects of coolant pressure on chip formation while turning Ti6Al4V alloy. In: International Journal of Machine Tools and Manufacture. 49. Jg., 2009, Bd. 9, S. 739-743

[PAND14] Pande, P.; Sambhe, R.: Machinability Assessment in Turning of Inconel 718 Nickel-base Super Alloys: A Review. In: International Journal of Mechanical Engineering and Technology (IJMET). 2014, S. 94-105

[PAWA07] Pawade R.S.; Joshi S.S.; Brahmankar P.K.; Rahman M.: An investigation of cutting forces and surface damage in high-speed turning of Inconel 718. In: Journal of Materials Processing Technology. 192-193 Jg.,2007, S. 139-146

[PAWA11] Pawade R.S.; Joshi S.S.: Mechanism of Chip Formation in High-Speed Turning of Inconel 718. In: Machining Science and Technology. 15. Jg., 2011, S. 132-152.

[PIGO52] Pigott, R.J.S.; Colwell, A. T.: Hi-Jet System for Increasing Tool Life. In: SAE Annual Meeting. 6. Jg., 1952, Nr. 3, S. 547-566

[PROB91] Probst, G. J.B.; Gomez, P. (Hrsg.): Vernetztes Denken, 2. Auflage, Wiesbaden: Gabler Verlag, 1991

[PUSA09] Pusavec, F.; Kramar, D.; Kenda, J.; Krajnik P.; Kopac, J.: Experimental Analysis of Sustainability in Machining of Inconel 718. In: Proceedings of the 42nd CIRP International Seminiar of Manufacturing Systems. 2009

[PUSA10a] Pusavec, F.; Krajnik, P.; Kopac, J.: Transitioning to sustainable production – Part I: application on machining technologies. In: Journal of Cleaner Production. 18. Jg., 2010, Bd. 2, S. 174-184

[PUSA10b] Pusavec, F.; Kramar, D.; Krajnik, P.; Kopac, J.: Transitioning to sustainable production – part II: evaluation of sustainable machining technologies. In: Journal of Cleaner Production. 18. Jg., 2010, Bd. 12, S. 1211-1221

[PUSA23] Pusavec, F.: KSS-FORECAST – Die Prognose durch Simulation stärken. Innovationsforum KSS – 7. Aachener Kühlschmierstoff-Tagung. Aachen, 12.10.2023

[RASC81] Rasch, F. O.; Vigeland, T.; Bjørke, Ø.: Hydraulic Chipbreaking. In: CIRP Annals. 30. Jg., 1981, Bd. 1, S. 333-335

[SANG13] Sangermann, H.: Hochdruck-Kühlschmierstoffzufuhr in der Zerspanung. Dissertation. RWTH Aachen. Hrsg.: Apprimus Verlag. Wissenschaftsverlag des Instituts für Industriekommunikation und Fachmedien an der RWTH Aachen. Aachen, 2013

[SCHA24] Schaeffler Aerospace Germany GmbH & Co. KG: Werkstoffdatenblatt mit Wärmebehandlungsangaben

[SCHL17] Schlosser R.: Anforderungen an den Einsatz von Kühlschmierstoffen in der Luftfahrtindustrie. In: Klocke F. (Hrsg.): Ökonomischer und ökologischer Einsatz von Kühlschmierstoffen in der Zerspanung. 5. Aachener Kühlschmierstoff-Tagung; 22. - 23. November 2017, 1. Ausgabe, Aachen: Apprimus-Verl., 2017.

[SCHR14] Schröder, W. (Hrsg.): Fluidmechanik. (Reihe: Aachener Beiträge zur Strömungsmechanik, Band 7). Aachen: Wissenschaftsverlag Mainz, 2014

[SEID19] Seid Ahmed, Y.; Paiva, J. M.; Veldhuis, S. C.: Characterization and prediction of chip formation dynamics in machining austenitic stainless steel through supply of a high-pressure coolant. In: Int J Adv Manuf Technol. 102. Jg., 2019 (5-8), S. 1671–1688.

[SHAR08] Sharman, A. R. C.; Hughes, J. I.; Ridgway, K.: Surface integrity and tool life when turning Inconel 718 using ultra-high pressure and flood coolant systems. In: Proceedings of the Institution of Mechanical Engineers, Part B: Journal of Engineering Manufacture. 222. Jg., 2008, Nr. 6, S. 653-664

[SHOK12] Shokrani, A.; Dhokia, V.; Newman, S. T.: Environmentally conscious machining of difficult-to-machine materials with regard to cutting fluids. In: International Journal of Machine Tools and Manufacture. 2012, S. 83-101

[SHOK24] Shokrani, A.; Arrazola, P.J.; Biermann, D.; Mativenga, P.; Jawahir, I.S.: Sustainable machining: Recent technological advances. In: CIRP Annals – Manufacturing Technology. 73. Jg., 2024, S. 483-508

[SOKO01] Soković, M.; Mijanović, K.: Ecological aspects of the cutting fluids and its influence on quantifiable parameters of the cutting processes. In: Journal of Materials Processing Technology. 109. Jg., 2001, Bd. 1-2, S. 181-189

[SORB06] Sørby, K.; Tønnessen, K.: High-pressure cooling of face-grooving operations in Ti6Al4V. In: Proceedings of the Institution of Mechanical Engineers, Part B: Journal of Engineering Manufacture. 2006, Nr. 220, S. 1621-1627

[SPLE20] Splettstoesser, A.; Schraknepper, D.; Bergs, T.: Schlussbericht zum IGF-Vorhaben Nr. 19962 N/1, Thema: Pulsierende KSS-Zufuhr, Berichtszeitraum: 01.05.2018-30.04.2020; 2020

[SPLE21] Splettstoesser, A.; Schraknepper, D.; Bergs, T.: Influence of the frequency of pulsating high-pressure cutting fluid jets on the resulting chip length and surface finish. In: The International Journal of Advanced Manufacturing Technology. 117. Jg., 2021, Bd. 7-8, S. 2185-2196

[STER19] Sterle, L.; Grguraš, D.; Kern, M.; Pušavec, F.: Sustainability Assessment of Advanced Machining Technologies. In: Strojniški vestnik – Journal of Mechanical Engineering. 65. Jg., 2019, Bd. 11-12, S. 671-679

[ULRI76] Ulrich, P.; Hill, W.: Wissenschaftstheoretische Grundlagen der Betriebswirtschaftslehre (Teil II). In: WiSt Wirtschaftswissenschaftliches Studium. 5. Jg., 1976, Bd. 8

[ULRIH95] Ulrich, H.; Probst, G.: Anleitung zum ganzheitlichen Denken und Handeln: Ein Brevier für Führungskräfte. 4. unveränderte Auflage; Bern; Stuttgart; Wien: Haupt. 1995

[ULRIH01] Ulrich, H. (Hrsg.): Systemorientiertes Management. Das Werk von Hans Ulrich; Auszug aus dem Werk von Hans Ulrich. Studienausg. Bern, Stuttgart, Wien: Haupt, 2001

[ULUT11] Ulutan, D.; Ozel, T.: Machining induced surface integrity in titanium and nickel alloys. A review. In: International Journal of Machine Tools and Manufacture. 51. Jg., 2011, Bd. 3, S. 250-280

[VDI24] VDI Zentrum Ressourceneffizienz: Ökobilanz – DIN EN ISO 14040/44. https://www.ressource-deutschland.de/leitfaden-re/methoden/oekobilanz-din-en-iso-14040/44/, 5.12.2024

[VIER70] Vieregge, G.: Zerspanung der Eisenwerkstoffe Teil 1. (Reihe: Stahleisen-Bücher, 16). Düsseldorf: Stahleisen M.B. H., 1970

[VOLL16] Vollmer, T.; Lindner, F.; Schmitt, R. H.: Analyse von Produktionsprozessen mit Life Cycle Assessment: Schaffung von Transparenz und Erkennung von Kostenpotenzialen. In: uwf UmweltWirtschaftsForum. 24. Jg., 2016, Bd. 2-3, S. 261-267

[WARN74] Warnecke, G.: Spanbildung bei metallischen Werkstoffen. Dissertation. Universität Hannover, 1974

[WINK12] Winkler, H.: Späne-Aquaplaning bei 860 km/h. In: NC-Fertigung, 2012, Nr. 5, S. 16-20

[YE14] G.G. Ye, Y. Chen, S.F. Xue, L.H. Dai, Critical cutting speed for onset of serrated chip flow in high speed machining. In: International Journal of Machine Tools and Manufacture. 54. Jg., 2014, Nr. 86, S. 18-33

[YILM20] Yilmaz, B.; Karabulut, Ş.; Güllü, A.: A review of the chip breaking methods for continuous chips in turning. In: Journal of Manufacturing Processes. 21. Jg., 2020, Nr. 149, S. 50-69

[ZHAN13] Zhang, S.; Li, J.; Zhu, X.; Lv, H.: Saw-tooth Chip Formation and its Effect on Cutting Force Fluctuation in Turning of Inconel 718. In: International Journal of Precision Engineering and Manufacturing. 14. Jg., 2013, Nr. 6, S. 957-963

[ZORE67] Zorew, N. N.; Del, G. D.; Kufarew G. L.; Goldschmidt, M. G.: Spannungszustand in der Schnittzone. In: Annals of the CIRP. 14. Jg., 1967, S. 337-364

In der Reihe **Innovations in Manufacturing Technology** zuletzt erschienen:

Splettstößer, Antonia:

Pulsierende Kühlschmierstoffzufuhr beim Schlichtdrehen von Inconel 718

ISBN 978-3-98555- 318-1

Erscheinungsdatum: 13.01.2026

Kelliger, Tobias:

Adapted Cutting Fluid Supply in Additively Manufactured Milling Tools with Inserts

ISBN 978-3-98555- 306-8

Erscheinungsdatum: 03.11.2025

Stauder, Lars Niklas:

Planung flexibler und wirtschaftlicher Fertigungsprozessfolgen für die variantenreiche Serienfertigung

ISBN 978-3-98555-307-5

Erscheinungsdatum: 27.10.2025

Smyczek, Gregor Josef:

Schwingungsunterstützte Zerspanung von faserverstärkten Kunststoffen

ISBN 978-3-98555-301-3

Erscheinungsdatum: 06.10.2025

Edition Wissenschaft
Apprimus

Prinz, Sebastian:

Material Removal Behavior during Grinding of Fiber-Reinforced Non-Oxide Ceramics

ISBN 978-3-98555-297-9
Erscheinungsdatum: 04.08.2025

Ganser, Philipp:

Adaptive Milling of Free-Form Surfaces with Circle Segment End Mills

ISBN 978-3-98555-274-0
Erscheinungsdatum: 02.06.2025

Meurer, Markus:

Modellgestützte Schätzung prozessinduzierter Rekristallisationsmechanismen in der Zerspanung

ISBN 978-3-98555-266-5
Erscheinungsdatum: 15.04.2025

Apelt, Sebastian:

Methodik zur Gestaltung agiler Serienanläufe

ISBN 978-3-98555-270-2
Erscheinungsdatum: 31.03.2025

FSC
www.fsc.org
MIX
Papier | Fördert gute Waldnutzung
FSC® C083411

Kolibri 360 GmbH
Ferdinand-Jühlke-Straße 7
99095 Erfurt, Deutschland
produktsicherheit@kolibri360.de